电子与通信类专业“十三五”规划教材

通信原理

主　编　孙洪民　张民生
副主编　李　俊　王　滨　韩书娜　张艳芳

哈爾濱工程大学出版社
Harbin Engineering University Press

内容简介

21世纪的信息社会以广泛开发与运用电子通信系统为重要特征，通信原理阐述通信系统的基础理论、技术与分析方法，它是现代信息社会中许多专业技术人员所需的基础知识。全书共8章，主要包括概论、信号分析、模拟信号的调制传输、模拟信号的数字传输、数字信号的基带传输、数字信号的频带传输、差错控制编码和同步原理等。

本书既可作为应用型本科、职业院校通信工程、信息工程等电子信息类专业的教材，也可供相关领域的科研和工程技术人员参考。

图书在版编目（CIP）数据

通信原理 / 孙洪民，张民生主编. -- 哈尔滨 ： 哈尔滨工程大学出版社，2019.7（2023.8 重印）

ISBN 978-7-5661-2384-8

Ⅰ. ①通… Ⅱ. ①孙… ②张… Ⅲ. ①通信原理－职业教育－教材 Ⅳ. ①TN911

中国版本图书馆 CIP 数据核字（2019）第 168920 号

责任编辑 王俊一
封面设计 赵俊红

出版发行 哈尔滨工程大学出版社
社　　址 哈尔滨市南岗区南通大街 145 号
邮政编码 150001
发行电话 0451-82519328
传　　真 0451-82519699
经　　销 新华书店
印　　刷 玖龙（天津）印刷有限公司
开　　本 787 mm×1 092 mm　1/16
印　　张 13
字　　数 333 千字
版　　次 2019 年 7 月第 1 版
印　　次 2023 年 8 月第 2 次印刷
定　　价 39.80 元
http：//www.hrbeupress.com
E-mail：heupress@hrbeu.edu.cn

前　言

通信是人类传递信息、交流思想、传播文化知识、促进科技发展和文明进步的重要手段。自从人类存在开始，通信就已经存在，随着社会的发展，通信的目的一直没有发生过改变，通信的方式却在不断进步，尤其是近些年，通信技术与传感技术、计算机技术紧密结合，使得其应用领域更加广泛，通信技术迅猛发展，正向着数字化、宽带化、智能化、综合化和个人化等方向不断迈进。

总体而言，通信技术就是研究通信系统和通信网的技术，通信系统是指点对点通信所需的全部设施，通信网是指由多个通信系统组成的多点之间相互通信的全部设施。现代通信技术主要涉及传输、复用、交换和网络四大技术。通信原理的研究对象是通信系统，内容主要涉及以调制、编码为主要特征的物理层信息传输和复用技术。

通信原理是电子信息领域中的一门非常重要的必修课程，更是通信专业敲门砖般的专业主干课程，起着“领专业之门、夯专业之基、引专业之路”的重要作用。学完本课程，应学会把高等数学、物理以及电路、信号与系统、数字信号处理等先修课程的理论用于解决通信问题的方法和思路，建立起有关通信的一系列基本概念和数学模型，明白系统的框架和原理，掌握通信行业必备的基础知识和专业技能，为下一步学习交换技术、光纤通信、移动通信、数据通信等课程打下坚实的理论基础。

本书由广西工业职业技术学院的孙洪民和郑州电子信息职业技术学院的张民生担任主编，由广西工业职业技术学院的李俊、江西应用工程职业学院的王滨、平顶山工业职业技术学院的韩书娜和鹤壁汽车工程职业学院的张艳芳担任副主编。本书在编写过程中，得到了中兴通讯股份有限公司孟东峰工程师的支持，对本书项目的选择和提炼进行了具体的指导，并担任教材审阅工作，也在此表示衷心感谢！本书的相关资料和售后服务可扫描封底微信二维码或登录 www.jzzwh.com 下载获得。

本书既可作为应用型本科、职业院校通信工程、信息工程等电子信息类专业的教材，也可供相关领域的科研和工程技术人员参考。

本书在编写过程中，难免有疏漏和不当之处，敬请各位专家及读者不吝赐教。

编　者

目　录

第1章　概　论

本章导读

在通信信息时代，现代生活的每个方面都依赖于通信。通信对现代社会的重要性是不言而喻的。本章主要介绍通信系统的组成、通信系统的分类及通信方式、通信系统的主要性能指标、信息及其度量这几个方面。

本章目标

◎了解通信系统的组成及模型、通信系统的分类及工作方式
◎掌握信息量、平均信息量的概念和计算
◎掌握通信系统的主要性能指标与衡量方法
◎掌握误码率、误比特率的定义和计算

1.1　通信的基本知识

通信（communication）就是信息的传递。其中信息（information）是消息（message）中所包含的有效内容，或者说是消息中不确定的部分。消息有多种表现形式，比如语音、文字、音乐、数据、图片等都是消息。信息传递必须要有合适的物理载体，比如古代的烽火传警、击鼓作战、鸣金收兵等，就是利用光或声音这些载体来传递战争信息的实例，通常把传递信息的物理载体称为信号（signal）。信息、消息和信号之间有着密切联系，信息以消息的形式表现出来，并通过信号来传递，即消息是外壳，信息是消息的内核，信号是信息的载体。

一般认为，数据是反映客观事物的性质、形态、结构和特征的符号，数据可以是具体的数字，也可以是文字或图形等。信息则是数据加工的结果，是有用的数据。

1837年莫尔斯发明的有线电报和1876年贝尔发明的电话，使通信步入了利用“电”这个载体来传递信息的新时代，在电通信系统中，信息的传递以电信号的形式（电压或电流）来实现，电通信具有迅速、准确、可靠且不受时间、地点和距离的限制的优点，因此得到了飞速发展和广泛应用。当今在自然科学领域中所说的“通信”，一般都是指“电通信”（即电信）。本书中讨论的通信均指电通信。

1.1.1 通信系统的组成

通信系统（communication system）是指为完成通信任务所需要的一切技术设备和传输媒质所构成的总体。

无线广播通信系统的工作原理是：首先播音员的语音信号通过麦克风传至发送设备，并将其调制成适合发送的模式和频率，然后通过天线发送出去；接收机接收到的信号是非常微弱的中频或高频信号，将其解调成音频信号，经过放大由扬声器播放出来。图 1-1 所示是普通广播过程。图 1-2 所示是调频（FM）收音机的工作原理框图，从天线接收的信号经过混频、中放和检波，解调为音频信号，经音频功放放大，由扬声器输出。它是无线广播通信系统的一个实例，其中 AGC（automatic gain control）为自动增益控制电路。

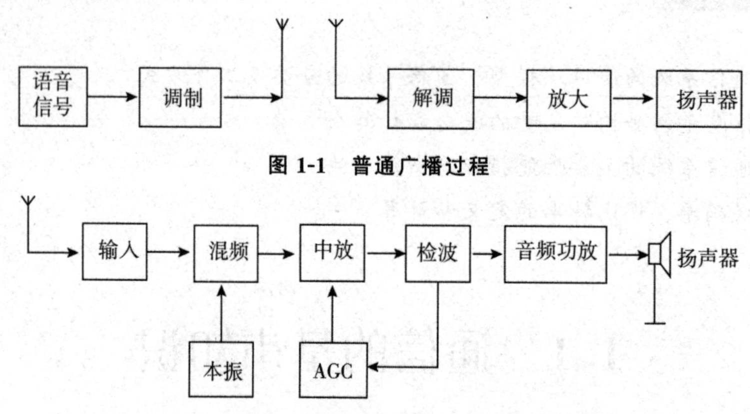

图 1-1　普通广播过程

图 1-2　调频（FM）收音机的工作原理框图

信号不一定是语音信号，也可以是符号、文字、音乐、数据、图片和活动图像等，这些原始信息统用一个名称来命名：信源。这些信号通常具有较低的频谱分量，通常称这种信号为基带信号。

无线广播通信系统中的调制是将基带信号附加到合适的载波信号上，以便在信道上进行传输。针对不同的系统有不同的处理方式，如上面介绍的无线广播通信系统中的调制是由发送设备完成此功能的。

由于信号存在着许多不同的类型以及不同的传输方法，因此产生了种类繁多的通信系统。为了分析消息传输的实质，可以把各类通信系统的共性及基本组成概括为一个一般模型。不管何种通信系统，信息总是由发送端通过信道传递到接收端的，因此，通信系统的一般模型如图 1-3 所示。

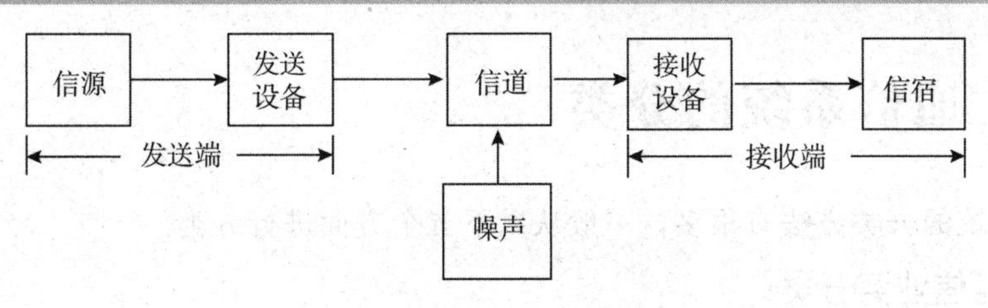

图 1-3　通信系统的一般模型

信源的作用是产生（形成）消息。消息是多种多样的，可以是语音、图像、数据、文字和符号等。信源可以是有次序的符号序列，也可以是连续变换的时间函数，前者称为数字信号，后者称为模拟信号。传输模拟信号的通信系统，称为模拟通信系统；传输数字信号的通信系统，称为数字通信系统。

发送设备的作用是将消息与信道匹配起来，即将消息转换为适于信道传输的电信号，以便在信道中传输。转换方式是多种多样的，在需要频谱搬移的场合，调制是最常见的方式。有时，发送设备可能还包括为达到某些特殊要求而进行的各种处理，如多路复用、保密处理和纠错编码处理等。

信道的作用是为信号由发送设备传输到接收设备提供传输媒介或途径，可以是有线的，也可以是无线的。在实际应用中，信道是包括传输设备的广义传输途径。在信道中，既可以为信号提供传输途径，也可以对传输的信号产生干扰和噪声，使信号产生畸变。

接收设备的作用是完成发送设备的逆变换，它把接收的信号恢复为原始的信号，送到信宿（信宿是信息到达的目的地），信息由接收的信号还原为原始的消息，或执行某个动作，或进行显示。信源和信宿位于通信系统的两端，故又称为终端设备。

噪声可以由消息的初始产生环境、构成变换器的电子设备、传输信道以及各种接收设备等所有信号传输环节中的一个或几个产生。为分析方便起见，在模型中把噪声集中由一个噪声源表示，在信道中以叠加方式引入。

根据研究的对象或关心的问题的不同，还可以有不同形式的具体通信系统模型，比如雷达、声呐及地震勘测等测量系统，其模型如图 1-4 所示。

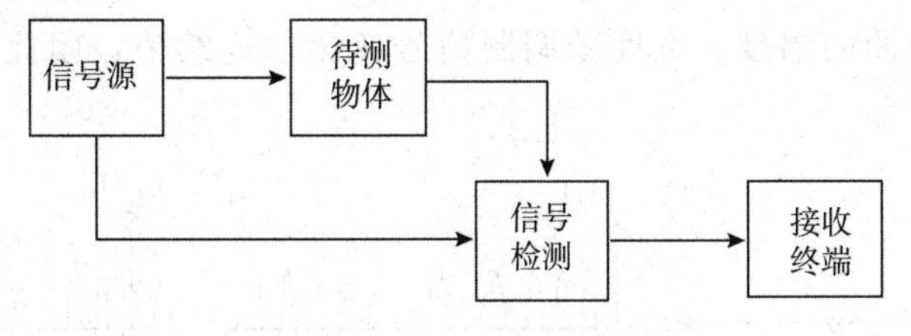

图 1-4　测量系统模型

这类系统主要由 4 个部分组成：信号源、待测物体（中介体）、信号检测（比较）和接收终端（显示）。此类系统中，信号源发出的信号是已知的，一路作为标准信号，另一路为经待测物体后变化的信号，根据两路信号的变化量来判断待测物体的特征，即通过系统主要测量信号经过中介体后的变化，来判断中介体的特征。

1.1.2 通信系统的分类

通信系统的分类方法有很多，一般从以下五个方面进行分类。

1. 按通信业务分类

根据通信业务不同，通信系统可分为电话通信系统、数据通信系统、图像通信系统和多媒体通信系统等。这些通信系统可以是专用的，也可以是兼容的。在综合业务通信网中，各种类型的消息都在统一的通信网中传送。如多媒体通信系统就是将电话、图像、数据综合在一起，形成一种相互关联的复合信号进行通信。

2. 按是否调制分类

根据是否采用调制，通信系统可分为基带传输的通信系统和频带传输的通信系统。

通常，信息源发出的电信号频率大都从低频开始，这种信号称为基带信号，如话音信号频率为 20～20 000 Hz，但主要能量集中在 300～3 400 Hz；电视图像信号的频率在 0～6 MHz 范围内；数据信号的频率虽然与传输速率有关，但还是属于基带信号。直接将基带信号经过放大器送到信道上传输称为基带传输。

基带信号通过调制后，其频谱搬移到比较高的频率范围，以适合传输信道的要求。经过调制后频谱变高的信号称为频带信号。频带信号传输称为频带传输。

3. 按信号的特征分类

根据信道中传输的是模拟信号还是数字信号，通信系统通信系统可分为模拟通信系统和数字通信系统。

若信号的某一参量随相应信息的变化而变化，其参量的取值为无限多个数值，则称之为模拟信号。如话音信号的电压或电流大小随声音的强弱而连续变化，调幅波或调频波信号的幅度或频率随话音或音乐作相应连续的变化等，这些都是随时间连续变化的模拟信号，如图 1-5 所示。而对于脉幅调制（pulse amplitude modulation，PAM）、脉宽调制（pulse-width modulation，PWM）信号，尽管在时间上是不连续的（离散的），但其脉冲的幅度、宽度随调制信号变化取连续值，因此仍属于模拟信号，如图 1-6 所示。

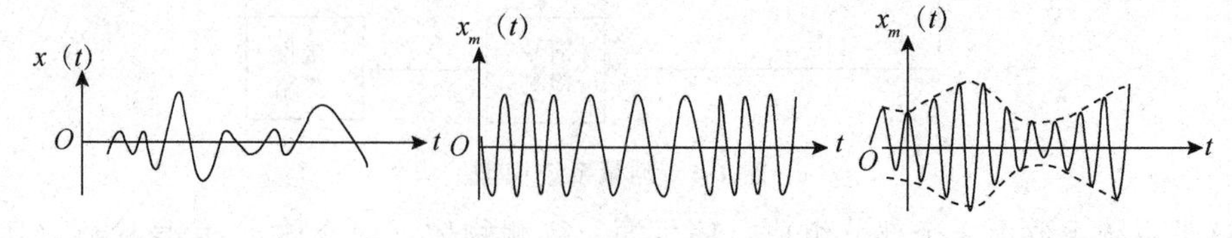

图 1-5 时间连续的模拟信号

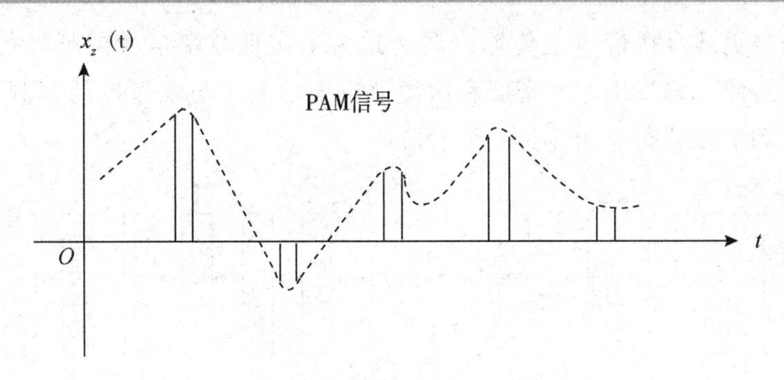

图 1-6 时间离散的模拟信号

若信号的某一参量随相应信息的变化而变化，其参量的取值为有限的，参量与信息之间的变化关系属于非直观的数字形式，则称之为数字信号。如脉冲编码调制（pulse code modulation PCM）信号是用有限个数值来表示信息的变化，一般的数字信号不仅在幅度上的取值是离散的，在时间上也是离散的。数字信号并非在时间上都是离散的，普通移频电报在时间上就是连续的，反映信息的瞬时频率仅有 f_1 与 f_2，仍属于数字信号，如图 1-7 所示。

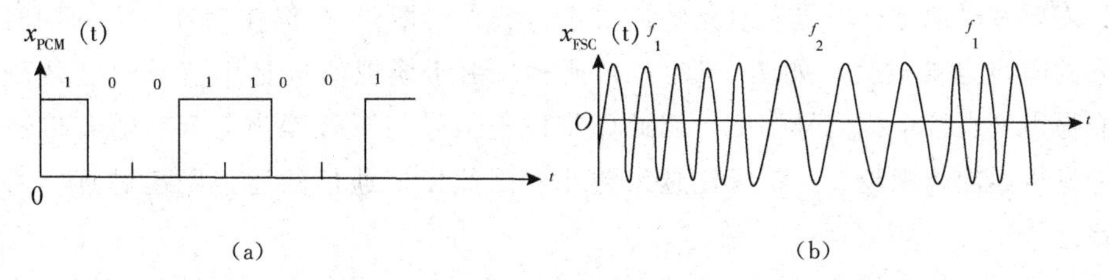

图 1-7 数字信号

(a) 一般的数字信号；(b) 移频电报数字信号

图 1-8 为模拟通信系统模型。由于信息源发出的原始电信号通常具有频率很低的频谱分量，一般不宜直接传输，因此需要调制器将其变换成适合信道传输要求的已调信号送到信道中传输。接收端经解调器把已调信号还原为原始信号。调制器与解调器代表了发送设备和接收设备。

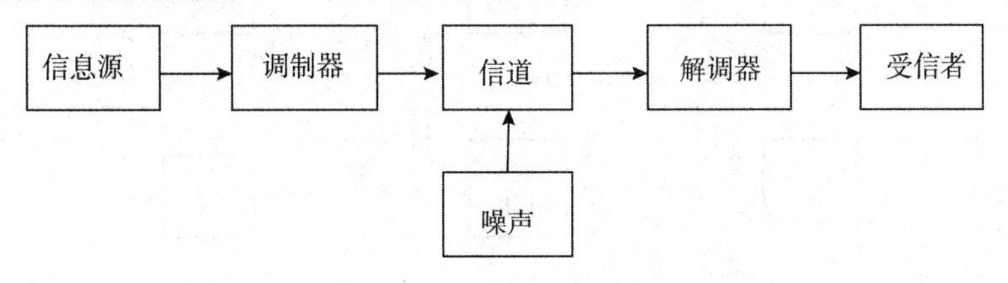

图 1-8 模拟通信系统模型

数字通信系统模型如图 1-9 所示。当信息源发送出来的电信号是模拟信号时，需要经过信源编码将其变换成数字基带信号，加密器可以很方便地对传输信号进行加密处理。复用是将多路信号按一定规律复合成一路信号，以提高传输信道的效率。信道编码通常包括纠错编码和线路编码。由于信道噪声的干扰而使传输的数字信号产生差错，必须在接收端能自动检出错码并纠正错码，即纠错编码。线路编码的目的是使信源编码后的数字信号更适合在信道上传输。调制是为了实现数字信号的频带传输。接收端的解调、信道解码、解复用、解密器和信源解码等功能，与发送端的调制、信道编码、复用、加密器和信源编码等功能是一一对应的。

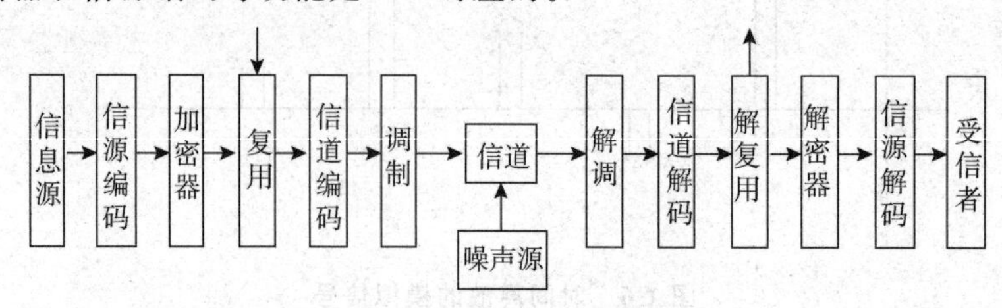

图 1-9 数字通信系统模型

需要说明的是，图 1-9 是数字通信系统的一般组成。实际的数字通信系统不一定包括图中的所有环节，例如，数字基带传输系统中是不需要调制器和解调器的。

数字通信发展非常迅速，主要原因是它与模拟通信相比有着独特的优点。

(1) 抗干扰能力强

信号在传输过程中必然会受到各种噪声的干扰。在模拟通信中，为了实现远距离传输，需要及时地把已经受到衰减的信号进行放大（增音）。但在信号放大的同时，串扰进来的噪声也被放大，如图 1-10（a）所示。由于模拟信号是用信号幅度载荷信息的，而噪声又直接干扰信号幅度，因此，难以把信号与干扰噪声分开。随着传输距离增加，噪声累加越来越大，信噪比越来越小，因此模拟通信的通信距离越远，通信质量越差。

在数字通信中，信息不是包含在脉冲的波形上，而是包含在脉冲的有无之中。为了实现远距离传输，可以通过再生的方法对已经失真的信号波形进行判决，从而消除噪声积累，如图 1-10（b）所示。因为无噪声积累，所以数字通信抗干扰能力强，易于实现高质量的远距离传输。这是数字通信的重要优点之一。

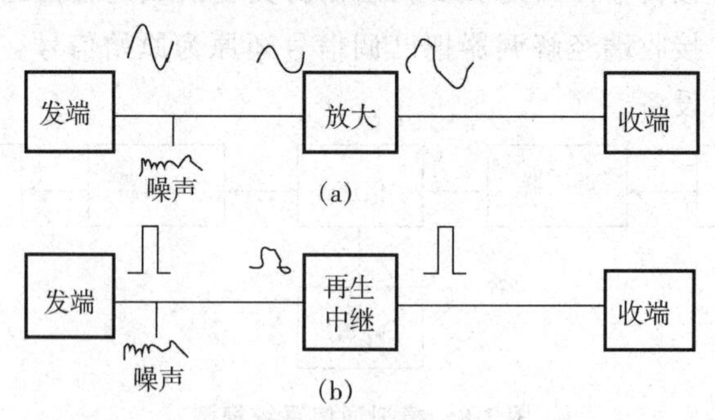

图 1-10 数字通信和模拟通信抗干扰性能比较

(a) 噪声放大；(b) 噪声清除

(2) 灵活性强，能适应各种业务要求

在数字通信中，各种消息（电报、电话、图像和数据等）都可以变换成统一的二进制数字信号进行传输。数字信号的传输可以与数字信号的时分交换结合起来，组成统一的综合业务数字网（integrated service digital network，ISDN）。综合业务数字网对来自不同信源的信号自动地进行交换、综合、传输、处理、存储和分离，这给实际应用带来极大的便利。

（3）便于差错控制

在数字通信中，可以很方便地通过信道编码技术进行检错与纠错，降低误码率，提高传输质量。

（4）便于加密处理

信息传输的安全性和保密性都显得越来越重要，数字通信的加密处理比模拟通信的加密容易得多。加密经过一些简单的逻辑运算即可实现，如图1-11所示。

x_1 为原数字信号，设为01001101101010…，y 为密码，设为0110000101100…的周期性信号。将二者送入由模2加组成的加密电路，则输出的信号 $z=x_1 \oplus y=$ 0010110011001…。显然，z 和 x_1 不同。到了接收端，将 z 和 y 再送入由模2加组成的解密电路，输出的信号 $x_2=z \oplus y=$ 0100110110101…，即还原为原数字信号。只要双方约定密码，且密码周期足够长，则第三者就很难破译，而且密码还可以随时变换。

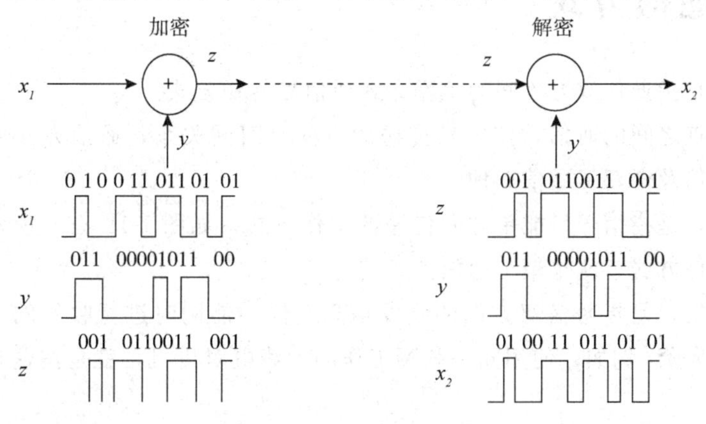

图1-11 加密

以上介绍的只是简单的加密原理，实际的加密方案要复杂得多，但由此可看出，数字通信容易加密。

（5）设备便于集成化、小型化

数字通信通常采用时分多路复用，不需要昂贵的、体积较大的滤波器。由于设备中大部分电路都是数字电路，因此可以用大规模和超大规模集成电路实现，这样设备体积小，功耗也较低。但是，它也有不足之处，如占用频带宽，这是数字通信的最大缺点。一路模拟电话约占4 kHz带宽，而一路数字电话大约需64 kHz带宽。随着编码技术的不断发展，一路数字电话的带宽可降到32 kHz、16 kHz，甚至更低。随着光纤等宽带传输信道的广泛采用，数字通信和光纤传媒的优点得到了最好的结合，数字通信得到了广泛的应用。

4. 按信号的复用方式分类

信号的复用方式可分为频分复用、时分复用和码分复用。频分复用是用频谱搬移的方法使不同信号占据不同的频率范围；时分复用是用脉冲调制的方法使不同信号占据不同的时间区间；码分复用是用正交的脉冲序列分别携带不同信息。

传统的模拟通信中都采用频分复用。时分复用是数字通信系统中采用的一种最基本的复用方式。码分复用多用于空间通信的扩频通信系统和移动通信系统中。为了进一步提高系统的有效性，一个通信系统中可以采用多种复用技术。例如在移动通信系统中，同时采用频分复用、时分复用和码分复用技术。

5. 按传输媒介分类

根据传输媒介不同，通信系统可分为有线和无线通信两大类。所谓有线通信是用导线（如架空明线、对称电缆、同轴电缆和光导纤维等）作为传输媒质完成通信，如市内电话、有线电视和海底电缆通信等。所谓无线通信是依靠电磁波在空间传播达到传递消息的目的，如短波电离层传播、微波视距传播如卫星中继等。

1.1.3 通信方式

通信方式是指通信双方之间的工作方式或信号传输方式。

对于点与点之间的通信，按信号传送的方向与时间关系，通信方式可分为单工通信、半双工通信及全双工通信三种。

单工通信，是指信号只能单方向传输的工作方式，如图 1-12（a）所示。例如，遥测与遥控的通信方式，就是单工通信。

半双工通信，是指通信双方都能收发信息，但不能同时进行收发的工作方式，如图 1-12（b）所示。例如，使用同一载频工作的无线电对讲机，就是按这种通信方式工作的。

全双工通信，是指通信双方可同时进行收发信息的工作方式，如图 1-12（c）所示。例如，普通电话就是一种最常见的通信方式为全双工通信的通信。

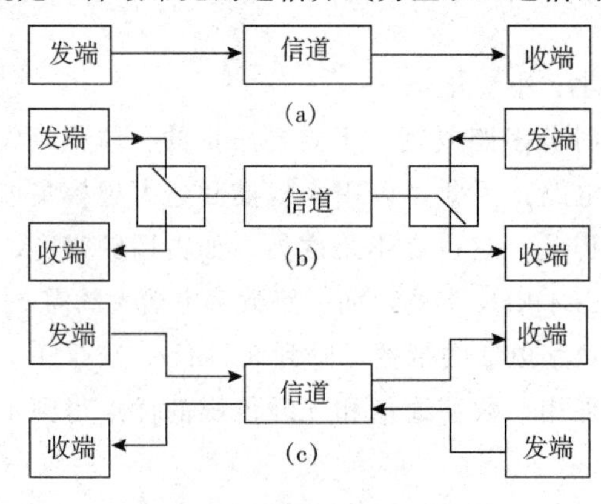

图 1-12 通信方式示意图

（a）单工通信；（b）半双工通信；（c）全双工通信

在数字通信中，按照数字信号码元排列方法不同，有串行传输与并行传输之分。

所谓串行传输，是将数字信号码元序列按时间顺序一个接一个地在信道中传输，如图 1-13（a）所示。如果将数字信号码元序列分割成两路或两路以上的数字信号码元序列同时在信道中传输，就称为并行传输，如图 1-13（b）所示。

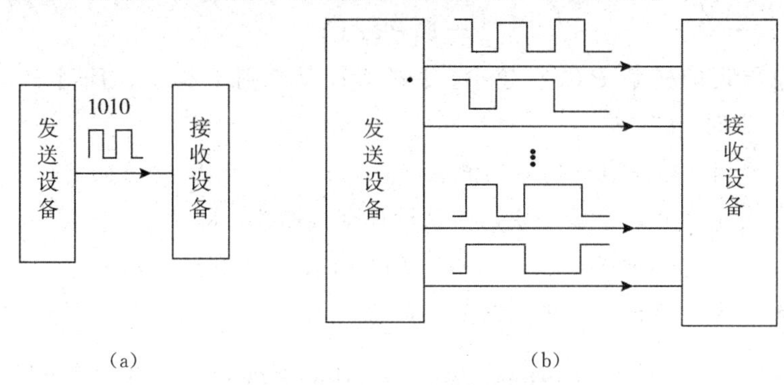

图 1-13 串行传输和并行传输

（a）串行传输；（b）并行传输

一般的远距离数字通信大都采用串行传输方式，因为这种方式只需占用一条通路。并行传输在近距离数字通信中被采用，它需要占用两条或两条以上的通路。

此外，通信按同步方式的不同，可分为同步通信和异步通信；按通信设备与传输线路之间的连接类型不同。可分为点到点之间通信（专线）与点到多点之间通信（网通信），由于通信网的基础是点与点之间的通信，所以本书重点讨论点与点之间的通信。

1.1.4 信息及其度量

通信的根本目的在于传输消息中所包含的信息。不同形式的消息，可以包含相同的信息。例如，用话音和文字发送的天气预报，所含信息内容相同。传输信息的多少可直观地用“信息量”来衡量。

消息是多种多样的。因此度量消息中所含信息量的方法，必须能够用来度量任何消息，而与消息的种类无关。同时，这种度量方法也应该与消息的重要程度无关。

在一切有意义的通信中，对于接收者而言，某些消息所含的信息量比另外一些消息更多。例如，“某客机坠毁”这条消息比“今天下雨”这条消息包含有更多的信息。这是因为，前一条消息所表达的事件极不可能发生，它使人感到惊讶和意外；而后一条消息所表达的事件很有可能发生，不足为奇。这表明，对接收者来说，信息量的多少与接收者收到消息时感到惊讶的程度有关，消息所表达的事件越不可能发生，越不可预测，就会越使人感到惊讶和意外，信息量就越大。

事件的不确定程度可以用其出现的概率来描述。因此，消息中包含的信息量多少与消息所表达事件的出现概率密切相关。事件出现的概率越小，则消息中包含的信息量就越大，反之则越小。

根据以上认知，消息中所含的信息量 I 与消息发生概率 $P(x)$ 的关系应当反映如下规律。

(1) 消息 x 中所含的信息量 I 是该消息出现的概率 $P(x)$ 的函数，即

$$I = I[P(x)]$$

(2) 消息出现的概率 $P(x)$ 越小，I 越大；反之则 I 越小。且当 $P(x)=1$ 时，$I=0$；$P(x)=0$ 时，$I=\infty$。

(3) 若干个相互独立事件构成的消息 $(x_1, x_2, \cdots)$，所含信息量等于各独立事件 x_1，x_2，$\cdots$ 信息量之和，也就是说，信息量具有相加性，即

$$I = [P(x_1)P(x_2) \quad \cdots] = I[P(x_1)] + I[P(x_2)] + \cdots$$

可以看出，若 I 与 $P(x)$ 之间的关系式为

$$I = \log_a \frac{1}{P(x)} = -\log_a P(x) \tag{1-1}$$

则可满足上述三项要求。所以定义公式（1-1）为消息 x 所含的信息量。

信息量 I 的单位取决于公式（1-1）中对数的底 a 的取值

$a=2$ 单位为比特（bit），可简写为 b。

$a=e$ 单位为奈特（nat），可简写为 n。

$a=10$ 单位为哈特莱（Hartley）。

通常广泛使用单位比特，即

$$I = \log_2 \frac{1}{P(x)} = -\log_2 P(x)\ (\text{b}) \tag{1-2}$$

【例 1-1】 设一个二进制离散信源以相等的概率发送数字"0"或"1"，计算信源输出的每个符号的信息量。

解：二进制等概率时 $P(0) = P(1) = \frac{1}{2}$。

根据式（1-1），有

$$I(0) = I(1) = -\log_2 \frac{1}{2} = 1\ (\text{b})$$

即二进制等概率时，每个符号所含信息量相等，为 1 b。在工程应用中，习惯把一个二进制码元称为 1 b。

同理，对于离散信源，若 N 个符号等概率 $(P=1/N)$ 出现，且每一个符号的出现是相互独立的，即信源是无记忆的，则每个符号所含的信息量相等，为

$$I(1) = I(2) = \cdots = I(N) = -\log_2 P = -\log_2 \frac{1}{N} = \log_2 N\ (\text{b}) \tag{1-3}$$

式中，P 为每一个符号出现的概率；N 为信源中包含的符号数目。若 N 是 2 的整幂次，比如 $N=2^K\ (K=1, 2, 3, \cdots)$，则式（1-5）可改写为

$$I(1) = \cdots = I(N) = \log_2 N = \log_2 2^K = K\ (\text{b}) \tag{1-4}$$

式中，K 是二进制符号数目，也就是说，传送每一个 $N (N = 2^K)$ 进制符号的信息量就等于用二进制符号表示该 N 进制符号所需的符号数目。

1.2 通信系统的主要性能指标

衡量一个通信系统性能优劣的基本因素是有效性和可靠性。有效性是指传输一定量信息时所占用的信道资源（频带宽度和时间间隔），或者说是传输“速度”的问题；可靠性是指信道传输信息的准确程度，或者说是传输“质量”的问题。这两个因素相互矛盾而又相互统一，并且还可以相互转化。

1.2.1 模拟通信系统的性能指标

模拟通信系统的有效性用信号在传输中所占用的传输带宽来表示，传输带宽越窄，有效性越好，反之越差；可靠性用接收端最终输出的信噪比来度量，输出信噪比越高，可靠性越好，反之越差。

信噪比是输出端信号的平均功率与噪声的平均功率比值的简称，用 SNR（signal noise ratio）或 S/N 表示，它的单位一般使用分贝（dB），其值为 10 倍对数信噪比，即 $SNR = 10\lg S/N$ 。

1.2.2 数字通信系统的性能指标

1. 有效性指标

数字通信系统的有效性通常用传输速率和频带利用率来衡量。

（1）传输速率

传输速率有两种表示方法：码元传输速率 R_B 和信息传输速率 R_b。

①码元传输速率 R_B。在数字通信中，常用时间间隔相同的符号来表示数字信号，这样时间间隔内的符号称为码元，对应的时间间隔称为码元长度（宽度）。

码元传输速率是指单位时间内传送码元的数目，又称码元速率、波特率或传码率，用符号 R_B 来表示，单位为波特（Baud），简写为 B。

需要注意的是，码元传输速率仅表示每秒钟传输的码元数，而没有限定此时的码元是何种进制，码元的进制数取决于发送码元的通信系统。

②信息传输速率 R_b。信息传输速率又称信息速率比特率或传信率，是指每秒钟传送二进制的位数，单位为比特/秒，简写为 b/s。

在二进制通信系统中，每个码元携带 1 比特的信息量，因此信息传输速率等于码元传输速率，但两者的单位不同。

在多（M）进制通信系统中，由于每个码元携带 $\log_2 M$ 比特的信息量，因此信息速率与码元速率的关系式为

$$R_b = R_B \log_2 M \tag{1-5}$$

（2）频带利用率 η

在比较不同的数字通信系统有效性时，单看它们的信息速率（或码元速率）是不够的，还应考虑传输信息所占用的频带宽度，即频带利用率。它的定义为单位频带（1赫兹）内的传输速率，即

$$\eta_B = \frac{码元速率}{占用的频带宽度} \tag{1-6}$$

$$\eta_b = \frac{信息速率}{占用的频带宽度} \tag{1-7}$$

2. 可靠性指标

数字通信系统的可靠性通常用差错率来衡量，差错率较小，可靠性越高。差错率也有两种表示方法：误码率和误信率。

（1）误码率（码元差错率）

误码率用 P_e 表示，是指收到的错误码元数与总的传输码元数之比，即在传输中出现错误的码元概率，记为

$$P_e = \frac{接收的错误码元数}{传输总码元数} \tag{1-8}$$

（2）误信率（信息差错率）

误信率又称误比特率，用 P_b 表示，是指收到的错误比特数与总的传输比特数之比，即在传输中出现错误信息量的概率，记为

$$P_b = \frac{接收的错误比特数}{传输总比特数} \tag{1-9}$$

显然，在二进制符号传输时，有 $P_e = P_b$。在 M 进制符号传输时，两者关系较复杂，一般有 $P_b < P_e$。

1.3 平均信息量（熵）的概念

一般来说，信源各符号初选的概率是不相等的，此时各符号所含的信息量也不同。若各符号的出现统计独立，则该信源每个符号所含信息量的统计平均值（即平均信息量）为

$$H(s) = \sum_{i=1}^{q} P(s_i) I(s_i) = -\sum_{i=1}^{q} P(s_i) \log_2 P(s_i) \tag{1-10}$$

由于平均信息量 $H(s)$ 与热力学中的熵形式相似，因此又称为信源的熵。

信源的熵有如下性质。

(1) 其物理概念是信源中每个符号的平均信息量，单位为 b/sym，sym 指符号。

(2) 熵是非负的。

(3) 当信源符号等概率发生时，熵具有最大值 $H_{\max}$，即

$$H_{\max}(s)=\sum_{i=1}^{q}P(s_i)I(s_i)=\log_2 q \tag{1-11}$$

(4) 信源符号不等概率时，则有 $H(s)<H_{\max}(s)$。

【例 1-2】 某信源符号集由 A、B、C、D、E 组成，且为无记忆信源（即各符号的出现是相互独立的），每一符号出现的概率分别为 1/4、1/8、1/8、3/16、5/16，系统码元速率为 1 200 B，求 1 小时传输的信息量。

解：该信源的熵为

$$H(s)=\frac{1}{4}\log_2 4+\frac{2}{8}\log_2 8+\frac{3}{16}\log_2\frac{16}{3}+\frac{5}{16}\log_2\frac{16}{5}=1.394\ \text{b/sym}$$

则信息速率为

$$R_b=H(s)R_B=1.394\times 1\ 200=1\ 672.8\ \text{b/s}$$

由此得到 1 小时传输的信息量为

$$I=1\ 672.8\times 3\ 600\ \text{b}=6\ 022\ \text{kb}$$

【例 1-3】 国际莫尔斯电码用“点”和“划”的序列发送英文字母，“点”用持续一单位的电流脉冲表示，“划”用持续三单位的电流脉冲表示，且“划”出现的概率是“点”出现的概率的 1/3，求：

(1)“点”和“划”的信息量；

(2)“点”和“划”的平均信息量。

解：(1)“划”出现的概率是“点”出现的概率的 1/3，即 $P_1=(1/3)P_2$，且 $P_1+P_2=1$，所以 $P_1=1/4$，$P_2=3/4$，故有

$$I_1=-\log_2\frac{1}{4}=2\ \text{bit}$$

$$I_2=-\log_2\frac{3}{4}=0.415\ \text{bit}$$

(2) 平均信息量 $H=\frac{3}{4}\times 0.415+\frac{1}{4}\times 2=0.81\ \text{bit/sym}$

【例 1-4】 设一数字传输系统传送二进制码元的速率为 2 400 Baud，试求该系统的信息速率。若该系统改为传送十六进制信号码元，码元速率不变，则这时的系统信息速率是多少（设各码元独立等概出现）？

解：(1) $M=2$，$R_B=2\ 400$ Baud，信息速率为

$R_b=R_B\log_2 M=2\ 400\times\log_2 2=2\ 400$ bit/s

(2) $M=16$，$R_B=2\ 400$ Baud，信息速率为

$R_b = R_B \log_2 M = 2\ 400 \times \log_2 16 = 9\ 600$ bit/s

可见，当码元速率相同时，多进制系统的信息速率更高。信号传输时占用信道带宽与码元速率有关，因此多进制系统具有更高的有效性。

【例 1-5】某信源的符号集由 A、B、C、D 组成，对于传输的每一个符号用二进制脉冲编码表示，00 对应 A，01 对应 B，10 对应 C，11 对应 D，每个二进制脉冲的宽度为 5 ms。假设每一符号独立出现。

(1) 不同符号等概率出现时，试计算传输的平均信息速率。

(2) 若每个符号出现的概率分别为 $P_A = 1/5$，$P_B = 1/4$，$P_C = 1/4$，$P_D = 3/10$，试计算传输的平均信息速率。

解：(1) 信源符号共有 4 种，是四进制信源。每个符号用两位二进制码表示，每个二进制码元宽度为 5 ms，故一个四进制信源符号占据的时间宽度为 $T_s = 10$ ms，所以四进制信源的符号速率为

$$R_B = \frac{1}{T_B} = \frac{1}{10 \times 10-3} = 100 \text{ Baud}$$

独立等概时，四进制信源的熵 $H = \log_2 4 = 2$ bit/sym，故平均信息速率

$$R_b = R_B \cdot H = (100 \times 2) \text{ bit/s} = 200 \text{ bit/s}$$

(2) 各个符号的出现不等概时，信源熵和平均信息速率分别为

$$H = -\sum_{i=1}^{4} P_i \log_2 P_i = -\frac{1}{5}\log_2 \frac{1}{5} - \frac{1}{4}\log_2 4 - \frac{1}{4}\log_2 \frac{1}{4} - \frac{3}{10}\log_2 \frac{3}{10} = 1.985 \text{ bit/sym}$$

$$R_b = R_B \cdot H = (100 \times 1.985) \text{ bit/s}$$

【例 1-6】已知某四进制数字传输系统的信息传输速率为 2 400 bit/s，接收端在半个小时内共收到 216 个错误码元，试计算该系统的误码率 P_e。

解：根据误码率公式 $P_e = \dfrac{\text{接收的错误码元数}}{\text{传输总码元数}}$，已知半小时内收到的错误码元数为 216 个，故只要求出半小时内传输的总码元数即可。总码元数等于码元速率与时间长度的乘积。

由信息速率可求出码元速率为

$$R_B = \frac{R_b}{\log_2 M} = \frac{2\ 400}{\log_2 4} = 1\ 200 \text{ Baud}$$

半小时内传输的总码元数为

$$N = R_B t = 1\ 200 \times 30 \times 60 = 2.16 \times 10^6 \text{ 个}$$

求得误码率为

$$P_e = \frac{216}{2.16 \times 10^6} = 10^{-4}$$

本章小结

本章主要介绍通信系统的组成及模型、通信系统的分类及工作方式、通信系统的

主要性能指标等内容。信息量是信息的度量单位，信息量的大小与消息发生可能性的大小有关，事件发生的可能性越大，消息所携带的信息量越小。通信系统的主要性能指标为有效性和可靠性。对于模拟通信系统，有效性通常用每路信号的有效传输带宽来衡量；传输的可靠性则用通信系统的输出信噪比来衡量。对数字通信系统，其有效性通常用码元传输速率或信息传输速率来衡量；传输的可靠性则用差错率来衡量。差错率的两种形式为误码率和误比特率。

习 题

一、填空题

1. 通信系统的一般模型主要包括信源________、________、信道、________和信宿5个部分。

2. 信道是信号的传输媒介，按传输媒介可将通信分为________和________两大类。移动手机系统属于________通信，固定电话属于________通信。

3. 通信的目的是快速准确地传递信息，有效性和可靠性是通信系统的两个主要性能指标。模拟通信系统中，有效性用来衡量________，可靠性用输出信噪比来衡量，输出信噪比的定义是________，如果输出信噪比为1 000，则为________dB.

4. 一个消息携带的信息量与消息出现的概率有关，通常用的单位是bit，已知一个符号带有2 bit信息，则这个符号出现的概率为________。若符号占用时间宽度为1 μs，则符号（码元）速率为________。

5. 信源信息熵的物理意义是________，单位为________。设某信源分别以概率1/2、1/4、1/8、1/8输出A、B、C、D共4种符号，则信源熵为________。若此信源每秒钟输出1 000个符号，则此信源输出信息的速率为________。

6. 信源编码的作用有两个方面，即转换________和降低________。

7. 某二进制系统在1 min内传送了18 000 bit的信息，其信息速率为________。若信息速率不变，改用八进制传输，则系统的码元速率为________。

8. 在码元速率相等的情况下，四进制系统的信息速率是二进制系统的信息速率的2倍的条件是____________。

二、选择题

1. 信号、消息、信息之间的关系是（ ）。

A. 信息是信号的载体　　B. 信息是消息的载体

C. 消息是信息的载体　　D. 消息是信号的载体

2. 数字信号与模拟信号的本质区别是（　　）。

A. 信号在时间上是离散的　　B. 信号在时间上是连续的

C. 携带信息的参量是离散的　　D. 以上都对

3. 下列信号一定是数字信号的是（　　）。

A. 时间上离散（信息在幅度上）　　B. 脉冲幅度离散（信息在幅度上）

C. 频率只有一种取值（信息在幅度上）　　D. 相位有两种取值（信息在幅度上）

4. 判断一个通信系统是数字系统还是模拟系统主要看（　　）。

A. 信源输出的电信号是数字的还是模拟的

B. 发送设备输出的信号是数字的还是模拟的

C. 信宿收到的电信号是数字的还是模拟的

D. 要传送的消息是离散的还是连续的

5. 下列属于数字通信的优点是（　　）。

A. 抗噪声力强　　B. 占用更多的信道带宽

C. 对同步系统要求高　　D. 以上都是

6. 符号 A 的出现概率为 1/2，占据时间宽度为 0.1 ms，符号 B 的出现概率为 1/4，占据时间宽度为 0.2 ms。则（　　）。

A. 符号 A 携带的信息量多　　B. 符号 B 携带的信息量多

C. 符号 A 与 B 携带相同的信息量　　D. 无法确定

7. 信源符号等概时的信源熵比不等概时（　　）。

A. 小　　B. 大　　C. 一样大　　D. 无法比较

8. 每秒钟传输 2 000 个码元的通信系统，其码元速率为（　　）。

A. 2 000 码元　　B. 2 000 bit/s　　C. 2 000 Baud/s　　D. 2 000 Baud

9. 信源发出符号 A 的概率为 1/4，接收端收到 10 个符号 A 所获得的信息量为（　　）。

A. 10 bit　　B. 15 bit　　C. 20 bit　　D. 25 bit

三、简答题

1. 什么是模拟通信与数字通信？数字通信有何优缺点？
2. 什么是信源符号的信息量？什么是离散信源的信息熵？
3. 简述码元速率、信息速率的定义及单位，说明二进制和多进制时二者之间的关系。

四、综合题

1. 试画出通信系统的一般模型，并说明各部分的作用。

2. 试画出数字通信系统的组成框图，并说明数字通信的优点。

3. 通信系统的主要性能指标是什么？在模拟通信系统和数字通信系统中分别用什么来衡量这些指标？

4. 若某数字传输系统传送八进制信号，信息速率为 3 600 b/s，则码元速率应为多少？

5. 某信源符号集由 A、B、C、D、E、F 组成，设每个符号独立出现，其概率分别为 1/4、1/4、1/16、1/8、1/16、1/4，试求该信源输出符号的平均信息量。

6. 若有二进制独立等概信号，码元宽度为 0.5 ms，求码元速率和信息速率；若有四进制信号，码元宽度为 0.5 ms，求码元速率和独立等概时的信息速率。

7. 二进制数字信号以速率 200 b/s 传输，经过 2 小时的连续误码检测，结果发现 15 bit 的差错，该系统的误码率为多少？如果要求误码率在 1×10^{-7} 以下，应采取什么措施？

第2章 信号分析

本章导读

确知信号也称确定性信号，是指可用一个确定的时间函数表示，即对于指定的某一时刻，具有一个确定的相应函数值的信号，又称规则信号。其取值在任何时间都是确定的和可预知的。例如，振幅、频率和相位都是确定的一段正弦波，它就是一个确知信号。确知信号包括周期信号与非周期信号，连续时间信号与离散时间信号等。本章主要针对确知信号的频域分析和时域分析进行阐述。

本章目标

◎掌握周期信号的频谱分析方法及频谱特点
◎掌握能量信号的频谱分析方法及频谱特点
◎了解随机信号的特点及分析方法
◎理解信道与噪声的概念，掌握白噪声的特点

2.1 确知信号分析

2.1.1 周期性信号与傅里叶级数

当信号随着时间的变化而变化时，称此信号为时域信号，常用 $f(t)$ 表示；每经过固定的时间间隔就完全重复出现的时域信号称为周期性信号，如正弦、余弦函数等。下面介绍周期性信号的特性。

1. 时域特性

图 2-1（a）所示是一个周期为 T、幅度为 $\frac{4}{\pi}$ 的正弦波，图 2-1（b）所示是周期分别为 T、$\frac{T}{3}$，幅度分别为 $\frac{4}{\pi}$、$\frac{4}{3\pi}$ 的两个正弦波的合成波，图 2-1（c）所示是周期分别为 T、$\frac{T}{3}$、$\frac{T}{5}$，幅度分别为 $\frac{4}{\pi}$、$\frac{4}{3\pi}$、$\frac{4}{5\pi}$ 的 3 个正弦波的合成波，图 2-1（d）所示为幅

度按一定规律变化的前100个正弦波的合成波，图2-1（e）所示为无限个正弦波的合成波，即为周期性矩形脉冲。由此可以看出，正弦波按一定的规律可以合成为周期性的矩形波。

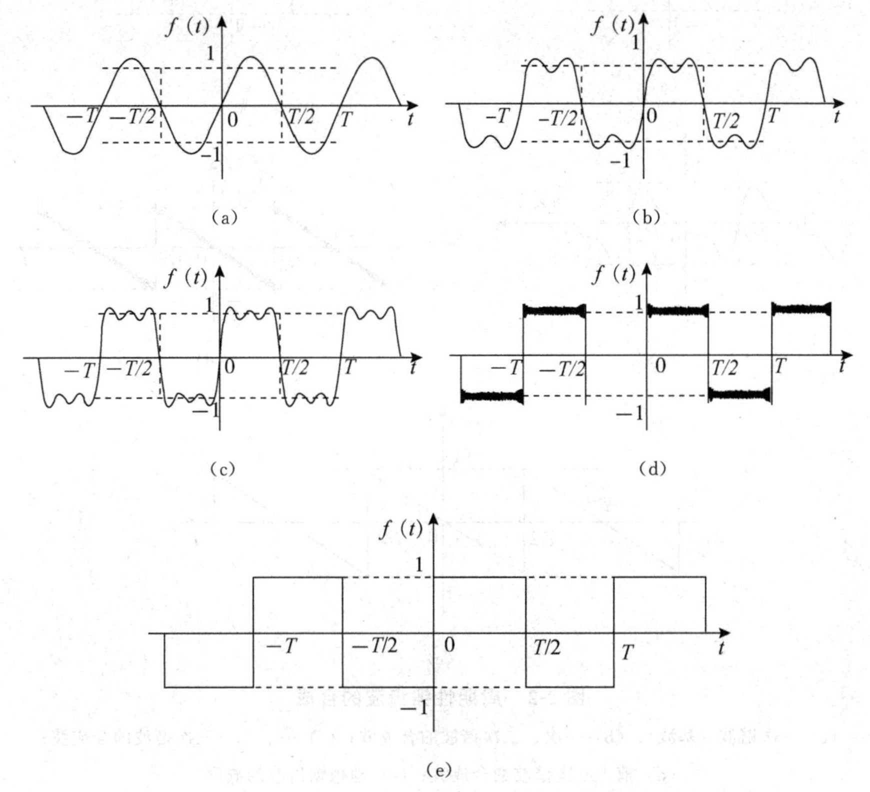

图2-1　周期性矩形波的合成

（a）基波；（b）基波、三次谐波的合成波；（c）基波、三次谐波、五次谐波的合成波；（d）前100次谐波的合成波；（e）无限个谐波的合成波

当正弦波的周期与周期性信号的周期相同时，此正弦波称为基波信号。当正弦波的频率是基波频率的整数倍时，此正弦波称为谐波分量。若正弦波的频率为基波信号频率的2倍，则称该正弦波为二次谐波分量。若正弦波的频率为基波信号频率的n倍，则称此正弦波为n次谐波分量。在图2-1中，可以看出一个周期性的奇对称的矩形脉冲信号可以分解为基波、三次谐波、五次谐波等无数个奇次谐波的叠加，但各次谐波的加权系数不同，就是傅里叶级数。

除矩形波外，周期性的三角波、锯齿波等周期性信号均可分解为无数正弦波的叠加。

图2-2所示是同期性锯齿波的合成。锯齿波是由一次谐波、二次谐波等谐波合成的。

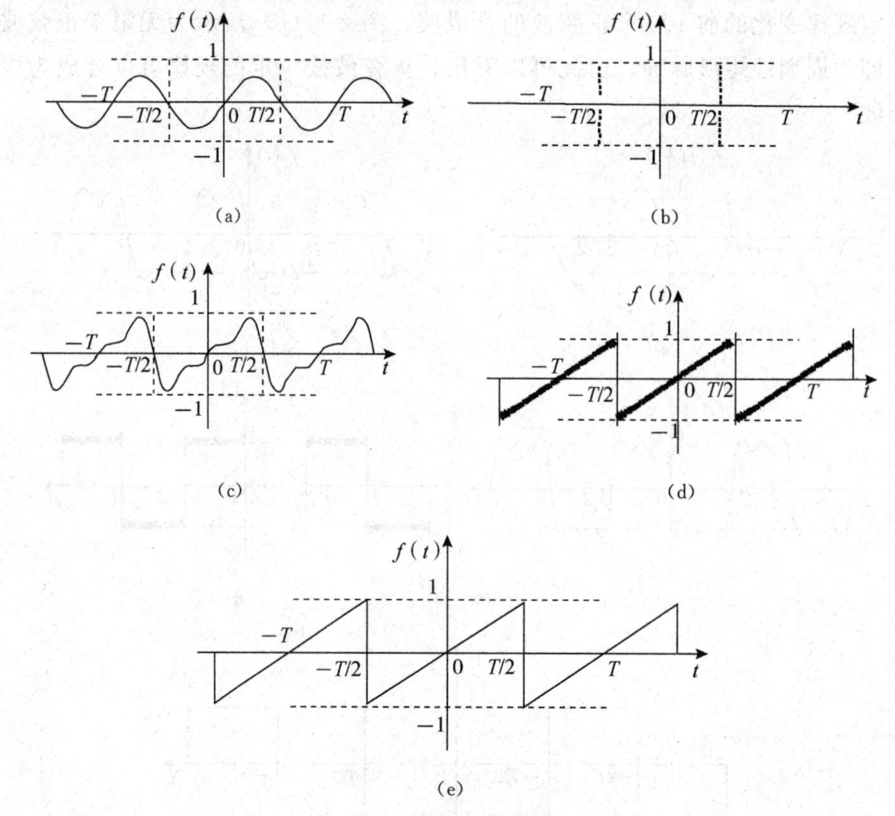

图 2-2　周期性锯齿波的合成

(a) 一次谐波（基波）；(b) 一次、二次谐波的合成波；(c) 一、二、三次谐波的合成波；

(d) 前 100 次谐波的合成波；(e) 理想锯齿波的波形

锯齿波可用数学公式描述为

$$f(t)=\frac{1}{\pi}\left[\sin\omega_0 t-\frac{1}{2}\sin 2\omega_0 t+\frac{1}{3}\sin 3\omega_0 t-\frac{1}{4}\sin 4\omega_0 t+\cdots+\frac{(-1)^{n+1}}{n}\sin n\omega_0 t+\cdots\right] \tag{2-1}$$

式中，ω_0 为基波角频率，T 为周期性信号的周期。可以看出：任何一个周期性信号都可以由基波和各次谐波分量的叠加来逼近。换句话说，任何一个周期性信号都可以分解成无数正弦波的叠加，只不过各次谐波的幅度不同而已。矩形波函数如式（2-2）所示，可以表示为基波、三次谐波、五次谐波等谐波分量的叠加。对图 2-3 所示的周期性三角波来说，也可以将其表示为基波和各次谐波的叠加，但其具有直流分量，因此周期性三角波可以描述为直流分量、基波分量和各次谐波分量的叠加。式（2-3）就是周期性三角波的傅里叶级数。

$$f(t)=\frac{4}{\pi}\left[\sin\omega_0 t+\frac{1}{3}\sin 3\omega_0 t+\frac{1}{5}\sin 5\omega_0 t+\cdots+\frac{1}{2n-1}\sin(2n-1)\omega_0 t+\cdots\right] \tag{2-2}$$

$$f(t)=\frac{1}{2}+\frac{4}{\pi^2}\left[\sin\omega_0 t+\frac{1}{9}\cos 3\omega_0 t+\frac{1}{25}\cos 5\omega_0 t+\cdots+\frac{1}{(2n-1)^2}\cos(2n-1)\omega_0 t+\cdots\right] \tag{2-3}$$

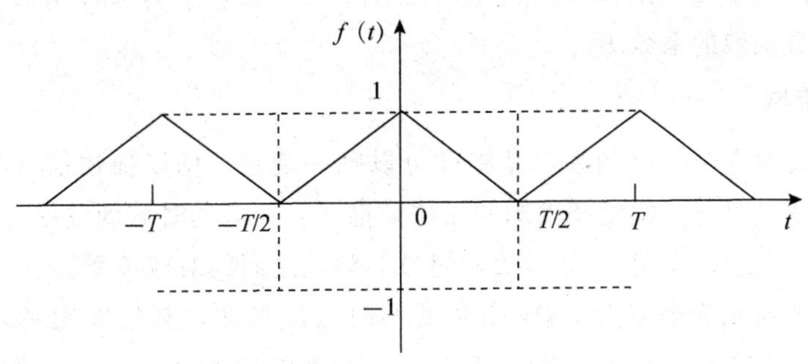

图 2-3　周期为 *T*、幅度为 1 的三角波

任何一个周期性信号都可以分解成直流分量、基波分量和各次谐波分量的叠加。由波形的特点可发现，周期性信号有的具有直流分量，有的没有直流分量，有的具有奇次谐波，有的具有偶次谐波。同前文可知：周期性矩形波是相对于坐标原点奇对称的，而正弦波也是相对于坐标原点奇对称的，且正负方向的幅度相等，周期性奇对称信号可以由奇次谐波叠加而成。同理，偶对称的周期性信号也具有类似的特性。

奇对称的周期性信号可以表示为各正弦函数谐波分量的叠加，偶对称的周期性信号可以表示为各余弦函数谐波分量的叠加。当周期性信号具有直流分量时，傅里叶级数也具有直流分量。

对于任意一个周期性信号 $f(t)$，其傅里叶级数可以表示为

$$\begin{aligned}f(t)&=A_0+\sum_{n=1}^{\infty}(A_n\cos n\omega_0 t+B\sin\omega_0 t)\\&=C_0+\sum_{n=1}^{\infty}C_n\cos(n\omega_0 t-\varphi_0)=\sum_{n=-\infty}^{\infty}F_n\mathrm{e}^{\mathrm{j}n}\omega_0 t\end{aligned} \tag{2-4}$$

式（2-4）给出了傅里叶级数的三种表达形式。第一个等号后的 A_0 为直流分量，A_n、B_n，为余、正弦分量的系数；第二个等号后的 C_0 为直流分量，余弦函数是第一个等号后的两个函数通过和差化积合并而成的；第三个等号后的式子是傅里叶级数的指数形式，F_n 为复振幅，包括幅值和相角两项。各个系数分别为

$$\begin{cases}A_0=\dfrac{1}{T}\displaystyle\int T/2_{-T/2}f(t)\mathrm{d}t\\[2ex]A_n=\dfrac{2}{T}\displaystyle\int T/2_{-T/}f(t)\cos n\omega_0 t\,\mathrm{d}t\\[2ex]B_n=\dfrac{2}{T}\displaystyle\int T/2_{-T/2}f(t)\cos n\omega_0 t\,\mathrm{d}t\\[2ex]F_n=\dfrac{1}{T}\displaystyle\int T/2_{-T/2}f(t)\mathrm{e}^{-\mathrm{j}n\omega_0 t}\mathrm{d}t\end{cases} \tag{2-5}$$

式中，T 为周期性信号的周期；ω_0 为周期性信号的角频率，$\omega_0=2\pi/T=2\pi f_0$，单位为

rad/s（弧度/秒），是基波的角频率。

三角函数和指数函数的傅里叶级数是同一种级数的两种不同的表示方法。指数函数是傅里叶变换的基础，是频域分析中的运算工具，也是本书最常用的表达式。频谱图中的幅度指数函数的系数 F_n。

2. 频域特性

一个正弦波对应于一个频率，其幅度可以唯一确定。用以描述信号与频率的关系的图称为频谱图，可分为幅度频谱图和相位频谱图。相应的时域函数用 $f(t)$ 表示，频域函数用 $F(\omega)$ 表示，并用“$\Leftrightarrow$”表示时域与频域之间的对应关系。

图 2-4（a）所示为频率为 1 Hz 余弦波的时域波形图，其幅度为 A，周期为 1 s，唯一地确定了一个余弦波波形。换句话说，由幅度和频率就可以唯一地确定一个余弦波函数。

图 2-4（b）即为对应的幅度—频率波形图，这种图称为频谱图。横坐标用角频率或频率描述，纵坐标用幅度来描述。在此，其角频率为 $\pm 2\pi$ rad/s 时，幅度为 πA，纵坐标为复幅度，是傅里叶级数的复系数。从图 2-4 中可见，一种频率的余弦波对应频谱图中的一对谱线，在正频率方向和负频率方向各有一条谱线，其幅度为正弦波振幅的 π 倍。

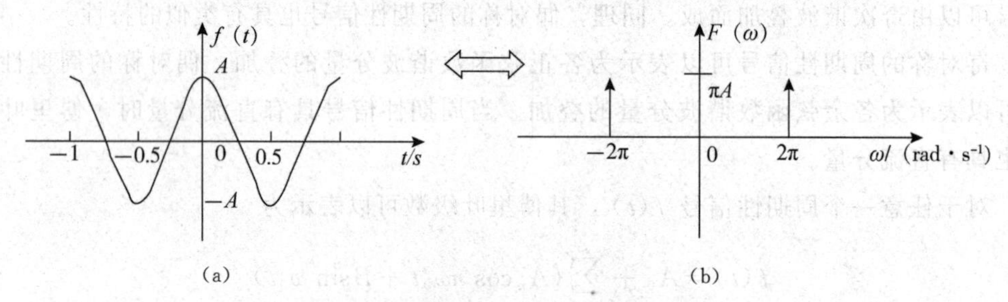

图 2-4　余弦波的时域波形图与频普图

（a）频率为 1 Hz 的余弦波的时域波形图；（b）频率为 1 Hz 的余弦波的频普图

图 2-5 所示为周期性三角波的时域波形图和与频谱图。可以看出，连续的周期性信号的频谱是离散的，它有多个频率分量，各分量的幅度不同，相位也不同，因此频谱图分为幅度频谱图和相位频谱图。频谱的幅度和相位反映在傅里叶级数的系数上。

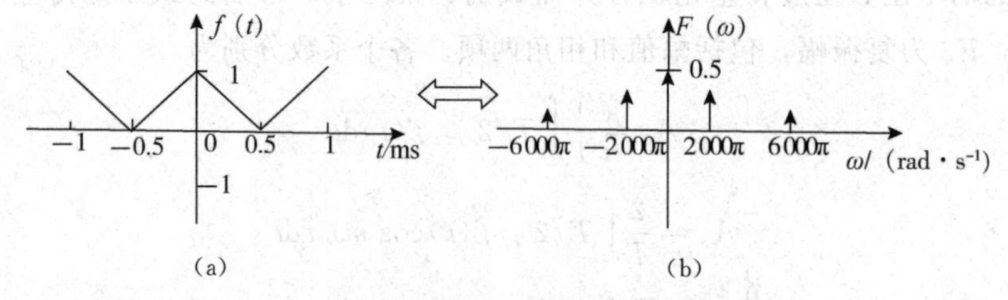

图 2-5　周期性三角波的时域波形图与频普图

（a）周期为 1 ms 的三角波的时域波形图；（b）周期为 1 ms 的三角波的频普图

图 2-6 为周期性脉冲信号的时域波形图，周期为 T_0，脉冲的宽度为 τ，幅度为 A。

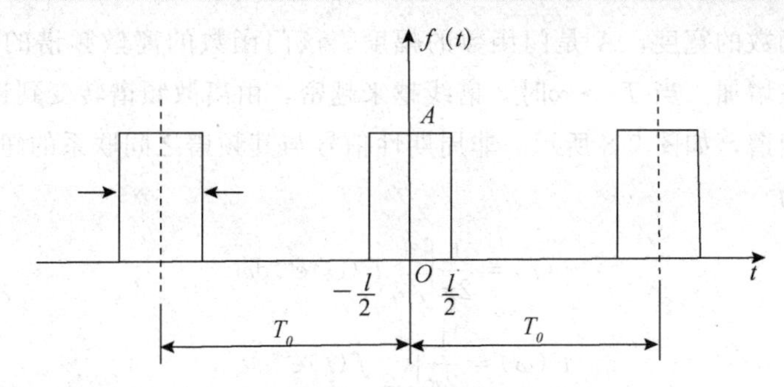

图 2-6 周期性脉冲信号的时域波形图

根据傅里叶级数的公式可以推出复振幅与角频率之间的关系。当 $T_0=5\tau$ 时，频谱为图 2-7（a），在 0 与第一个过零点间（或两个相邻的过零点）有 5 条谱线；当 $T_0=10\tau$ 时，谱线变密，两相邻过零点间有 10 条离散谱线，频谱幅度的包络均为 $\mathrm{Sa}(x)$ 函数的形式，频谱的幅度是衰减振荡变化的。随着脉冲 τ/T 的改变，谱线的稀疏程度也发生变化。T/τ 的比例越大，谱线之间的距离越小，幅度也相应地从 $A/5$ 减小到$A/10$，但频谱过零点的位置不变，两个过零点之间的谱线的个数（等于 T/τ ）从 5 条变化到 10 条。谱线的位置均为基波和各次谐波频率。

周期性信号的频谱是离散谱且具有谐波特性。

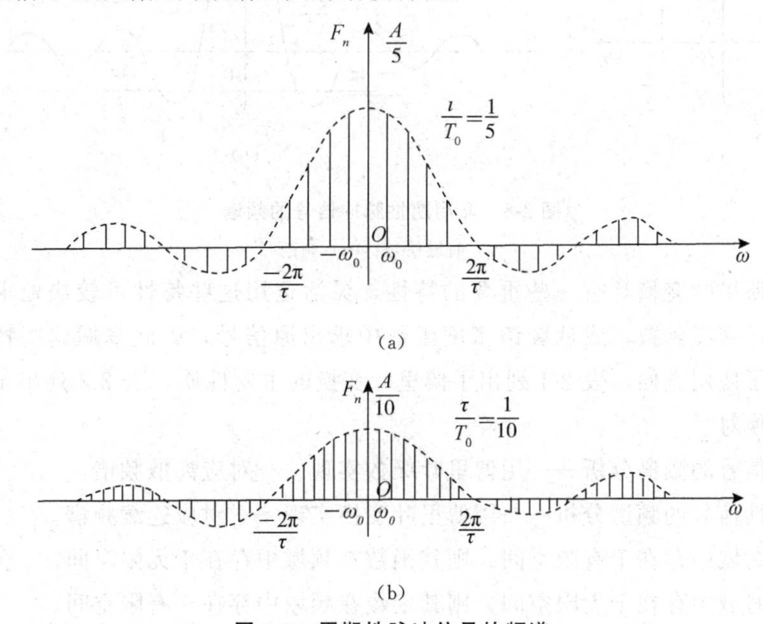

图 2-7 周期性脉冲信号的频谱

(a) $T_0=5\tau$；(b) $T_0=10\tau$

2.2.2 非周期性信号与傅里叶变换

随着 T 的增加，周期性的脉冲信号转变成一个门函数，通常用 $D_\tau(t)$ 表示，其中

下标 τ 表示门函数的宽度，A 是门函数的幅度。该门函数的离散频谱的两过零点之间谱线的个数也在增加。当 $T\to\infty$时，谱线越来越密，由离散频谱转变到连续频谱 Sa 函数，这就是连续谱，如图 2-8 所示。非周期性信号与其频谱之间联系的纽带就是傅里叶变换，其公式为

$$f(t)=\frac{1}{2\pi}\int_{-\infty}^{\infty}F(\omega)\mathrm{e}^{\mathrm{j}\omega t}\mathrm{d}\omega \tag{2-6}$$

$$F(\omega)=\frac{1}{2\pi}\int_{-\infty}^{\infty}f(t)\mathrm{e}^{\mathrm{j}\omega t}\mathrm{d}t \tag{2-7}$$

式（2-7）称为时域函数 $f(t)$ 的傅里叶正变换，它把一个时域内 t 的函数变换为频域内 ω 的函数；式（2-6）称为频域函数 $F(t)$ 的傅里叶反变换或逆变换，它把一个 ω 的函数变换为 t 的函数，时域和频域的关系表示为

$$f(t)\Leftrightarrow F(\omega) \tag{2-8}$$

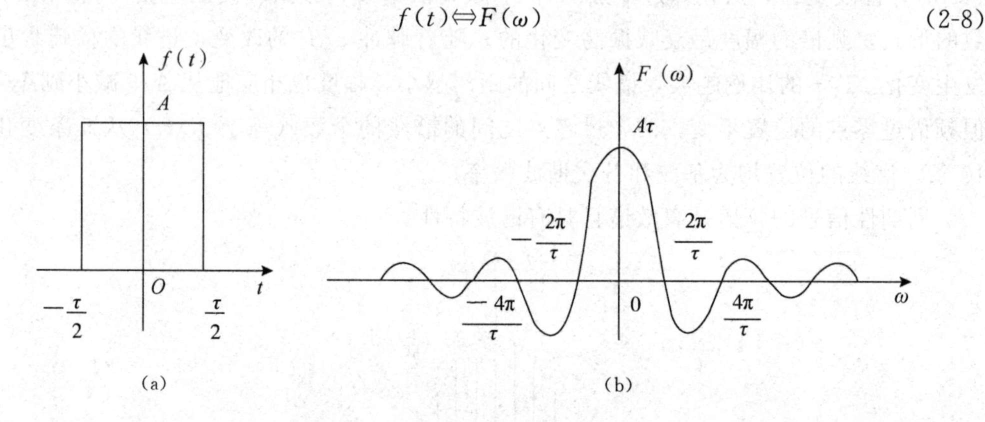

图 2-8　非周期性脉冲信号的频谱

（a）时域信号；（b）频谱

信号的傅里叶变换具有一些重要的特性，灵活运用这些特性可较快地求出许多复杂信号的频谱密度函数，或从频谱密度函数中求出原信号，因此掌握这些特性是非常有益的。为了使用方便，表 2-1 列出了傅里叶变换的主要性质，表 2-2 列出了常用信号的傅里叶变换对。

周期性信号的频谱分析——用傅里叶级数实现——对应离散频谱。

非周期性信号的频谱分析——用傅里叶变换实现——对应连续频谱。

函数在时域中存在于有限空间，则其函数在频域中存在于无限空间。

函数在时域中存在于无限空间，则其函数在频域中存在于有限空间。

表 2-1　傅里叶变换的主要性质

序号	运算名称	函数 $f(t)$	傅里叶变换 $F(\omega)$
1	线性	$af_1(t)+bf_2(t)$	$aF_1(\omega)+bF_2(\omega)$
2	对称性	$F(t)$	$2\pi f(-\omega)$
3	比例变换	$f(at)$	$\frac{1}{\lvert a\rvert}F(\omega/a)$
4	反演	$f(-t)$	$F(-\omega)$
5	时延	$f(t-t_0)$	$F(\omega)\mathrm{e}^{-\mathrm{j}\omega t_0}$
6	频移	$f(t)\mathrm{e}^{\mathrm{j}\omega_0 t}$	$F(\omega-\omega_0)$
7	时域微分	$\frac{\mathrm{d}^n f(t)}{\mathrm{d}t^n}$	$(\mathrm{j}\omega)^n F(\omega)$
8	频域微分	$(-\mathrm{j})^n t^n f(t)$	$\frac{\mathrm{d}^n F(\omega)}{\mathrm{d}\omega^n}$
9	时域积分	$\int_{-\infty}^{t} f(\tau)\mathrm{d}\tau$	$\frac{1}{\mathrm{j}\omega}F(\omega)+\pi F(0)\delta(\omega)$
10	时域相关	$R(\tau)=\int_{-\infty}^{\infty} f_1(t)f_2(t+\tau)\mathrm{d}t$	$F_1(\omega)F_2^*(\omega)$
11	时域卷积	$f_1(t) * f_2(t)$	$F_1(\omega)F_2(\omega)$
12	频域卷积	$f_1(t)\ f_2(t)$	$\frac{1}{2\pi}[F_1(\omega) * F_2(\omega)]$
13	调制定理	$f(t)\cos\omega_c t$	$\frac{1}{2}[F(\omega+\omega_c)+F(\omega-\omega_c)]$
14	希尔伯特变换	$\hat{f}(t)$	$-\mathrm{jsgn}(\omega)F(\omega)$

表 2-2　常用信号的傅里叶变换对

序号	函数名称	函数 $f(t)$	傅里叶变换 $F(\omega)$
1	矩形脉冲	$G\tau(t)=\begin{cases}1, & \lvert t\rvert\leqslant\frac{\tau}{2}\\0, & \lvert t\rvert>\frac{\tau}{2}\end{cases}$	$\tau\mathrm{Sa}\left(\frac{\omega\tau}{2}\right)$
2	抽样函数	$\mathrm{Sa}(\omega_c t)$	$\frac{\pi}{\omega_c}G_{2\omega_c}(\omega)$
3	指数函数	$\mathrm{e}^{-at}u(t),\ a>0$	$\frac{1}{a+\mathrm{j}(\omega)}$
4	双边指数函数	$\mathrm{e}^{-a\lvert t\rvert},\ a>0$	$\frac{2a}{a^2+\omega^2}$
5	三角函数	$\Delta_{2\tau}(t)=\begin{cases}1-\frac{\lvert t\rvert}{\tau}, & \lvert t\rvert\leqslant\tau\\0, & \lvert t\rvert>\tau\end{cases}$	$\tau\mathrm{Sa}^2\left(\frac{\omega\tau}{2}\right)$

表2-2(续表)

序号	函数名称	函数 $f(t)$	傅里叶变换 $F(\omega)$
6	高斯函数	$e^{-\left(\frac{t}{\tau}\right)^2}$	$\sqrt{\pi}\tau e^{-\left(\frac{\omega\tau}{2}\right)^2}$
7	冲激脉冲	$\delta(t)$	1
8	正负号函数	$\mathrm{Sgn}(t)=\begin{cases}1, & t>0\\ -1, & t<0\end{cases}$	$\frac{2}{\mathrm{j}\omega}$
9	升余弦脉冲	$\begin{cases}\left(1+\cos\frac{2\pi}{\tau}t\right), & \|t\|\leqslant\tau/2\\ 0, & \|t\|>\tau/2\end{cases}$	$\frac{\tau\mathrm{Sa}\frac{\omega\tau}{2}}{1-\frac{\omega^2\tau^2}{4\pi^2}}$
10	升余弦频谱特性	$\frac{\cos\pi t/T_s}{1-4t^2/T_s^2}\cdot\mathrm{Sa}\left(\frac{\pi t}{T_s}\right)$	$\begin{cases}\frac{T_s}{2}\left(1+\cos\frac{\omega T_s}{2}\right), & \|\omega\|\leqslant\frac{2\pi}{T_s}\\ 0, & \|\omega\|>\frac{2\pi}{T_s}\end{cases}$
11	阶跃函数	$u(t)$	$\pi\delta(\omega)+\frac{1}{\mathrm{j}\omega}$
12	复指数函数	$e^{w_{c0}t}$	$2\pi\delta(\omega-\omega_0)$
13	周期信号	$\sum_{n=-\infty}^{\infty}F_n e^{\mathrm{j}nw_{cc}t}$	$2\pi\sum_{n=-\infty}^{\infty}F_n\delta(\omega-n\omega_c)$
14	常数	k	$2\pi k\delta(\omega)$
15	余弦函数	$\cos\omega_0 t$	$\pi\delta(\omega+\omega_0)+\pi\delta(\omega-\omega_0)$
16	正弦函数	$\sin\omega_0 t$	$\mathrm{j}\pi\delta(\omega+\omega_0)-\mathrm{j}\pi\delta(\omega-\omega_0)$
17	单位冲激脉冲序列	$\sum_{n=-\infty}^{\infty}\delta(t-nT)$	$\frac{2\pi}{T}\sum_{n=-\infty}^{\infty}\delta\left(\omega-\frac{2\pi n}{T}\right)$
18	周期门函数的傅里叶级数	$\sum_{n=-\infty}^{\infty}AG_\tau(t-nT)$	$\frac{2\pi A\tau}{T}\mathrm{Sa}\left(\frac{n\pi\tau}{T}\right)\delta\left(\omega-\frac{2n\pi}{T}\right)$

2.1.3 信号的能量谱和功率谱

傅里叶分析用于理解信号在频域和时域中的对应关系及表现形式，这两种形式描述了信号的特性，都是有效的。在某些应用中，时域形式更有效，在另一些应用中，频域分析更能反映信号特性。研究信号频率分量的幅度（或相位）是研究随时间变化信号的等效方法。

傅里叶分析频谱还有一个重要的用途，即研究信号在各个频率上的能量和功率。

通信系统的任务是从源（消息的发送方）到接收方（消息用户）传送电磁信号能量，通信信道（无论是空气、电线、电路或是其他什么物质）必须允许这个能量通过。因此，发送的能量、通过系统的能量和最后接收的能量之间的关系非常重要。为了解决这一点，有必要了解一下信号能量和功率的谱型，以及它们是如何定义的。

在电子学中，利用电流或电压的平方来定义功率：$P = I^2 \times R = U^2/R$，其中电流或电压用来测量信号幅度。功率是能量传输的速率，所以在能量值中应用了“平方”。在傅里叶等式中，将 $f(t)$ 替换为 $[f(t)]^2$ 即可。$[f(t)]^2$ 的积分通常不等于 $f(t)$ 积分的平方。

下面来看看什么叫功率信号和能量信号。

图 2-9（a）所示为周期性脉冲的频谱，图 2-9（b）所示为其功率谱。注意：功率谱值并不是频谱值的平方，而是一个新的图形，有更多的隆起（或者叫圆形突起），并且中心的圆形突起最大。每个频点的功率分量的幅度都是非负值，因为功率永远不会是负值。

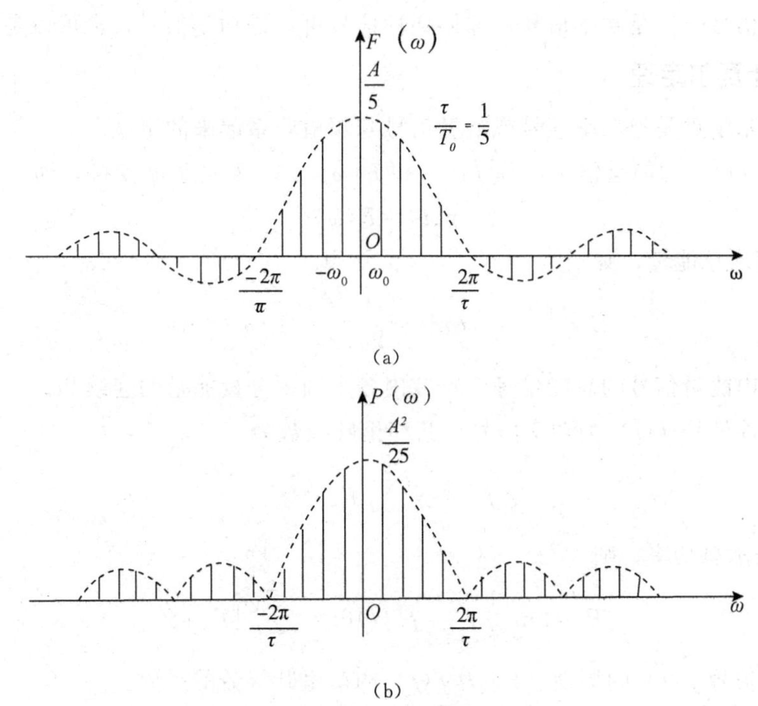

图 2-9 周期性脉冲的频谱和功率谱

（a）频谱；（b）功率谱

在典型的声音能量谱中，大部分功率集中在 300～3 000 Hz 的范围内，有很少的一部分在 3 000～8 000 Hz 的频带内。这就意味着设计一个可以工作的通信系统的最小带宽是 3 kHz。实际上，电话系统和声音通信系统就是这样工作的。

尽管频谱幅度分量可正可负，但功率谱或能量谱的幅度永远是非负值。

下面给出能量信号和功率信号的定义。

1. 能量信号和功率信号

定义信号 $f(t)$（电压或电流）在 1 Ω 电阻上所消耗的能量为信号的归一化能量，简称能量。能量信号表示为

$$E=\int_{-\infty}^{\infty} f^2(t)\mathrm{d}t<\infty \tag{2-9}$$

能量有限的信号称为能量信号。

当信号能量趋于无穷大时，其平均功率是有限的，称此信号为功率信号。功率信号表示为

$$P=\lim_{T\to\infty}\frac{1}{T}\int_{-T/2}^{T/2} f^2(t)\mathrm{d}t<\infty \tag{2-10}$$

式中，T 取时间平均的区间，P 为平均功率。

能量信号的能量是有限的，功率信号的功率是有限的。

能量信号一定是功率信号，功率信号不一定是能量信号。

周期性信号一定是功率信号；非周期性信号可以是功率信号，也可以是能量信号。

2. 帕什瓦尔定理

帕什瓦尔定理是把功率信号或能量信号与频谱联系起来的定理。

若信号 $f(t)$ 为能量信号，且 $f(t)$ 和 $F(\omega)$ 是一对傅里叶变换，即

$$f(t)\Leftrightarrow F(\omega) \tag{2-11}$$

用 E 表示总能量，则

$$E=\int_{-\infty}^{\infty} f^2(t)\mathrm{d}t=\frac{1}{2\tilde{\omega}}\int_{-\infty}^{\infty} |F(\omega)|^2\mathrm{d}\omega \tag{2-12}$$

式中，时域内能量信号的总能量等于频域内各个频率分量能量的连续和。

若周期性信号 $f(t)$ 为功率信号，其傅里叶级数为

$$f(t)=\sum_{n=-\infty}^{\infty} F_n \mathrm{e}^{\mathrm{j}n\omega_0 t} \tag{2-13}$$

用 P 表示总功率，则

$$P=\lim_{T\to\infty}\frac{1}{T}\int_{-T/2}^{T/2} f^2(t)\mathrm{d}t=\sum_{n=-\infty}^{\infty}|F_n|^2 \tag{2-14a}$$

式中，T 为信号 $f(t)$ 的周期，F_n 为 $f(t)$ 的傅里叶级数的系数。

对非周期功率信号有，

$$P=\lim_{T\to\infty}\frac{1}{T}\int_{-T/2}^{T/2} f^2(t)\mathrm{d}t=\frac{1}{2\pi}\int_{-\infty}^{\infty}\lim_{T\to\infty}\frac{|F_{\mathrm{T}}(\omega)|^2}{T}\mathrm{d}\omega \tag{2-14b}$$

式中，$F_{\mathrm{T}}(\omega)$ 是时域函数 $f(t)$ 在 $-\frac{T}{2}\sim\frac{T}{2}$ 之间的截取函数 $f_{\mathrm{T}}(t)$ 的频谱。

式（2-14a）中，周期信号的平均功率等于各个频率分量平均功率的总和。式（2-14b）中，非周期功率信号时域内总功率等于频域内总功率。式（2-14a）和式（2-14b）的这种关系称为帕什瓦尔定理。

此定理表明能量守恒，即时域内的能量等于频域内的能量，时域内的功率等于频域内的功率。

3. 能量谱密度和功率谱密度

若用 E 表示能量，P 表示功率，在频域内可将 E 和 P 表示为

$$E=\frac{1}{2\pi}\int_{-\infty}^{\infty}E(\omega)\mathrm{d}\omega \tag{2-15}$$

$$P=\frac{1}{2\pi}\int_{-\infty}^{\infty}P(\omega)\mathrm{d}\omega \tag{2-16}$$

则称 $E(\omega)$ 为能量谱密度函数，单位为 J/Hz（焦耳/赫兹）；称 $P(\omega)$ 为功率谱密度，单位为 W/Hz（瓦特/赫兹）。式（2-15）和式（2-16）中 $\omega=2\pi f$ 。能量谱密度和功率谱密度简称能量谱和功率谱。

对照式（2-12）、式（2-14a），式（2-14b）、式（2-15）和式（2-16）可得

$$E(\omega)=|F(\omega)|^2 \tag{2-17}$$

对于非周期信号，有

$$P(\omega)=\lim_{T\to\infty}\frac{|F_{\mathrm{T}}(\omega)|^2}{T} \tag{2-18a}$$

对于周期信号，有

$$P(\omega)=2\pi\sum_{n=-\infty}^{\infty}|F_n|^2\delta(\omega-\omega_0) \tag{2-18b}$$

4. 信号带宽

带宽这个名称在通信系统中经常出现。在通信系统中从信号传输的过程来看，实际上有两种不同含义的带宽：一种是信号带宽（或噪声带宽），是由信号（或噪声）的能量谱密度或功率谱密度在频域的分布规律确定的，即在此要讲的信号带宽；另一种是信道带宽，是由传输电路的传输特性决定的。带宽的符号为 B，单位 Hz，在应用中将说明是信号带宽还是信道带宽。

所有实际信号的能量或功率的主要部分往往集中在一定的频率范围之内，超出此范围的成分将大大减小。这个频率范围通常用信号带宽来描述。能量谱和功率谱为定义信号带宽提供了有效的方法。根据实际系统的不同要求，信号带宽有不同的定义。以基带信号为例，常用的定义有以下 3 种，它们都是根据基带信号频谱的主要成分集中在 $\omega=0$ 附近而提出来的。

（1）以集中一定百分比的能量（功率）来定义

对能量信号，信号带宽 B 是根据该频率范围内各频率分量的能量或功率占总能量或总功率的百分数来确定的，即由式（2-19）求得。

$$\frac{2\int_{0}^{B}|F(\omega)|^2\mathrm{d}f}{E}=\gamma \tag{2-19}$$

式中，E 是整个频域内的总能量，γ 为所需能量的百分数，可取 90%、95%或 99%等。

$$E=\frac{1}{2\pi}\int_{-\infty}^{\infty}|F(\omega)|^2\mathrm{d}\omega=\int_{-\infty}^{\infty}|F(\omega)|^2\mathrm{d}f=2\int_{-\infty}^{\infty}|F(\omega)|^2\mathrm{d}f \tag{2-20}$$

对于功率信号亦可用同样的方式求得带宽 B，即

$$\frac{2\int_0^B\left[\lim\limits_{T\to\infty}\frac{|F_T(\omega)|^2}{T}\right]\mathrm{d}f}{P}=\gamma \tag{2-21}$$

式中，P 为总功率，百分比 γ 可取 90%、95%、99%等。

(2) 以能量谱（功率谱）密度下降 3 dB 内的频率间隔作为带宽

对于频率轴上具有明显的单峰形状（或一个明显的主峰）的能量谱（或功率谱）的信号，若峰值位于 $f=0$ 处，则信号带宽 B 为正频率轴上 $G(f)$ 或 $P(f)$ 下降到 3 dB（半功率点）处的相应频率间隔，如图 2-10 所示。

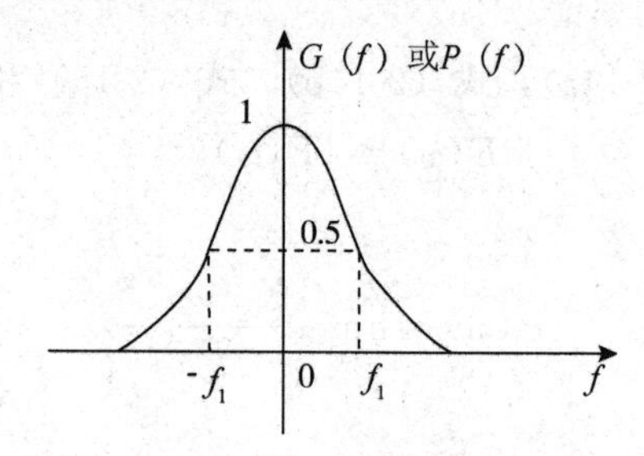

图 2-10　百分比带宽

在 $G(f)\sim f$ 或 $P(f)\sim f$ 曲线中，由

$$G(f_1)=\frac{1}{2}G(0)$$

或

$$P(f_1)=\frac{1}{2}P(0)$$

得

$$B=f_1 \tag{2-22}$$

(3) 等效矩形带宽

如图 2-11 所示，用一个矩形谱代替信号的功率谱（或能量谱），矩形谱具有的能量或功率与信号的能量或功率相等，矩形谱的幅度为信号能量（或功率）谱 $f=0$ 时的幅度。

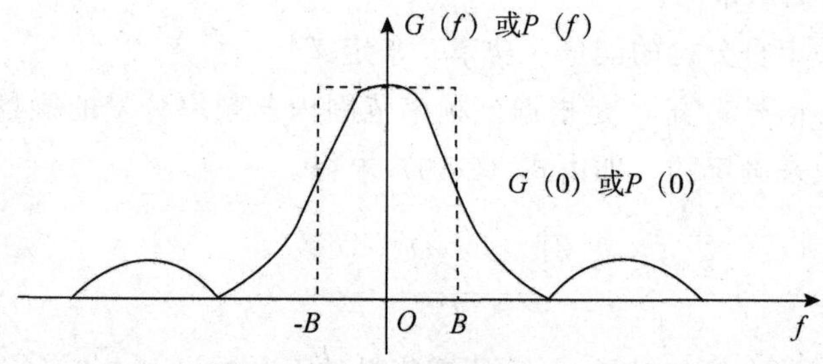

图 2-11　等效矩形带宽

由

$$2BG(0)=\int_{-\infty}^{\infty} G(f)\mathrm{d}f$$

或

$$2BP(0)=\int_{-\infty}^{\infty} P(f)\mathrm{d}f$$

得

$$B=\frac{\int_{-\infty}^{\infty} G(f)\mathrm{d}f}{2G(0)}$$

或

$$B=\frac{\int_{-\infty}^{\infty} P(f)\mathrm{d}f}{2P(0)} \tag{2-23}$$

以上 3 种带宽的定义可以根据不同的需求来选用。

2.2　随机信号分析

由于信号的参数不确定，不能预先确定信号在任意时刻的取值，所以取值具有随机性，这种信号称为随机信号。例如，电话机产生的话音信号、计算机产生的“1”“0”序列等都是随机的。由于信源产生的消息是随机的，在通信系统中传输携带消息的信号在被接收之前，接收端无法确切知道接收信号的波形，所以系统传输的是一种随机信号。同时，系统中存在着噪声或干扰，它们会叠加在信号上随信号一起传输。由于噪声或干扰是随机的，因此传输的信号具有随机性。对于随机信号，需要用统计的方法去分析。

2.2.1　随机过程的概念

通信中携带消息的信号一般都具有随机性。同时，携带消息的信号在传输过程中，不可避免地要受到噪声的干扰。无论是随机信号还是随机噪声，两者都是随机的。它们不能表示成一个确定的时间函数，必须根据随机过程理论来描述。

设有无数台性能相同的接收机，在同样条件下测其输出噪声，可得到图 2-12 所示的波形 n_1 (t)，n_2 (t)，n_3 (t)，…，n_N (t)。其中每条曲线都是一个随机起伏的时间函数。这种时间函数称为随机函数。无穷个随机函数的总体在统计学中称为随机过程，随机过程中每一个随机函数称为随机过程的一次实现或样本函数。

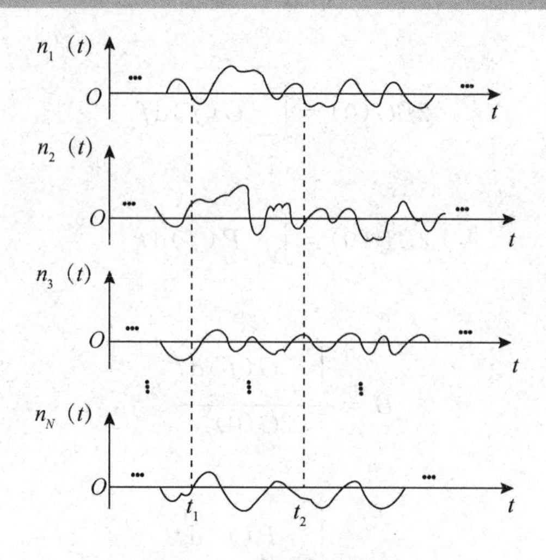

图 2-12　随机噪声波形

如果在某一特定时刻 t_1 观察各台接收机的输出噪声，会发现它们的值是不同的，因此，在 t_1 时刻，接收机输出噪声值是一个随机量。同样，在另一个时刻 t_2，接收机的输出噪声是另一个随机量。而且时间不同，随机量也不相同，即随机量是一个变量，称为随机变量，它是时间的函数。概括地说，随机过程的含义有两点：首先，它是一个时间函数；其次，每个时刻上的函数值不是确定的，即随机的，每个时刻的函数值按照一定的概率分布。如果时间是离散的，则这种随机过程称为随机序列。例如，通信中的热噪声是随机过程，而计算机产生的信号则是随机序列。

2.2.2　平稳随机过程

假设一个随机过程 $X(t)$，如果它的 n 维概率密度函数 P_n（x_1，x_2，…，x_n；t_1，t_2，…，t_n）与时间起点的选择无关，即对于任何 n 和 τ，$X(t)$ 的 n 维概率密度函数满足

$$p_n(x_1, x_2, \cdots, x_n; t_1, t_2, \cdots, t_n) = p_n(x_1, x_2, \cdots, x_n; t_1+\tau, t_2+\tau, \cdots, t_n+\tau) \tag{2-24}$$

则称该随机过程为平稳随机过程。若式（2-24）对于某个 n 值是成立的，则称此随机过程为 n 阶平稳随机过程。若 $X(t)$ 对所有阶都是平稳的，则称为严平稳随机过程或狭义平稳随机过程。此外，有许多随机过程按严格定义不是严平稳随机过程，若数学期望和方差与时间 t 无关，而自相关函数只与时间差 τ 有关，这样的随机过程称为广义平稳随机过程。严平稳随机过程也是广义平稳随机过程。

由上述定义可知，平稳随机过程的一维概率密度函数与时间无关，即

$$p_1(x, t) = p_1(x, t+\tau) = p_1(x) \tag{2-25}$$

而二维概率密度函数只与时间差有关，即

$$p_2(x_1, x_2; t_1, t_2) = p_2(x_1, x_2; t_1-t_2) = p_2(x_1, x_2; \tau) \tag{2-26}$$

在通信系统中所遇到的随机信号和噪声绝大多数是平稳随机过程，因此，以后讨论的随机过程除特殊说明外，都假定是平稳的，且为广义平稳随机过程。

平稳性反映在观测记录（即样本曲线）上的特点是：随机过程的所有样本曲线都在某一水平直线周围随机地波动，此外还可以用数字特征来判断。

2.2.3 随机过程的数字特征

在实际中，用随机过程的数字特征来描述随机过程的统计特性更简单方便。求取随机过程数字特征的方法有统计平均和时间平均两种。

1. 统计平均

随机过程 $X(t)$ 某一特定时刻不同实现的可能取值，用统计方法得出的平均值称统计平均，用 E［·］表示。对于平稳随机过程，除相关函数只取决于两个时刻的间隔 $\tau=t_2-t_1$ 之外，其他统计平均量均为与时间 t 无关的常数。

（1）均值（数学期望）

随机过程在任意时刻 t 取值所组成随机变量的统计平均值称为随机过程的均值或数学期望，即

$$m_x=E[X(t)]=\int_{-\infty}^{\infty}xp(x)\,\mathrm{d}x \tag{2-27}$$

式中，$p(x)$ 是平稳随机过程的一维概率密度函数。均值代表随机过程的摆动中心。

（2）均方值

$$E[X^2(t)]=\int_{-\infty}^{\infty}x^2p(x)\,\mathrm{d}x \tag{2-28}$$

称为随机过程 $X(t)$ 的均方值。

（3）方差

$$\sigma_x^2=E\{[X(t)-m_x]^2\}=\int_{-\infty}^{\infty}(x-m_x)^2p(x)\,\mathrm{d}x=E[X^2(t)]-m_x^2 \tag{2-29}$$

称为随机过程 $X(t)$ 的方差。方差等于均方值与数学期望平方之差。它表示随机过程在某时刻取值所得随机变量对于该时刻均值的偏离程度。当均值 $m_x=0$ 时，有

$$\sigma_x^2=E[X^2(t)] \tag{2-30}$$

均值和方差是刻画随机过程在各个孤立时刻统计特性的重要数字特征。

（4）自相关函数

设 $X(t_1)$ 和 $X(t_2)$ 是随机过程 $X(t)$ 在任意两个时刻 t_1 和 t_2 的状态，$p(x_1,x_2;t_1,t_2)=p(x_1,x_2;\tau)$ 是相应的二维概率密度函数，则

$$R_x(\tau)=E[X(t)X(t+\tau)]=\int_{-\infty}^{\infty}\int_{-\infty}^{\infty}x_1x_2p(x_1,x_2,\tau)\,\mathrm{d}x_1\mathrm{d}x_2 \tag{2-31}$$

称为随机过程 $X(t)$ 的自相关函数。它反映了随机过程两个不同观测时刻取值的关联程度。若随机过程变化平缓，则 $R_x(\tau)$ 值较大，反之则较小。

当 $\tau=0$ 时，由式（2-31）得

$$R_x(0)=E\left[X^2(t)\right] \tag{2-32}$$

2. 时间平均

对随机过程 $X(t)$ 的某一特定实现，用数学分析的方法对时间求平均称为时间平均，用 A [·] 表示，定义为

$$A[\cdot]=\lim_{T\to\infty}\frac{1}{T}\int_{-T/2}^{T/2}[\cdot]\,\mathrm{d}t \tag{2-33}$$

一个平稳随机过程，每个样本函数都是在全部时间内存在的功率信号，各个实现的时间平均值彼此相同。

（1）平均值（直流分量）

设 $x(t)$ 是随机过程 $X(t)$ 的一个典型的样本函数，则样本函数的时间平均

$$m_X=A\left[x(t)\right]=\lim_{T\to\infty}\frac{1}{T}\int_{-T/2}^{T/2}x(t)\,\mathrm{d}t \tag{2-34}$$

（2）均方值（总平均功率）

$$A\left[x^2(t)\right]=\lim_{T\to\infty}\frac{1}{T}\int_{-T/2}^{T/2}x^2(t)\,\mathrm{d}t \tag{2-35}$$

（3）方差（交流功率）

$$\sigma_X^2=A\{\left[x(t)-m_X\right]^2\}=\lim_{T\to\infty}\frac{1}{T}\int_{-T/2}^{T/2}\left[x(t)-m_X\right]^2\mathrm{d}t=A\left[x^2(t)\right]-m_X^2 \tag{2-36}$$

（4）自相关函数

样本函数 $x(t)$ 的时间自相关函数定义为

$$R_X(\tau)=A\left[x(t)x(t+\tau)\right]=\lim_{T\to\infty}\frac{1}{T}\int_{-T/2}^{T/2}x(t)x(t+\tau)\,\mathrm{d}t \tag{2-37}$$

当 $\tau=0$ 时，有

$$R_X(0)=A\left[x^2(t)\right] \tag{2-38}$$

2.2.4 遍历性平稳随机过程

假设 $X(t)$ 是一个平稳随机过程，如果它的统计平均可用时间平均来代替，即

$$m_x=m_X \tag{2-39}$$

它的统计方差可用时间方差来代替，即

$$\sigma_x^2=\sigma_X^2 \tag{2-40}$$

它的统计自相关函数也可用时间自相关函数来代替，即

$$R_x(\tau)=R_X(\tau) \tag{2-41}$$

则称该平稳随机过程具有遍历性，该过程称为遍历性平稳随机过程。“遍历”的意思是

说，随机过程的每个实现（样本函数）都经历了随机过程的各种可能状态，任何一个实现都能代替整个随机过程，所以可用一个实现的统计特性来了解、分析和掌握整个过程的统计特性。在通信系统中所遇到的随机信号和噪声，一般均能满足遍历条件。本书所涉及的随机过程都是遍历性的，时间平均和统计平均相等。

2.3　信道与噪声

所谓信道，就是信号的传输通道。信道被定义为发送设备和接收设备之间的用以传输信号的传输媒质，根据传输媒质是否是实线分为有线信道和无线信道两大类。有线信道包括光纤、屏蔽线、双绞线和同轴线等，如图 2-13 所示。无线信道包括地波传播、电离层反射、超短波或微波中继、卫星中继以及各种散射传播等。

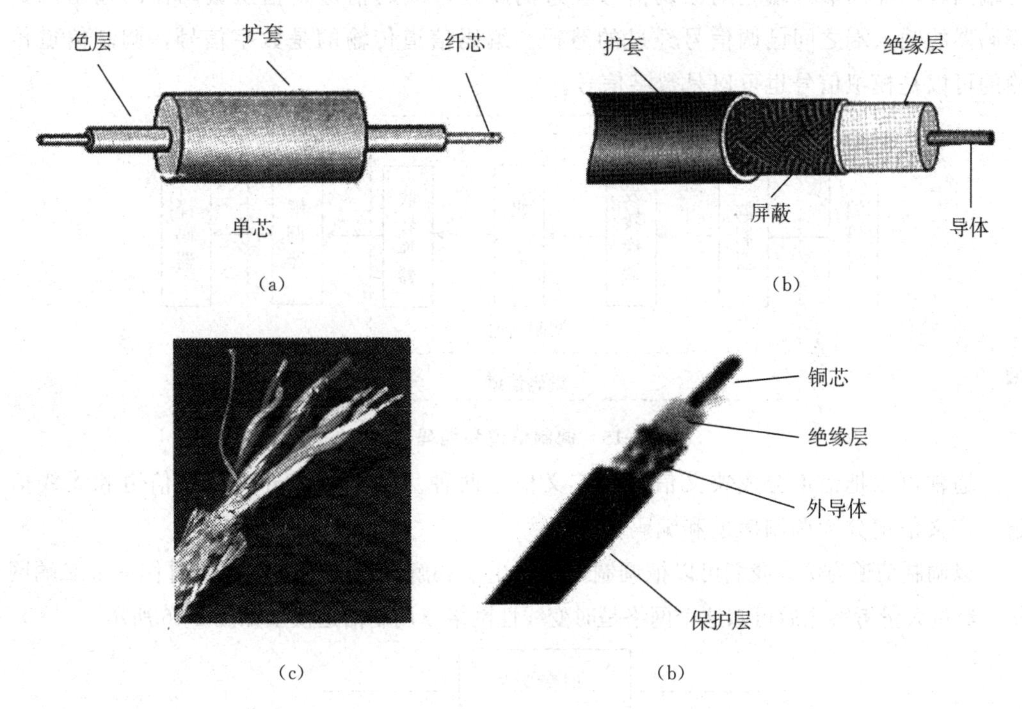

图 2-13　有线信道

(a) 光纤；(b) 屏蔽线；(c) 双绞线；(d) 同轴线

图 2-14 所示为无线 GPS 通信系统。在通信系统的研究中，为简化系统的模型和突出重点，通常将信道的范围扩大到包含传输媒介以外的有关装置，如发送设备、接收设备、馈线和天线、调制器和解调器等。通常将这种扩大了的信道称为广义信道，将原先的传输媒质的信道称为狭义信道。在讨论通信系统的原理时，通常采用广义信道（简称信道），而狭义信道是广义信道的重要组成部分，对通信系统的性能也是非常重要的。

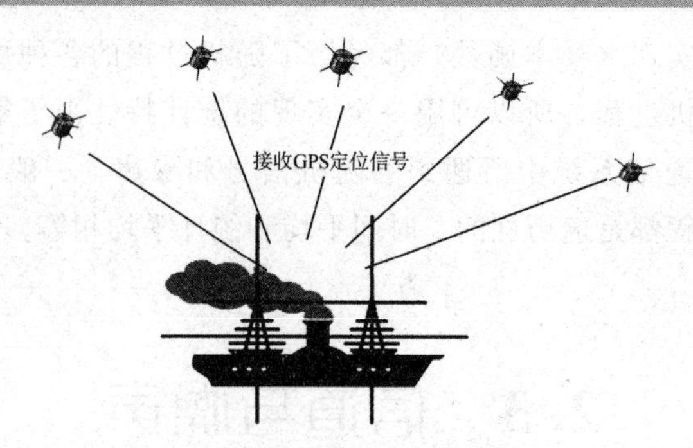

图 2-14 无线 GPS 通信系统

2.3.1 信道的定义和模型

信道按其功能可以分为调制信道和编码信道。所谓调制信道，是指从调制器的输出端到解调器的输入端之间已调信号经过的路径，编码信道是指从编码器的输出端到译码器的输入端之间已调信号经过的路径。编码信道传输的是数字信号，调制信道传输的可以是模拟信号也可以是数字信号。

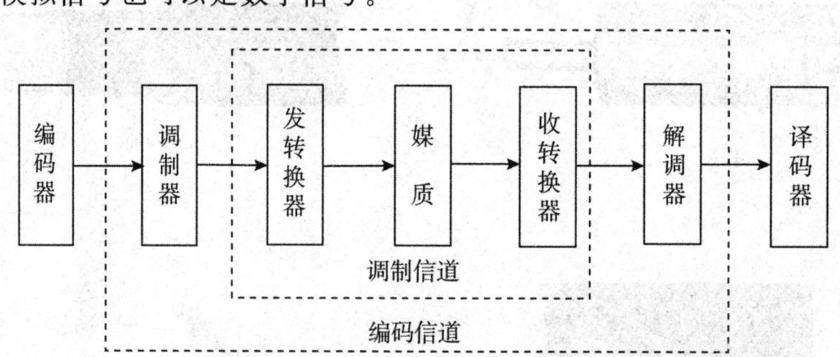

图 2-15 调制信道和编码信道

通常可以把信道分成狭义信道和广义信道两种。狭义信道分为有线信道和无线信道；广义信道分为调制信道和编码信道。

以调制信道为例，我们可以把调制器的输出端和解调器的输入端之间看作一个二端网络。经过大量考察之后可知这个网络是时变线性网络。调制信道模型如图 2-16 所示。

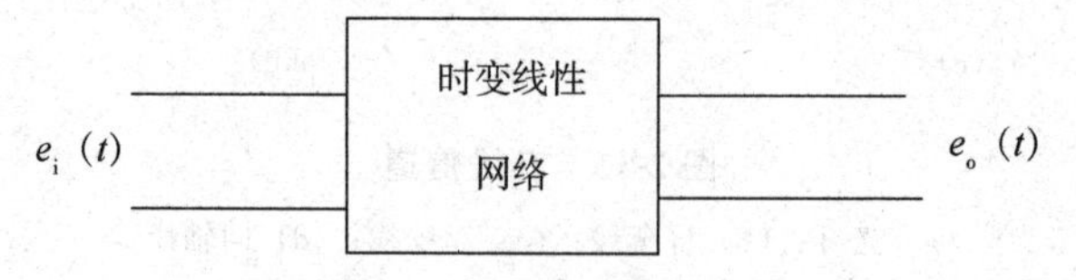

图 2-16 调制信道模型

对于二端网络，输入和输出之间存在一定的关系，除了系统本身的影响外，还有噪声的影响，可用公式表示为

$$e_0(t)=k(t)e_i(t)+n(t) \tag{2-42}$$

式中，$k(t)$ 是和系统网络特性有关的系数，而 $n(t)$ 与网络特性无关。两者对于输入

信号来说都是干扰，$k(t)$ 与 $e_i(t)$ 之间是相乘关系，故称 $k(t)$ 为乘性干扰，称 $n(t)$ 为加性干扰。若能了解 $k(t)$ 和 $n(t)$ 的特性，就能弄清楚信道对信号的影响了。

乘性干扰 $k(t)$ 是一个复杂的函数，包含各种线性畸变和非线性畸变，这是因为信道的迟延特性和损耗也随时间做随机变化的缘故；$k(t)$ 是一个随机变量。大量观察表明，有些信道的 $k(t)$ 是基本不随时间变化的。换句话说，这些信道对信号的影响是固定不变的或变化极为缓慢的。有些信道的 $k(t)$ 是随机变化的。因此，根据 $k(t)$ 的变化情况可将信道分成两大类：恒参信道和随参信道。恒参信道即是其 $k(t)$ 不随时间变化或基本不变化的信道；随参信道则是其 $k(t)$ 随机快变化的信道。

对于恒参信道来说，信道模型可以简化为非时变线性网络。这种信道对信号的干扰就只剩下加性干扰了。加性干扰也称为加性噪声，简称噪声。

加性噪声按其来源分为两大类：系统内噪声和系统外噪声。系统外噪声包括：自然界产生的噪声，如雷鸣、闪电、宇宙射线等；人类社会活动引起的电磁干扰，如电火花、干扰源等；周围无线电设备产生的无线电干扰，如交调干扰、邻道干扰、谐波干扰等，此类噪声可通过合理地选择工作频段，加强无线电频率管理以及采用相应的技术手段加以设防。

系统内的噪声主要包括导体的热噪声和电子元器件的器件遭横（如电子管、半导体器件的散弹噪声等）。这些噪声都是随机变化的，因此要通过随机过程来分析。

2.3.2 高斯白噪声

通信系统内噪声主要是热噪声和散弹噪声，可以把它们看成无数独立的微小电流脉冲的叠加和具有高斯分布的平稳随机过程，并且它们的噪声功率谱密度在很宽的范围内（0～1 013Hz）基本上是一个常数，此类噪声称为高斯白噪声。

对于平稳的高斯过程，其均值和方差都是与时间无关的常数，它的一维概率密度函数为

$$p(x)=\frac{1}{\sqrt{2\pi}\sigma}e^{-(x-\alpha)^2/2\sigma^2} \tag{2-43}$$

式中，α 为幅度取值的均值，是噪声电压（或电流）的直流分量；σ^2 是噪声在 1 Ω 电阻上消耗的交流功率。

噪声除了用概率密度进行描述外，还要用功率密度进行描述。若再生的功率谱密度在很宽的频带内均匀分布，则称它为白噪声如图 2-17 所示，白噪声的功率谱密度为

$$P_n(\omega)=\frac{n_0}{2},\quad -\infty<\omega<\infty \tag{2-44}$$

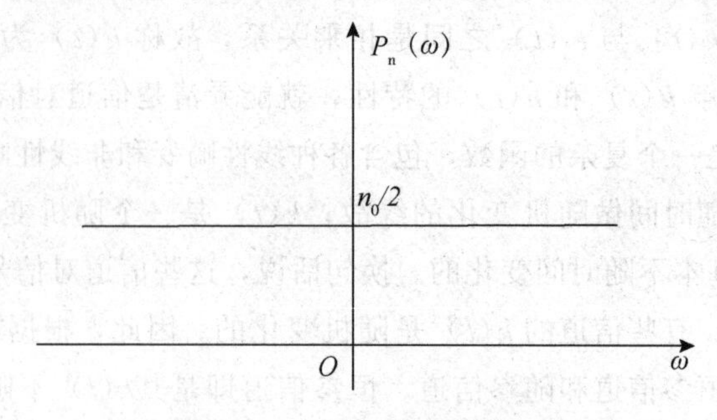

图 2-17　白噪声的功率谱密度

高斯白噪声是一个理想的噪声模型，其统计规律符合高斯分布，功率谱密度为均匀分布。实际上，功率谱密度在无限宽的频域内均匀分布是不可能的。通常情况下，如果噪声的功率谱密度均匀分布的带宽远大于系统的带宽，即在系统的带宽内，噪声的功率谱密度基本上是常数，则这样的噪声就可以按白噪声处理了。

如果白噪声的频率被限制在一段范围 $(-\omega_0, \omega_0)$ 内，则称这样的噪声为限带噪声，其功率谱如图 2-18 所示。

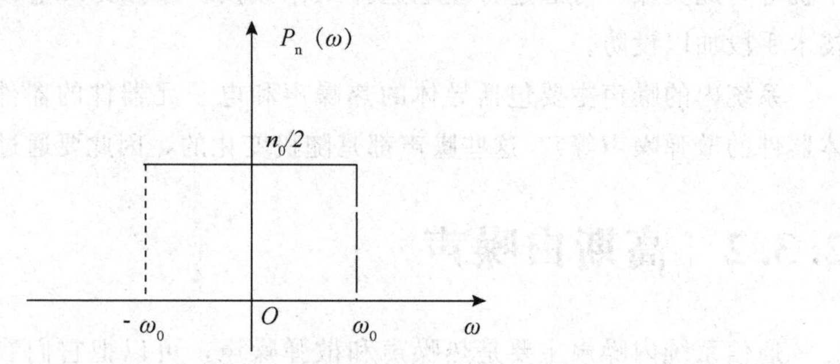

图 2-18　限带白噪声的功率谱

本章小结

本章介绍了确知信号分析和随机信号分析，确知信号分为周期信号和非周期信号，将确定时域周期信号进行傅里叶级数展开，建立起时域与频域信号的对应关系，周期性信号的频谱是离散的，任何一个周期性信号可以分解为直流、基波和各次谐波分量的叠加。非周期性信号通过傅里叶变换建立了其时域与频域之间的关系。非周期性信号的频谱是连续的，并且时域有限的信号其频域无限，时域无限的信号其频域有限。随机信号要用统计规律即概率去分析，用随机变量、随机过程、均值和方差、概率密度函数等去描述信号的特征。噪声是统计规律满足高斯分布、功率谱均匀分布的噪声。

习　　题

一、填空题

1. 等概率出现的二进制信号的信息量为________比特。

2. 对于功率信号，帕什瓦尔定理描述的是时域中的平均功率________频域中的平均功率。

3. 周期性信号的傅里叶级数可以表示为直流分量、________分量和各次谐波分量的叠加。

4. 奇对称的三角波可以由奇次谐波的________函数叠加而成。

5. 周期性信号的频谱具有________性和________性。

6. 3 dB 带宽也可看成归一化频谱下降到________时所对应的带宽。

7. 信道定义为发送设备和接收设备之间的用以传输信号的传输媒质，这种信道通常定义为________信道，而调制信道和编码信道定义为________信道。

二、判断题

1. 信号的功率谱，只与功率信号频谱的模值有关，而与其相位无关。 (　　)

2. 时域受限的信号，在频域也是受限的。 (　　)

3. 周期性信号的频域特性是通过傅里叶级数进行分析的。 (　　)

4. 奇对称的周期性信号其傅里叶级数是由正弦函数叠加而成的。 (　　)

5. 偶对称的周期性信号其傅里叶级数是由余弦函数叠加而成的，且具有直流分量。 (　　)

6. 非周期信号是每隔固定的时间又重现本身的信号。 (　　)

7. 周期性脉冲方波信号中，周期与脉宽的比值越大，两个过零点之间的谱线数目越多。 (　　)

8. 带宽包括信号带宽和信道带宽。 (　　)

9. 二进制信号 0 和 1 出现的概率为 0.5，则 10 个二进制数中必有 5 个 0 和 5 个 1。 (　　)

10. 高斯白噪声在统计规律上符合高斯分布，在功率谱密度上符合均匀分布的规律。 (　　)

三、单选题

1. 有关能量信号和功率信号正确的叙述是（　　）。
   A. 能量信号和功率信号的能量都是无限的
   B. 能量信号和功率信号的能量都是有限的
   C. 能量信号的能量是有限的，功率信号的能量是无限的
   D. 能量信号的能量是无限的，功率信号的能量是有限的
2. 信号的能量谱密度（或功率谱密度）是表示（　　）。
   A. 能量信号的能量或功率信号的功率在不同时间上的分布
   B. 能量信号的能量或功率信号的功率在不同频率上的分布
   C. 能量信号的能量或功率信号的功率在不同相位上的分布
   D. 能量信号的能量或功率信号的功率在不同信号幅度上的分布
3. 周期信号的傅里叶变换所对应的频谱为（　　）。
   A. 直流、基波和各次谐波分量的离散冲激函数谱
   B. 连续函数谱
   C. 直流、基波和各次谐波分量的离散非冲激函数谱
   D. 阶跃函数谱
4. 傅里叶级数表达了任一周期函数可分解成（　　）的叠加。
   A. 正弦波　　B. 方波　　C. 三角波　　D. 锯齿波
5. 单位冲激信号对应傅里叶变换所得的频谱函数是（　　）。
   A. 0　　B. 1　　C. 2　　D. 2π
6. 跃变信号的上升沿或下降沿越陡，其高频成分（　　）。
   A. 越多　　B. 越少　　C. 不变　　D. 无法估计
7. 不失真传送信号的条件是（　　）。
   A. 信道的带宽小于要发送信号的带宽
   B. 信道的带宽大于或等于要发送信号的带宽
   C. 信道的带宽小于或等于要发送信号带宽的 2 倍
   D. 信道的带宽大于或等于要发送信号带宽的 2 倍
8. 信道的带宽一般是指信道频谱幅度下降至 0.707 所对应的频带宽度，0.707 点又称（　　）。
   A. 三分之一点　　B. 四分之一点
   C. 五分之一点　　D. 半功率点
9. 如下信号中（　　）不是窄带信号。
   A. 3.4 kHz 的话音信号
   B. 带宽为 25 kHz、中心频率为 10.7 MHz 的中频信号

C. 带宽为 25 kHz、中心频率为 455 kHz 的中频信号

D. 带宽为 10 MHz、中心频率为 800 MHz 的射频信号

10. 信息传输速率的单位是（　　）。

A. 比特　　B. 波特　　C. 比特/秒　　D. 波特/秒

四、简答题

1. 什么是确知信号？什么是随机信号？
2. 试分别说明能量信号和功率信号的特性。
3. 什么是白噪声？什么是高斯噪声？高斯噪声是否都是白噪声？

五、综合题

1. 设一个随机过程可以表示成

$$X(t)=2\cos(2\pi t+\theta),\quad -\infty<t<\infty$$

试问它是功率信号还是能量信号。

2. 设一个随机过程可以表示成

$$X(t)=2\cos(2\pi t+\theta),\quad -\infty<t<\infty$$

式中 θ 是一个离散随机变量，它具有如下概率分布

$P(\theta=0)=0.5$

$P\left(\theta=\frac{\pi}{2}\right)=0.5$

试求 $E[X(t)]$。

第3章 模拟信号的调制传输

本章导读

由信源产生的原始电信号，其频谱位于零频附近，称为基带信号。在实际中，大多数信道具有带通型特性，不能直接传送基带信号。为了使基带信号能够在带通信道中传输，就必须采用调制，将基带信号转换成适合在信道中传输的信号，而在接收端相应要有解调（调制的逆变换）。调制和解调是通信系统的重要环节。

本章目标

◎掌握模拟信号的线性调制与解调原理

◎掌握模拟信号的非线性调制与解调原理

◎了解模拟调制方式的抗噪声性能

◎了解频分复用的基本概念

3.1 线性调制系统

线性调制就是将基带信号的频谱沿频率轴线做线性搬移的过程，故已调信号的频谱结构和基带信号的频谱结构相同，只不过搬移了一个频率位置。根据已调信号频谱与调制信号频谱之间的不同线性关系，可以得到不同的线性调制，如常规双边带调制、抑制载波的双边带调制、单边带调制和残留边带调制等。下面分别给予介绍。

3.1.1 常规双边带调制

常规双边带调制是指用信号 $f(t)$ 叠加一个直流分量后去控制载波 $u_c(t)$ 的振幅，使已调信号的包络按照 $f(t)$ 的规律线性变化，通常也把这种调制称为调幅(amplitude modulation，简记为AM)。

1. 常规双边带调制信号的时域表示

调幅就是用调制信号去控制载波的振幅，使载波的幅度按调制信号的变化规律而变化。常规双边带调制信号的时域表达式为

$$s_{AM}(t)=[A+f(t)]u_c(t)=A_c[A+f(t)]\cos(\omega_c t+\varphi_0) \tag{3-1}$$

式中，A_c、ω_c、φ_0 分别表示余弦载波信号 $u_c(t)$ 的幅度、角频率和初始相位，为使分析简便，通常取 $\varphi_0=0$，$A_c=1$。

图 3-1 所示为常规双边带为调制信号过程。图 3-1（a）为基带调制信号 $f(t)$，是一个低频余弦信号，初相为 0；图 3-1（b）为等幅高频载波信号 $u_c(t)$；图 3-1（c）是调制信号叠加了一个直流分量 A 后的输出 $[f(t)+A]$；图 3-1（d）是输出的常规双边带调制信号 $s_{AM}(t)$。

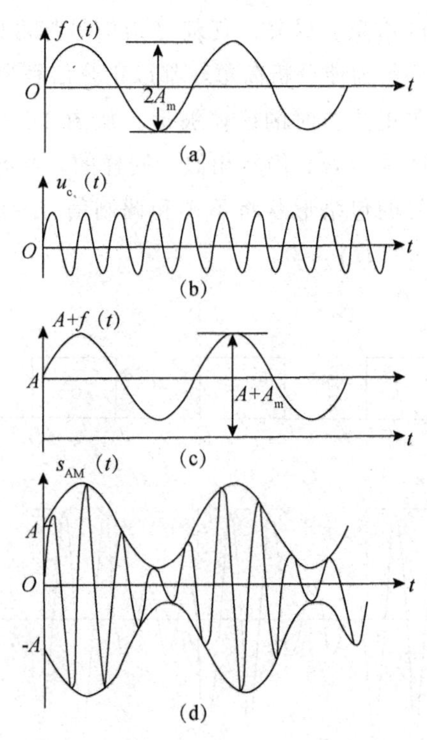

图 3-1　常规双边带调制信号过程

可以看出，调幅输出波形 $s_{AM}(t)$ 就是使载波 $u_c(t)$ 的振幅按照调制信号 $f(t)$ 的变化而变化的高频振荡信号。将高频振荡信号的各个最大点用虚线描出，所得曲线就称为调幅波形 $s_{AM}(t)$ 的“包络”。显然，$s_{AM}(t)$ 的包络与调制信号 $f(t)$ 的波形完全相似，而频率则维持载波频率。也就是说，每一个高频载波的周期都是相等的，因而其波形的疏密程度均匀一致，与未调制时的载波波形疏密程度相同。

设图 3-1 中的低频调制信号 $f(t)$ 为

$$f(t)=A_m\cos\omega_m t=A_m\cos 2\pi f_m t \tag{3-2}$$

则双边带调制信号 $s_{AM}(t)$ 为

$$s_{AM}(t)=[A+A_m\cos 2\pi f_m t]\cos\omega_c t=A[1+m_a\cos\omega_m t]\cos\omega_c t \tag{3-3}$$

式中，m_a 为比例常数，一般由调制电路确定，称为调幅指数或调幅度。

$$m_a=A_m/A \tag{3-4}$$

若 $m_a>1$，则已调信号 $s_{AM}(t)$ 的包络将严重失真，在接收端检波后无法再恢复原来的调制信号波形 $f(t)$，称这种情况为过量调幅。因此，为避免失真，应保证调幅指数不超过 1，即 $m_a\leqslant 1$。

前面所述的是调制信号 $f(t)$ 为单频信号时的情况，但通常传送的信号（如语言、图像等）往往是由许多不同频率分量组成的多频信号。和前面单频信号调制一样，调幅波的振幅将分别随着各个频率分量调制信号的规律而变化，由于这些变化都分别和每个调制分量成比例，因此最后输出的调幅信号依然和原始信号规律一致，即它的幅度携带了原始信号所代表的信息。另外，任何复杂信号都可以分解为许多不同频率和幅度的正弦分量之和，故一般为使分析简单，都以正弦信号为例。

图 3-2 是调制信号为非正弦波时的已调波形。从图 3-2 中可以看出，该已调信号 $s_{AM}(t)$ 的包络形状与调制信号 $f(t)$ 仍然相似。同样的，当叠加的直流分量 A 小于调制信号的最大值时，该信号的包络形状将不再和调制信号一致，即由于过度调幅而导致失真，所以必须要求 $A+f(t)\geqslant 0$。

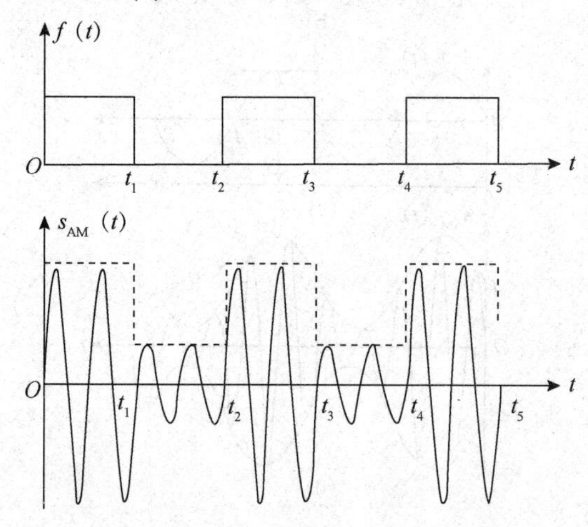

图 3-2　调制信号为非正弦波时的已调波形

2. 常规双边带调制信号的频域表示

对常规双边带调制信号 $s_{AM}(t)$ 的时域表达式进行傅里叶变换，设 $f(t)$ 的频谱为 $F(\omega)$，即可求出其频谱表达式 $s_{AM}(\omega)$ 为

$$
\begin{aligned}
s_{AM}(\omega) &= F\{[A+f(t)]u_c(t)\} \\
&= \pi A[\delta(\omega+\omega_c)+\delta(\omega-\omega_c)]+\frac{1}{2}[F(\omega-\omega_c)+F(\omega+\omega_c)]
\end{aligned}
\tag{3-5}
$$

从式（3-5）可知，常规双边带调制信号 $s_{AM}(t)$ 的频谱就是将调制信号 $f(t)$ 的频谱幅度减小一半后，分别搬移到以 $\pm\omega_c$ 为中心处，再在 $\pm\omega_c$ 处各叠加一个强度 πA 的冲击分量，如图 3-3 所示，ω_m 为调制信号的最高角频率。

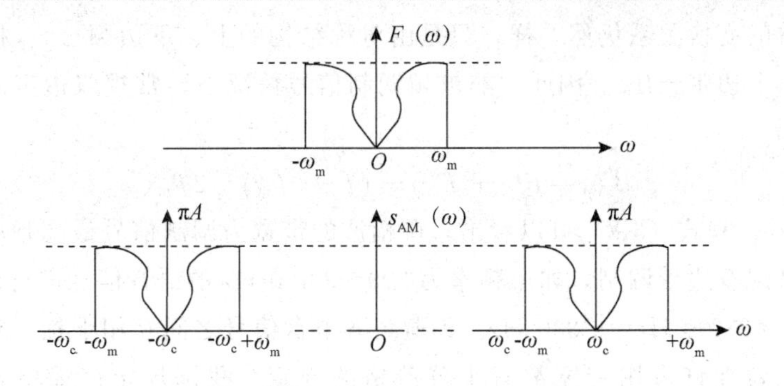

图 3-3 常规双边带调制信号频谱

当调制信号 $f(t)$ 是单频正弦信号 $A_m\cos 2\pi f_m t$ 时，由于 $f(\omega)$ 为 $\pm\omega_m$（或 $\pm 2\pi f_m$）处的两条谱线，故此时已调双边带信号的频谱 $s_{AM}(\omega)$ 为强度等于原调制信号谱线强度的 $\frac{1}{2}$ 、角频率分别为 $\pm(\omega_c\pm\omega_m)$ 的四条谱线，并在 $\pm\omega_c$ 处分别叠加上强度为 πA 的冲击分量，如图 3-4 所示。

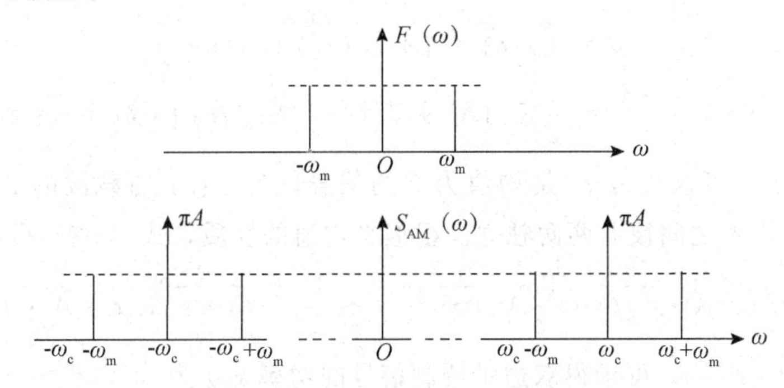

图 3-4 单频正弦信号双边带调制信号频谱

其实通过对该调制信号的时域表达式利用三角公式展开，也可得出同样的结论。

$$\begin{aligned} s_{AM}(t) &= A\,[1+m_a\cos 2\pi f_m t]\cos 2\pi f_c t \\ &= A\cos 2\pi f_c t+\frac{A}{2}\,[m_a\cos 2\pi(f_c+f_m)\,t+m_a\cos 2\pi(f_c-f_m)\,] \end{aligned} \tag{3-6}$$

由式（3-6）可以看出，该调幅波包含三个频率分量，也就是说它是由三个正弦信号分量叠加而成的。第一个正弦分量的频率是载波频率 f_c，它与调制信号无关；第二个正弦分量频率等于载频与调制信号 $f(t)$ 的频率之和，即 (f_c+f_m) ，常称之为上边频；第三个正弦分量频率等于载频与调制信号 f_c 的频率之差，即 (f_c-f_m) ，称之为下边频。上、下边频分量是由调制导致的新频率分量，相对于载频对称分布，其幅度都与调制信号 f_c 的幅度成正比，说明上、下边频分量中都包含有与调制信号有关的信息。因此，常规双边带已调信号 $s_{AM}(t)$ 的带宽 B_{AM} 为

$$B_{AM}=(f_c+f_m)-(f_c-f_m)=2f_m \tag{3-7}$$

对于非单频信号调制的情况，其频谱表达式和图形分别如式（3-5）和图 3-3 所示。由于非单频调制信号可以分解为多个频率分量，故其频谱示意图中不再用单一谱线来

表示，但基本的变换关系仍然一样，只是由对称结构的上、下边频$\pm f_m$换成了关于载频对称的上、下边带$\pm B_m$。因此，非单频调制信号情况下，常规双边带调制信号的带宽为

$$B_{AM}=(f_c+f_m)-(f_c-f_m)=2f_m \tag{3-8}$$

从式（3-7）和式（3-8）可以看出，调幅波的带宽为调制信号最高频率的2倍，故称此调制为常规双边带调制。如用频率为300～3 400 Hz的语音信号进行调幅，则已调波的带宽为2×3 400 Hz=6 800 Hz。为避免各电台信号之间互相干扰，对不同频段与不同用途的电台允许占用带宽都有十分严格的规定。我国规定广播电台的带宽为9 kHz，即调制信号的最高频率限制在4.5 kHz。

3. 常规双边带调制信号的功率和效率

通常将信号的功率用该信号在1 Ω电阻上产生的平均功率来表示，它等于该信号的方均值，即对信号的时域表达式先进行平方后，再求其平均值。因此，双边带调制信号$s_{AM}(t)$的功率平均s_{AM}为

$$\begin{aligned}s_{AM}&=\overline{s_{AM}^2(t)}=\overline{[A+f(t)]^2\cos^2\omega_c t}\\&=\frac{1}{2}E\{[A^2+f^2(t)+2Af(t)]\cdot(1+\cos 2\omega_c t)\}\end{aligned} \tag{3-9}$$

一般情况下，可以认为f_c是均值为0的信号，且$f(t)$与载波的二倍频信号$\cos 2\omega_c t$及直流分量A之间彼此两两独立。根据平均值的性质，式（3-9）可展开为

$$\frac{1}{2}\overline{A^2}+\frac{1}{2}\overline{f^2(t)}+\overline{A}\cdot\overline{f(t)}+\frac{1}{2}\overline{A^2\cos 2\omega_c t}+\frac{1}{2}\overline{f^2(t)\cos 2\omega_c t}+\overline{A}\cdot\overline{f(t)\cos 2\omega_c t}$$

由于$\overline{\cos 2\omega_c t}=0$，可求得双边带调制信号的功率$s_{AM}$为

$$s_{AM}=\frac{1}{2}\overline{A^2}+\frac{1}{2}\overline{f^2(t)} \tag{3-10}$$

式（3-10）中，常规双边带调制信号的功率包含两个部分，其中的第一项与信号无关，称做无用功率，第二项才是我们需要的信号功率。

一般定义信号功率与调制信号的总功率之比为调制效率，记作η_{AM}，则

$$\eta_{AM}=\frac{\overline{f^2(t)}}{A^2+\overline{f^2(t)}} \tag{3-11}$$

前已指出，只有满足条件$A+f(t)\geqslant 0$时，接收端才可能无失真地恢复出原始发送信号，可以推知

$$A\geqslant |f(t)|_{max} \tag{3-12}$$

当调制信号为单频余弦信号$f(t)=A_m\cos\omega_m t$时，必有$A\geqslant A_m$。故此时信号功率为

$$\frac{1}{2}\overline{f^2(t)}=\frac{1}{4}A_m^2 \tag{2-13}$$

对于调制信号为正弦信号的常规双边带调制，其调制效率最高仅33%。当调制信

号为矩形波时，常规双边带调制的效率最高，但也仅有 50%。因此，常规双边带调制最大的缺点就是调制效率低，其功率的大部分甚至绝大部分都消耗在载波信号和直流分量上，这是极为浪费的。

4. AM 的调制与解调

根据双边带调制信号的时域表达式 $s_{AM}(t)=[A+f(t)]\cos\omega_c t$，可以画出其调制原理框图，如图 3-5 所示。图 3-5 中所用的相乘器一般都是利用半导体器件的平方律特性或开关特性来实现的。载波信号则通过高频振荡电路直接获得，或者将其振荡输出信号再经过倍频电路来获得。

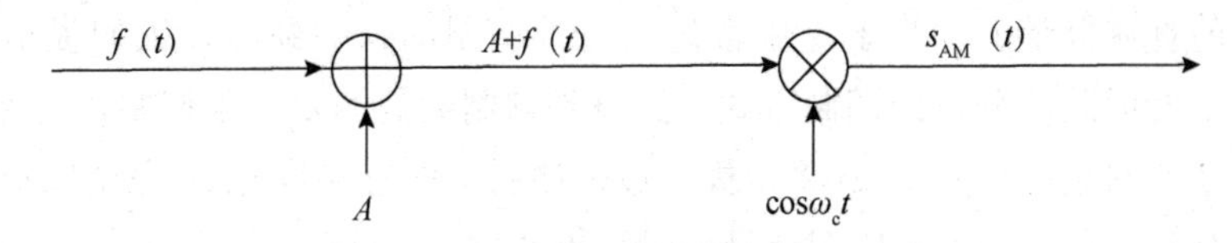

图 3-5　$s_{AM}(t)$ 调制原理框图

由于 $s_{AM}(t)$ 信号的包络具有调制信号的形状，它的解调通常有两种方式，一是直接采用包络检波法，用非线性器件和滤波器分离提取出调制信号的包络，获得所需的 $f(t)$ 信息，有的教材上也称之为 $s_{AM}(t)$ 信号的非相干检波，其原理框图如图 3-6（a）所示。与此相对的，另一种解调方法就是相干解调，即通过相乘器将收到的 $s_{AM}(t)$ 信号与接收机产生的、与调制信号中的载波同频同相的本地载波信号相乘，然后再经过低通滤波，即可恢复出原来的调制信号 $f(t)$，如图 3-6（b）所示。

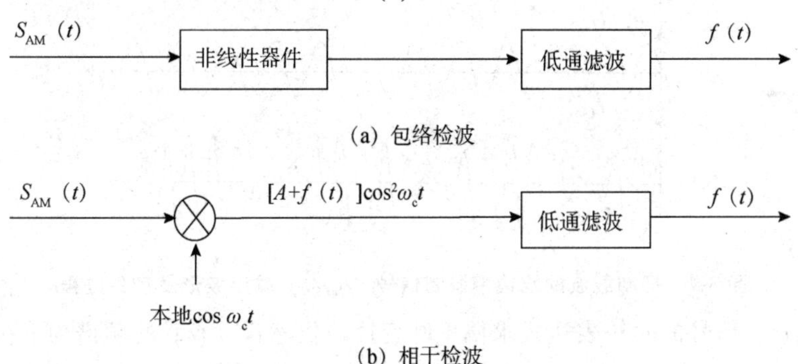

图 3-6　$s_{AM}(t)$ 信号的解调原理框图

通过上述分析，不难发现，双边带调制的最大优点就是它的调制及解调电路都很简单，设备要求低。尤其是采用检波法解调时，只需要一个二极管和一只电容就可完成。但该调制信号抗干扰能力较差，信道中的加性噪声、选择性衰落等都会引起它的包络失真。

常规双边带调制还有一个十分致命的缺陷，即调制效率低，采用正弦信号进行调制时最高仅 33%。且实际系统中，很多情况下 m_a 甚至还不到 0.1，其调制效率就更低了。

除此之外，包络解调器还存在“门限效应”，即存在一个门限值，当输入信噪比小于门限值时，输出信噪比将急剧下降，“门限效应"是由包络检波器的非线性特性引起的。因此，包络解调器适合在大信噪比、通信设备成本低、对通信质量要求不高的场合使用，如中短波调幅广播。

3.1.2 抑制载波的双边带调制

1. 抑制载波的双边带调制原理

常规双边带调制的最大缺点就是调制效率低，其功率大部分都消耗在本身并不携带有用信息的直流分量上，为了克服常规双边带调制的这一缺点，人们提出了只发射边频分量而不发射载波分量的调制方式，这就是抑制载波的双边带调制，简称 DSB。

抑制载波的双边带调制 DSB 将常规双边带调制中的直流成分 A 完全取消，从而使调制效率提高到 100%。DSB 已调信号的时域表达式 $s_{DSB}(t)$ 为

$$s_{DSB}(t)=f(t)\cos\omega_c t=f(t)\cos 2\pi f_c t \tag{3-14}$$

$s_{DSB}(t)$ 就是 $s_{AM}(t)$ 信号当 $A=0$ 时的特例，其输出波形及产生过程如图 3-7 所示。明显地，$s_{DSB}(t)$ 信号的包络已经不再具有调制信号 $f(t)$ 的形状，故不能再采用包络检波法对其进行解调，但仍可使用相干解调方式。

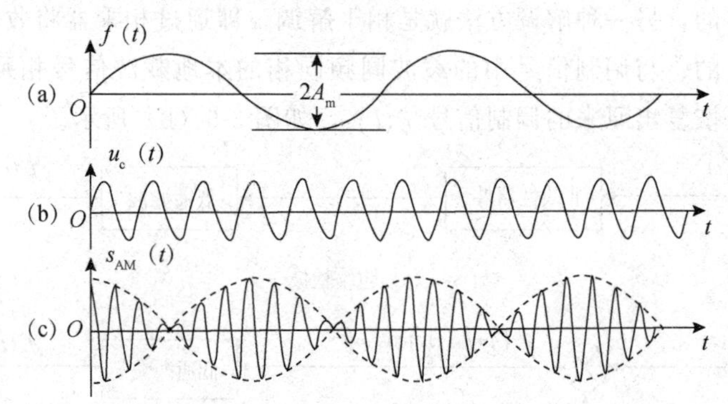

图 3-7 抑制载波的双边带调制信号 $S_{DSB}(t)$ 输出波形及产生过程

对 $S_{DSB}(t)$ 信号的时域表达式求傅里叶变换，仍然设 $f(t)$ 的频谱为 $F(\omega)$ ，可以得出其频谱 $s_{DSB}(\omega)$ 为

$$s_{DSB}(\omega)=F[f(t)u_c(t)]=\frac{1}{2}[F(\omega-\omega_c)+F(\omega+\omega_c)] \tag{3-15}$$

式（3-15）中，抑制载波的双边带调制信号 $s_{DSB}(t)$ 的频谱和常规双边带信号一样，都是将调制信号 $f(t)$ 的频谱幅度减小一半后，分别搬移到以 $\pm\omega_c$ 为中心处，如图 3-8 所示，其中，ω_m 为调制信号的最高角频率。显然，$s_{DSB}(\omega)$ 没有像 $s_{AM}(\omega)$ 那样在 $\pm\omega_c$ 处分别叠加强度为 πA 的冲击分量。

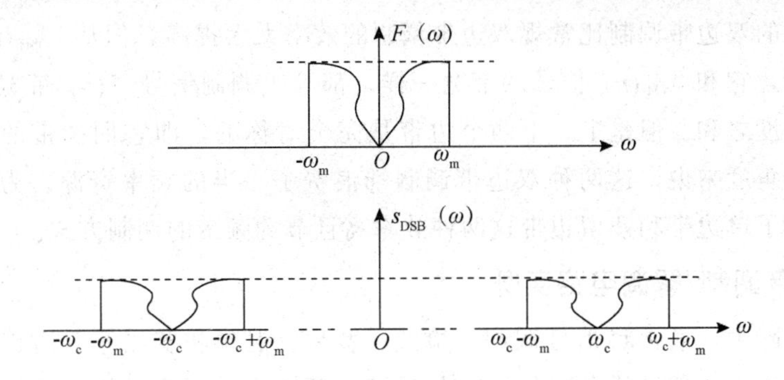

图 3-8　抑制载波的双边带调制信号频谱

当调制信号 $f(t)$ 是单频信号 $A_{\mathrm{m}}\cos 2\pi f_{\mathrm{m}} t$ 时，其频谱 $s_{\mathrm{DSB}}(\omega)$ 如图 3-9 所示。

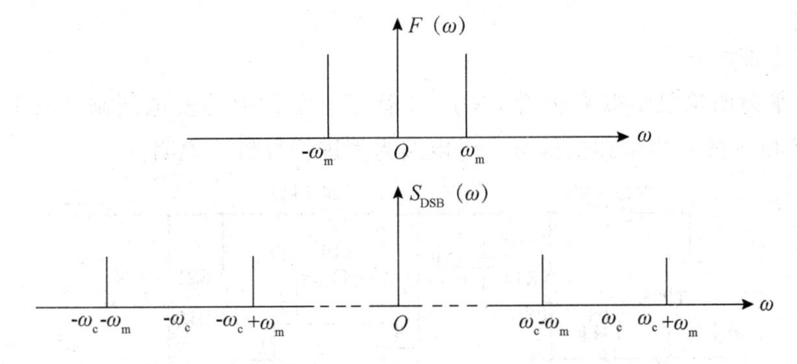

图 3-9　单频信号的抑制载波的双边带调制信号频谱

根据抑制载波的双边带调制信号的时域表达式 $s_{\mathrm{DSB}}(t)=f(t)\cos\omega_{\mathrm{c}} t$ ，可画出其调制原理框图，如图 2-10 所示。

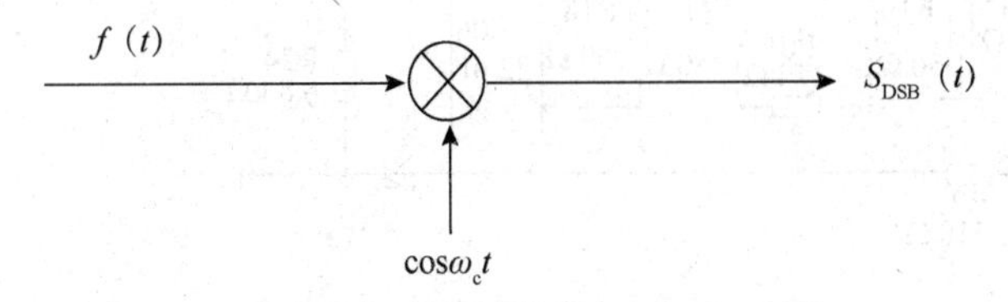

图 3-10　$s_{\mathrm{DSB}}(t)$ 调制原理框图

由于 $s_{\mathrm{DSB}}(t)$ 信号的包络不再具有调制信号的形状，其解调只能使用相干方式，才能恢复出原来的调制信号 $f(t)$ ，其原理框图如图 3-11 所示。

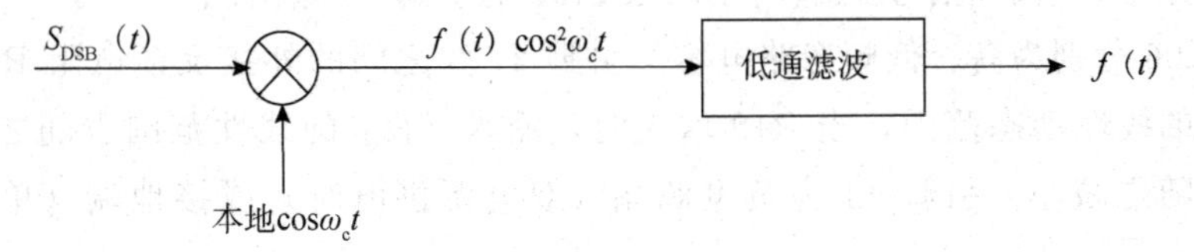

图 3-11　$s_{\mathrm{DSB}}(t)$ 信号的解调原理框图

该相乘器的输出信号经过低通滤波后，得到解调输出 $\frac{1}{2}f(t)$ 。显然，该电路实现无失真解调的关键在于相乘的本地载波信号是否与收到信号完全同频同相。

抑制载波的双边带调制比常规双边带调制的效率大大提高，但从 $s_{DSB}(t)$ 信号的频谱图可以看出，它和 $s_{AM}(t)$ 信号的带宽一样，都等于调制信号 $f(t)$ 带宽的 2 倍，即上、下边带宽度之和。但是上、下两个边带是完全对称的，即它们携带的信息完全一样。从频带的角度来说，这两种双边带调制都浪费了一半的频率资源。为改进这一不足，人们提出了单边带和残留边带这两种效率高且节约频带的调制方式。

2. 双边带调制/解调电路实例

在工程实际中，通常将信号调制、检波、鉴频、混频和鉴相等双边带信号的调制与解调过程看作两个信号的多次相乘及其后续处理，常采用集成模拟乘法器件予以实现，其电路远比分离器件简单得多，性能也更优越，目前在无线通信、广播电视等方面应用较多。

(1) 双边带调制电路

集成双平衡四象限模拟乘法器 MC1496 就是一个常用的模拟调制及解调器件，下面以图 3-12 所示的双边带调幅信号产生电路为例进行分析、说明。

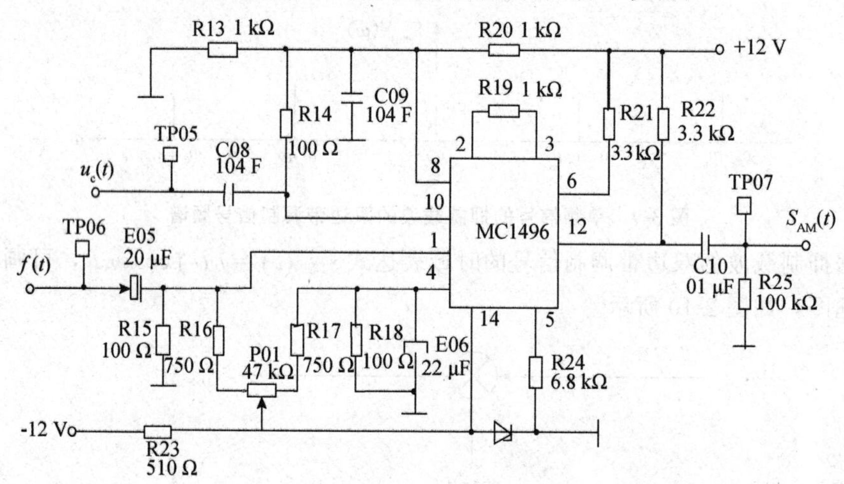

图 3-12　双边带调幅信号产生电路

图 3-12 中，TP05、TP06、TP07 分别为各波形测试点。载波 $u_c(t)$ 经高频电容 C08 耦合输入至 MC1496 的引脚 10，低频调制信号 $f(t)$ 经耦合电容 E05 输入至 MC1496 的引脚 1，调幅信号 $s_{AM}(t)$ 从 MC1496 的引脚 12 输出。

C08、E06 分别为高、低频旁路电容。引脚 2、3 之间的外接反馈电阻 R19 用于扩展调制信号的线性动态范围，当 R19 增大时，输入 $f(t)$ 的线性范围也随之增大，但乘法器增益随之减小。引脚 14 为负电源端（双电源供电时）或接地端（单电源供电时）。

引脚 1、4 所接的两个 100 Ω、750 Ω 电阻及 47 kΩ 电位器用于调节输入馈通电压，调节 P01，可以引入一个直流补偿电压，由于调制电压与直流补偿电压相串联，相当于给调制信号叠加了某一直流电压后，再使其与载波信号相乘，从而实现常规双边带调幅。

MC1496 输出的调幅信号还需通过一个射随电路，以增加电路的负载能力。为保证输出调幅信号的质量，射随器输出还经过了图 3-13 所示滤波电路。

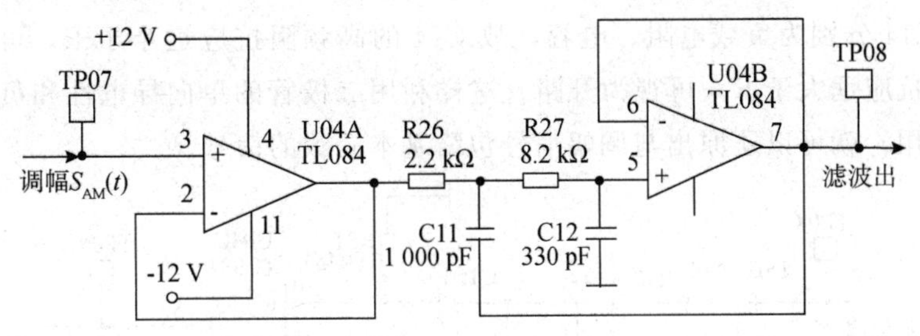

图 3-13　双边带调幅信号的滤波

连续信号的振幅调制与解调，即高频载波信号 $u_c(t)$ 的幅度受到调制信号 $f(t)$ 的控制，使其幅度发生与 $f(t)$ 一致的起伏变化，生成常规调幅信号 $s_{AM}(t)$ 。

$$u_c(t)=U_m\cos 2\pi f_c t，f(t)=A_m\cos 2\pi f_m t，且 f_c=f_m$$

$$s_{AM}(t)=[A+f(t)]\cdot u_c(t)=[A+A_m\cos 2\pi f_m t]\cos 2\pi f_c t$$

当调幅指数当 $m_a<1$ 时，相应可在 TP05、TP06、TP07 分别测得载波 $u_c(t)$ 、调制信号 $f(t)$ 和常规双边带调幅信号 $s_{AM}(t)$ 的波形，如图 3-14 所示。

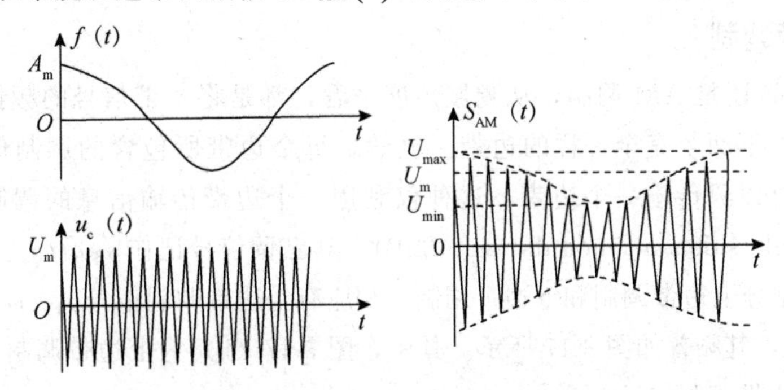

图 3-14　常规双边带调幅电路各点波形

改变叠加的直流分量 A 的值，即改变调幅指数 m_a ，即可在 TP07 测得 $s_{AM}(t)$ 的波形变化，体现出过调制的情况，如图 3-15 所示。

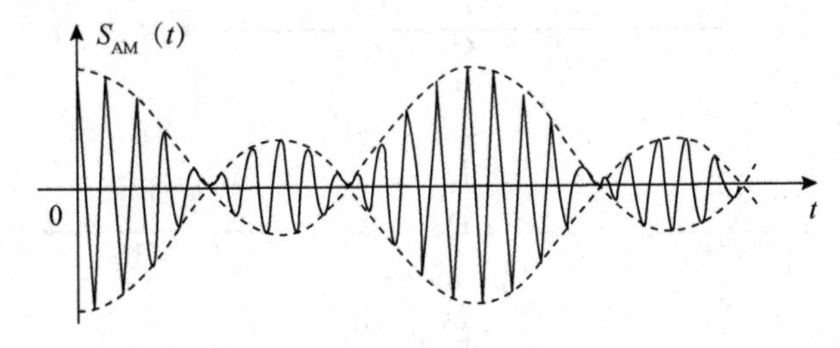

图 3-15　过调制波形

（2）双边带解调电路

由于电路简单，工程实际中常规双边带调制信号的解调常采用非相干的包络检波方式，如图 3-16 所示。

本检波电路由一个二极管检波器和一个低通滤波器组成，为实现高频包络检波，二极管 D20 的正向导通压降越小越好，故常采用锗二极管（正向导通电压 $U_F \leqslant 0.3\text{V}$）。

R28、C14 分别为负载电阻、电容，故 C14 的高频阻抗应远小于 R，可视为短路；而其低频阻抗应远大于 R，可视为开路。这样利用二极管的单向导电性和负载回路 RC 的充放电作用，就可以还原出与调幅信号包络基本一致的信号。

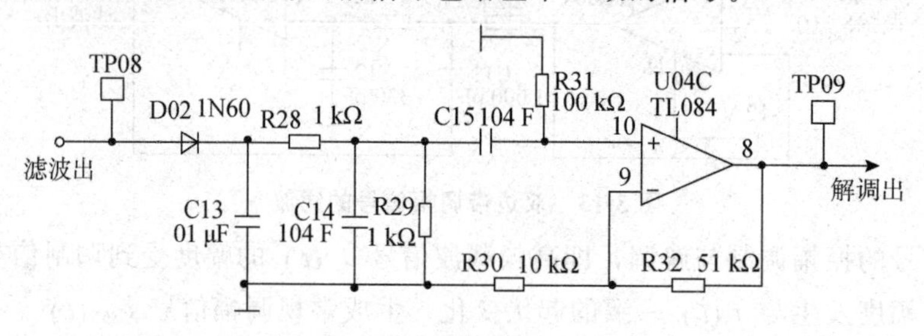

图 3-16 极管包络检波解调电路

3.1.3 单边带调制和残留边带调制

1. 单边带调制

不管是 DSB 还是 AM 调制，从频域角度来看，都是将基带信号的频谱搬移到载频两侧，形成上、下两个完全一样的边带。显然，每个边带所包含的调制信号信息也完全一样，因此可以只传输一个边带。这种仅利用一个边带传输信息的调制方式就是单边带调制（single sideband modulation，SSB），其已调信号记作 $s_{\text{SSB}}(t)$ 。

单边带调制分上边带调制和下边带调制，相应有上边带调制信号 $s_{\text{HSB}}(t)$ 和下边带调制信号 $s_{\text{LSB}}(t)$ ，其频普如图 3-17 所示。其中，图 3-17（b）为上边带调制信号频普，图 3-17（c）为下边带调制信号频普。

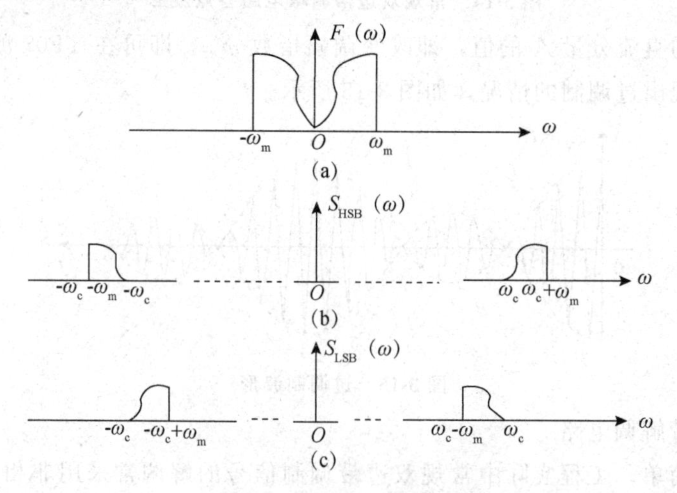

图 3-17 单边带调制信号频谱

单边带调制有滤波法、移相法和移相滤波法三种方式，移相滤波法由于通信质量较差而很少采用。滤波法对调制信号进行抑制载波的双边带调制后，通过滤波器从 $s_{\mathrm{DSB}}(t)$ 中滤出所需要的上（或下）边带信号，其原理框图，如图 3-18 所示。当滤波器选通频带为 $[\omega_c:(\omega_c+\omega_m)]$ 时，输出上边带 $s_{\mathrm{HSB}}(t)$ 信号；为 $[(\omega_c-\omega_m):\omega_c]$ 时，输出下边带信号 $s_{\mathrm{LSB}}(t)$ 。

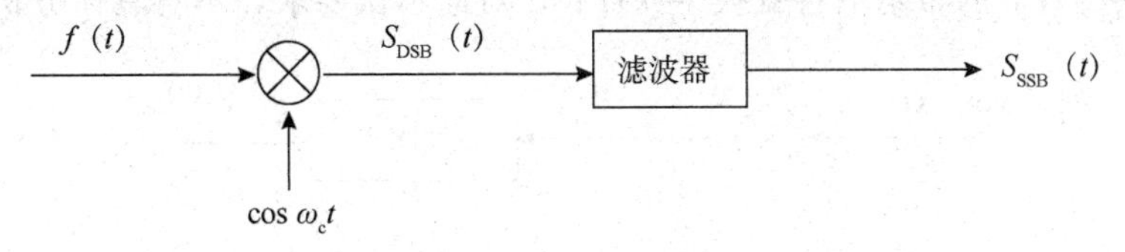

图 3-18　滤波法实现 $s_{\mathrm{SSB}}(t)$ 调制原理框图

这种电路实现方法简单，但由于调制信号多为中、低频信号，甚至包含直流成分，其频谱中上、下边带的间隔小，过渡带狭窄，对滤波器的边沿特性要求很高，即滤波器必须具有极为陡峭的上升和下降边沿，制作难度大，只能采用多级调制、滤波方可实现。

当调制信号 $f(t)$ 为单频信号 $A_m\cos\omega_m t$ 时，根据抑制载波双边带调制信号 $s_{\mathrm{DSB}}(t)$ 的时域表达式，结合单边带信号的频谱，可以导出上、下边带信号的表达式：

$$\begin{aligned} s_{\mathrm{DSB}}(t) &= f(t)\cos\omega_c t = A_m\cos\omega_m t\cos\omega_c t \\ &= \frac{1}{2}A_m\cos(\omega_c+\omega_m)t + \frac{1}{2}A_m\cos(\omega_c-\omega_m)t \end{aligned} \tag{3-16}$$

$$s_{\mathrm{HSB}}(t) = \frac{1}{2}A_m\cos(\omega_c+\omega_m)t = \frac{1}{2}A_m[\cos\omega_c t\cos\omega_m t - \sin\omega_c t\sin\omega_m t] \tag{3-17}$$

$$s_{\mathrm{LSB}}(t) = \frac{1}{2}A_m\cos(\omega_c-\omega_m)t = \frac{1}{2}A_m[\cos\omega_c t\cos\omega_m t + \sin\omega_c t\sin\omega_m t] \tag{3-18}$$

根据式（3-17）和式（3-18），可以画出调制信号为单频信号时，移相法实现单边带调制的原理框图，如图 3-19 所示。其中，当移相器 2 选择移相 $+\frac{\pi}{2}$ 时，输出上边带信号 $s_{\mathrm{HSB}}(t)$ ；反之，输出下边带信号 $s_{\mathrm{LSB}}(t)$

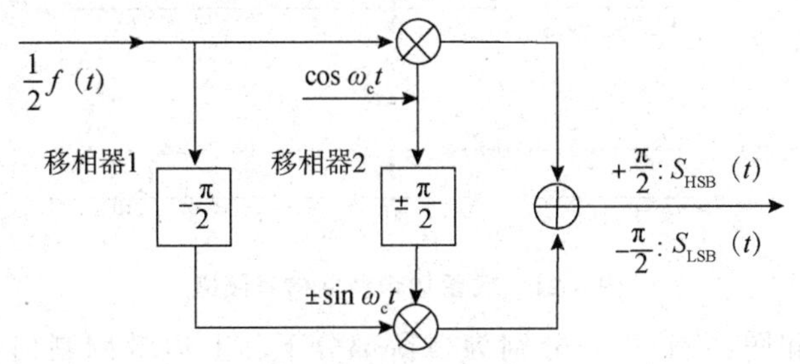

图 3-19　移相法实单边带调制的原理框图

图 3-19 是当 $f(t)=A_m\cos\omega_m t$ 时得出的。事实上，只要把移相器 1 由对单一频率信号移相 $-\frac{\pi}{2}$ 的窄带移相电路换成对调制信号频带中每一个频率分量都移相 $-\frac{\pi}{2}$ 的宽带移相器，即可实现单边带调制。实际中，上述宽带移相器通常采用希尔伯特滤波器

来完成。

和抑制载波的双边带信号一样，单边带调制信号通常采用相干解调法完成解调，其原理框图如图 3-20 所示。电路工作原理与前相干解调类似，只是宽带相移器 1 的输出将是信号 $\frac{1}{2}f(t)$ 的希尔伯特变换 $\frac{1}{2}\hat{f}(t)$ ，对此不做要求，不再具体分析。

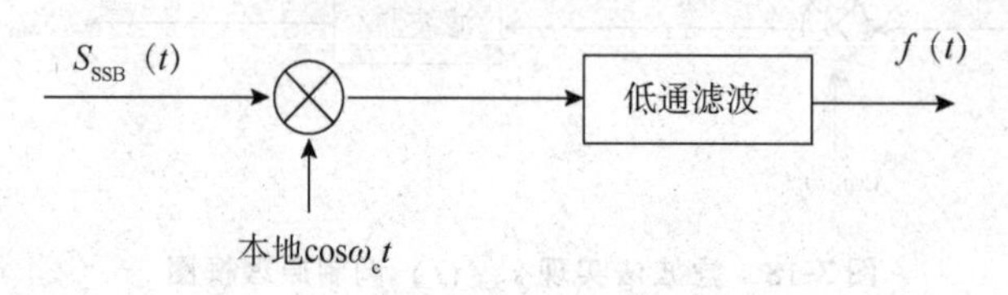

图 3-20　$s_{SSB}(t)$ 信号的解调原理框图

由上述介绍可以看出，单边带调制比双边带调制节省一半的传输频带，提高了频带利用率，而且单边带信号由于只有一个边带，不存在传输过程中载频和上、下边带的相位关系容易遭到破坏的缺点，抗选择性衰落能力有所增强。但对于低频成分极为丰富的调制信号，其单边带实现电路很难制作，因此产生了介于单双边带调制之间的残留边带调制。

2. 残留边带调制

残留边带调制（vestigial sideband，VSB）不像单边带那样对不传送的边带进行完全抑制，而是使它逐渐截止，这样就会使需要被抑制的边带信号在已调信号中保留了一小部分，其频谱如图 3-21 所示。

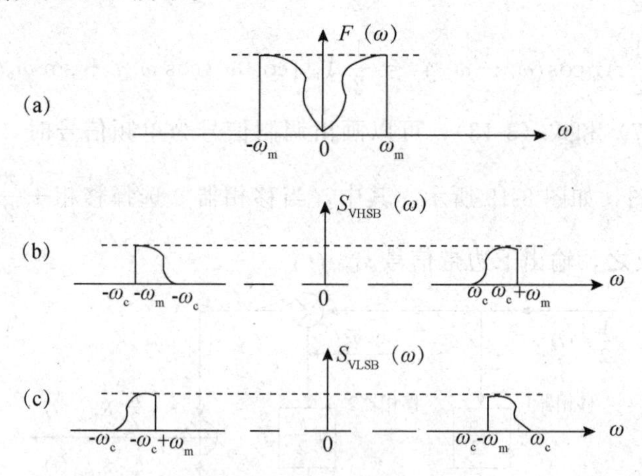

图 3-21　残留边带调制信号频谱

图 3-21（b）和图 3-21（c）分别为残留部分下、上边带调制信号的频谱。显然，和单边带调制类似，残留边带调制可用滤波法来实现，其原理框图和图 3-18 完全一样，只是其中滤波器由单边带滤波器风 $H_{SSB}(\omega)$ 换成残留边带滤波器 $H_{VSB}(\omega)$ 。这两种滤波器的传递函数如图 3-22 所示。其中，图 3-22（a）和图 3-22（b）分别对应上、下边带的调制滤波器；图 3-22（c）和图 3-22（d）则分别对应残留部分下、上边带的调制

滤波器。显然，两类滤波器的区别只是 $H_{VSB}(\omega)$ 的边带特性不像 $H_{SSB}(\omega)$ 那么陡峭，故残留边带调制的实现相对容易得多。

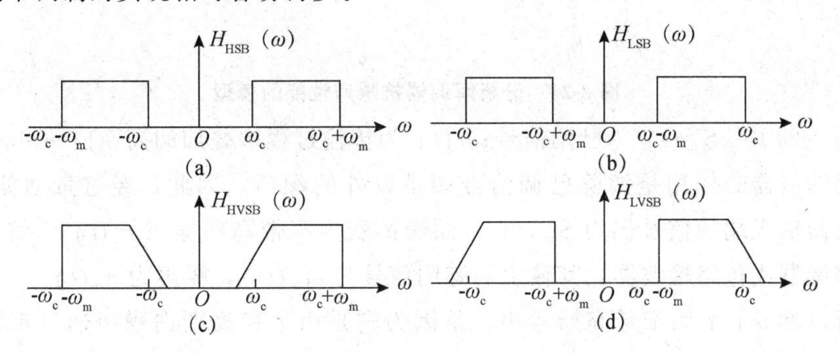

图 3-22　单边带和残留边带调制滤波器的传递正数

残留边带信号的解调也采用相干解调法，但必须保证滤波器的截止特性，传输边带在载频附近被抑制的部分由抑制边带的残留部分进行精确补偿，即其滤波器的传递函数必须具有互补对称特性，即满足式（3-19），接收端才能不失真地恢复原始调制信号。式（3-19）所表达的关系如图 3-23 所示。

$$H_{VSB}(\omega-\omega_c)+H_{VSB}(\omega+\omega_c)=\text{常数} \tag{3-19}$$

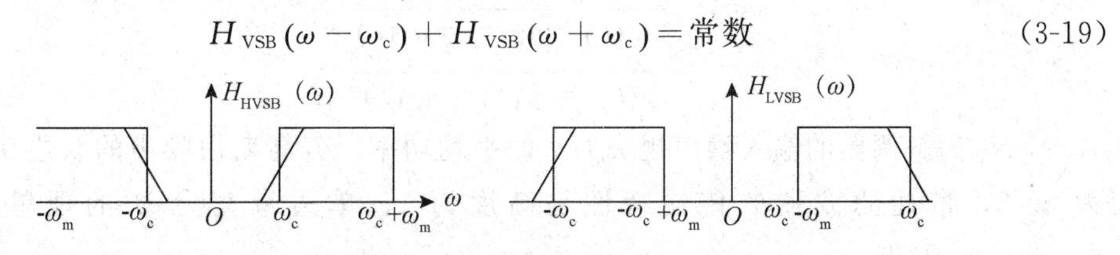

图 3-23　残留边带滤波器的互补对称特性

电视图像信号都采用残留边带调制，其载频和上边带信号全部传送出去，而下边带信号则只传不高于 0.75 MHz 的低频信号部分。

残留边带调制在低频信号的调制过程中，由于滤波器制作比单边带容易，且频带利用率也比较高，是含有大量低频成分信号的首选调制方式。

3.2　线性调制系统的抗噪声性能分析

3.2.1　通信系统抗噪声性能分析的一般模型

由于加性噪声只对已调信号的接收产生影响，因此调制系统的抗噪声性能可用解调器的抗噪声性能来衡量。而抗噪声能力通常用“信噪比”来度量。这里说的信噪比，是指信号与噪声的平均功率之比。分析解调器抗噪性能的模型如图 3-24 所示。

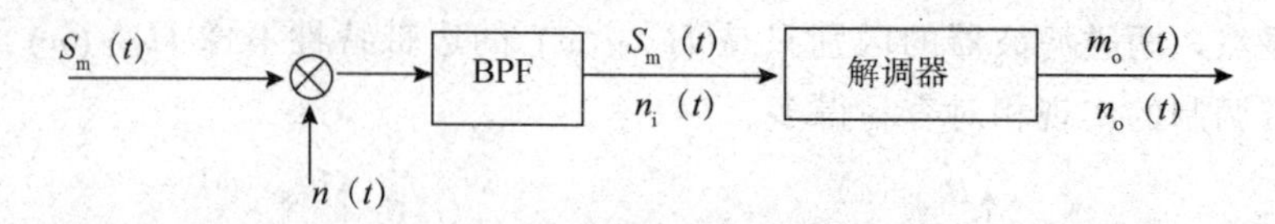

图 3-24 分析解调器抗噪声性能的模型

在图 3-24 中，$S_m(t)$ 为已调信号；$n(t)$ 为传输过程中叠加的高斯白噪声。

带通滤波器的作用是滤除已调信号频带以外的噪声。因此，经过带通滤波器后，到达解调器输入端的信号仍为 $S_m(t)$ ，而噪声变为窄带高斯噪声 $n_i(t)$ 。解调器可以是相干解调器或包络检波器，其输出的有用信号为 $m_o(t)$ ，噪声为 $n_o(t)$ 。

之所以称 $n_i(t)$ 为窄带高斯噪声，是因为它是由平稳高斯白噪声通过带通滤波器而得到的。在通信系统中，带通滤波器的带宽一般远小于其中心频率 ω_o，为窄带滤波器，$n_i(t)$ 为窄带高斯噪声。$n_i(t)$ 可表示为

$$n_i(t)=n_c(t)\cos\omega_o t-n_s(t)\sin\omega_o t \tag{3-20}$$

其中，窄带高斯噪声 $n_i(t)$ 的同相分量 $n_c(t)$ 和正交分量 $n_s(t)$ 都是高斯变量，它们的均值和方差（平均功率）都与 $n_i(t)$ 的相同，即

$$\overline{n_c(t)}=\overline{n_s(t)}=\overline{n_i(t)}=0 \tag{3-21}$$

$$\overline{n_c^2(t)}=\overline{n_s^2(t)}=\overline{n_i^2(t)}=N_i \tag{3-22}$$

式中，N_i 为解调器的输入噪声规 $n_i(t)$ 的平均功率。若高斯白噪声的双边功率谱密度为 $n_o/2$，带通滤波器的传输特性是高度为 1、单边带宽为 B 的理想矩形函数（图 3-25），则有

$$N_i=n_o B \tag{3-23}$$

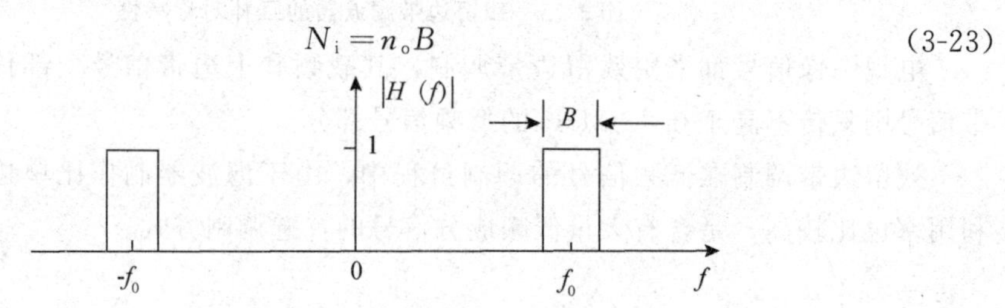

图 3-25 带通滤波器传输特性

为了使已调信号无失真地进入解调器，同时又最大限度地抑制噪声，带宽 B 应等于已调信号的频带宽度，当然也是窄带噪声 $n_i(t)$ 的带宽。

在模拟通信系统中，常用解调器输出信噪比来衡量通信质量的好坏。输出信噪比定义为

$$\frac{S_o}{N_o}=\frac{\text{解调器输出有用信号的平均功率}}{\text{解调器输出噪音的平均功率}}=\frac{\overline{m_o^2(t)}}{\overline{n_o^2(t)}} \tag{3-24}$$

只要解调器输出端有用信号能与噪声分开，则输出信噪比就能确定。输出信噪比与调制方式有关，也与解调方式有关。因此在已调信号平均功率相同、信道噪声功率谱密度也相同的条件下，输出信噪比反映了系统的抗噪声性能。

为了便于衡量同类调制系统不同调制器对输入信噪比的影响，还可以用输出信噪

比和输入信噪比的比值 G 来表示。其定义为

$$G=\frac{S_{\mathrm{o}}/N_{\mathrm{o}}}{S_{\mathrm{i}}/N_{\mathrm{i}}} \tag{3-25}$$

式中，G 为调制制度增益，也称信噪比增益；$S_{\mathrm{i}}/N_{\mathrm{i}}$ 为输入信噪比，定义为

$$\frac{S_{\mathrm{i}}}{N_{\mathrm{i}}}=\frac{\text{解调器输入已调信号的平均功率}}{\text{解调器输出噪声的平均功率}}=\frac{\overline{S_{\mathrm{m}}^{2}(t)}}{\overline{N_{\mathrm{i}}^{2}(t)}} \tag{3-26}$$

显然，信噪比增益 G 越高，则表明解调器的抗噪声性能越好。

下面在给出已调信号 $S_{\mathrm{m}}(t)$ 和单边噪声功率谱密度 n_{o} 的情况下，推导出各种解调器的输入和输出信噪比，并在此基础上对各种调制系统的抗噪声性能做出评价。

3.2.2　相干解调与包络检波的抗噪声性能分析

1. 线性调制相干解调的抗噪声性能

线性调制相干解调时的抗噪性能分析模型如图 3-26 所示。此时，图 3-26 中的解调器为同步解调器，由相乘器和 LPF 构成。相干解调属于线性解调，故在解调过程中，输入信号及噪声可分开单独解调。

相干解调适用于所有线性调制（DSB、SSB、VSB、AM）信号的解调。

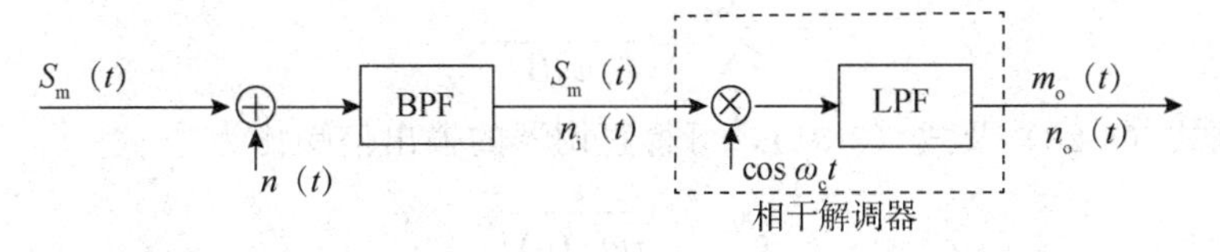

图 3-26　线性调制相干解调的抗噪性能分析模型

（1）DSB 调制系统的性能

①求输入信号 S_{o} 的解调。对于 DSB 系统，解调器输入信号为 $S_{\mathrm{m}}(t)=m(t)\cos\omega_{\mathrm{c}}t$，与相干载波 $\cos\omega_{\mathrm{c}}t$ 相乘后，得

$$m(t)\cos^{2}\omega_{\mathrm{c}}t=\frac{1}{2}m(t)+\frac{1}{2}m(t)\cos2\omega_{\mathrm{c}}t$$

经低通滤波器后，输出信号为

$$m_{\mathrm{o}}(t)=\frac{1}{2}m(t) \tag{3-27}$$

因此，解调器输出端的有用信号功率 S_{o} 为

$$S_{\mathrm{o}}=\overline{m_{\mathrm{o}}^{2}(t)}=\frac{1}{4}\overline{m^{2}(t)} \tag{3-28}$$

②求输入噪声 N_{o} 的解调。解调 DSB 信号的同时，窄带高斯噪声 $n_{\mathrm{i}}(t)$ 也受到解调。此时，接收机中的带通滤波器的中心频率 ω_{o} 与调制载波 ω_{c} 相同。因此，解调器输入端的噪声 $n_{\mathrm{i}}(t)$ 可表示为它与相干载波 $\cos\omega_{\mathrm{c}}t$ 相乘，得

$$n_c(t)\cos\omega_c t=[n_c(t)\cos\omega_c t-n_s(t)\sin\omega_c t]\cos\omega_c t$$
$$=\frac{1}{2}n_c(t)+\frac{1}{2}[n_c(t)\cos 2\omega_c t-n_s(t)\sin 2\omega_c t] \tag{3-29}$$

经低通滤波器后，解调器最终的输出噪声为

$$n_o(t)=\frac{1}{2}n_c(t) \tag{3-30}$$

故输出噪声功率为

$$N_o=\overline{n_o(t)}=\frac{1}{4}\overline{n_c^2(t)} \tag{3-31}$$

根据式（3-22）和式（3-23），则有

$$N_o=\frac{1}{4}\overline{n_i^2(t)}=\frac{1}{4}N_i=\frac{1}{4}n_o B \tag{3-32}$$

这里，$B=2f_H$ 为双边带信号的带宽。

③求 S_i 解调器输入信号平均功率为

$$S_i=\overline{S_m^2(t)}=\overline{[m(t)\cos\omega_c t]^2}=\frac{1}{2}\overline{m^2(t)} \tag{3-32}$$

综上所述，由式（3-32）和式（3-24），可得解调器的输入信噪比为

$$\frac{S_i}{N_i}=\frac{\frac{1}{2}\overline{m^2(t)}}{n_o B} \tag{3-33}$$

又根据式（3-28）及式（3-31），可得解调器的输出信噪比为

$$\frac{S_o}{N_o}=\frac{\frac{1}{4}\overline{m^2(t)}}{\frac{1}{4}N_i}=2 \tag{3-34}$$

因此调制制度增益为

$$G_{DSB}=\frac{S_o/N_o}{S_i/N_i}=2 \tag{3-35}$$

由此可见，DSB 调制系统的制度增益为 2。这说明 DSB 信号的解调器使信噪比改善了一倍。这是因为采用同步解调，把噪声中的正交分量 $n_s(t)$ 抑制掉了，从而使噪声功率减半。

（2）SSB 调制系统的性能

单边带信号的解调方法与双边带信号相同，其区别仅在于解调器之前的带通滤波器的带宽和中心频率不同。前者的带通滤波器的带宽是后者的一半。

①求输入信号 S_o 的解调。对于 SSB 系统，解调器输入信号

$$S_m(t)=\frac{1}{2}m(t)\cos\omega_c t\mp\frac{1}{2}\hat{m}(t)\sin\omega_c t$$

与相干载波 $\cos\omega_c t$ 相乘，并经低通滤波器滤除高频成分后，得解调器输出信号为

$$m_o(t)=\frac{1}{4}m(t) \tag{3-36}$$

因此，解调器输出信号功率为

$$S_o=\overline{m_o^2(t)}=\frac{1}{16}\overline{m^2(t)} \tag{3-37}$$

②求输入噪声 N_o 的解调。由于 SSB 信号的解调器与 DSB 信号的相同，故计算 SSB 信号输入及输出信噪比的方法也相同。由式（3-31），得

$$N_o=\frac{1}{4}\overline{n_i^2(t)}=\frac{1}{4}N_i=\frac{1}{4}n_oB \tag{3-38}$$

只是这里，$B=f_H$ 为 SSB 信号带宽。

③求 S_i 。解调器输入信号平均功率为

$$S_i=\overline{S_m^2(t)}=\overline{\left[\frac{1}{2}m(t)\cos\omega_ct\mp\frac{1}{2}\hat{m}(t)\sin\omega_ct\right]^2}=\frac{1}{8}\left[\overline{[m^2\overline{(t)}+\hat{m}^2(t)]}\right]$$

因为 $\hat{m}(t)$ 与 $m(t)$ 的所有频率分量仅相位不同，而且幅度相同，所以两者具有相同的平均功率。由此，上式变成

$$S_i=\frac{1}{4}\overline{m^2(t)} \tag{3-39}$$

于是，由式（3-39）及式（3-23），可得解调器的输入信噪比为

$$\frac{S_i}{N_i}=\frac{\frac{1}{4}\overline{m^2(t)}}{n_oB}=\frac{\overline{m^2(t)}}{4n_oB} \tag{3-40}$$

由式（3-37）及式（3-38），可得解调器的输出信噪比为

$$\frac{S_o}{N_o}=\frac{\frac{1}{16}\overline{m^2(t)}}{\frac{1}{4}n_oB}=\frac{\overline{m^2(t)}}{4n_oB} \tag{3-41}$$

因此调制制度增益为

$$G_{SSB}=\frac{S_o/N_o}{S_i/N_i}=1 \tag{3-42}$$

由此可见，SSB 调制系统的制度增益为 1。这说明 SSB 信号的解调器对信噪比没有改善。这是因为在 SSB 系统中，信号和噪声具有相同的表示形式，所以相干解调过程中，信号和噪声的正交分量均被抑制掉，故信噪比不会得到改善。

比较式（3-35）和式（3-42）可见，DSB 解调器的调制制度增益是 SSB 调解器的 2 倍，但不能因此就说，双边带系统的抗噪性能优于单边带系统。因为 DSB 信号所需带宽为 SSB 信号的 2 倍，所以在输入噪声功率谱密度相同的情况下，DSB 解调器的输入噪声功率将是 SSB 调解器的 2 倍。

不难看出，如果解调器的输入噪声功率谱密度 n_o 相同，输入信号的功率 S_i 也相等，有

$$\left(\frac{S_o}{N_o}\right)_{DSB}=G_{DSB}\left(\frac{S_i}{N_i}\right)_{DSB}=2\cdot\frac{S_i}{N_iB_{DSB}}=2\cdot\frac{S_i}{n_oB_{DSB}}=\frac{S_i}{n_of_H}$$

$$\left(\frac{S_o}{N_o}\right)_{SSB}=G_{SSB}\left(\frac{S_i}{N_i}\right)_{SSB}=1\cdot\frac{S_i}{N_iB_{SSB}}=\frac{S_i}{n_oB_{SSB}}=\frac{S_i}{n_of_H}$$

即在相同的噪声背景和相同的输入信号功率条件下，DSB 和 SSB 在解调器输出端的信噪比是相等的。这就是说，从抗噪声的观点来看，SSB 制式和 DSB 制式是相同的，但 SSB 制式所占有的频带仅为 DSB 制式的一半。

（3）VSB 调制系统的性能

VSB 调制系统抗噪性能的分析方法与上面类似。由于所采用的残留边带滤波器的频率特性形状可能不同，所以难以确定抗噪性能的一般计算公式。不过，在残留边带滤波器滚降范围不大的情况下，可将 VSB 信号近似看成 SSB 调制信号，即

$$S_{VSB}(t)\approx S_{SSB}(t)$$

在这种情况下，VSB 调制系统的抗噪性能与 SSB 调制系统相同。

2. 常规调幅包络检波的抗噪声性能

AM 信号可采用相干解调或包络检波。相干解调时 AM 系统的性能分析方法与前面介绍的双边带的相同。实际中，AM 信号常用简单的包络检波法解调，AM 包络检波的抗噪性能分析模型如图 3-27 所示。此时，解调器为包络检波，其检波输出正比于输入信号的包络变化。包络检波属于非线性解调，信号与噪声无法分开处理。

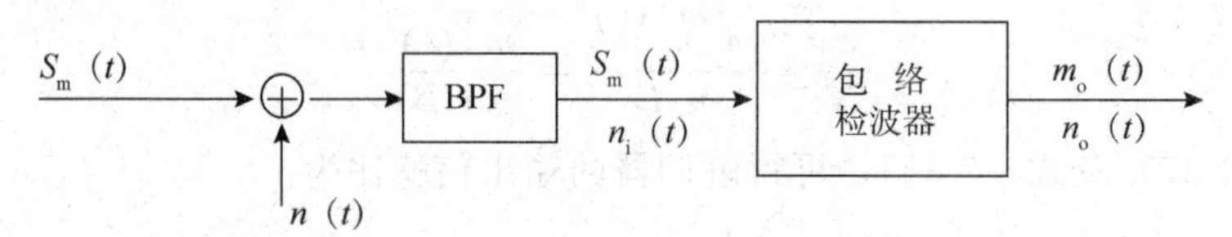

图 3-27　AM 包络检波的抗噪性能分析模型

对于 AM 系统，解调器输入信号为

$$S_m(t)=[A_o+m(t)]\cos\omega_ct$$

式中，A_o 为外加的直流分量；$m(t)$ 为调制信号。

这里仍假设 $m(t)$ 的均值为 0，且 $A_o\geqslant|m(t)|_{max}$。解调器的输入噪声为

$$n_i(t)=n_c(t)\cos\omega_ct-n_s(t)\sin\omega_ct$$

显然，解调器输入的信号功率 S_i 和噪声功率 N_i 分别为

$$S_i=\overline{s_m^2(t)}=\frac{A_o^2}{2}+\frac{1}{2}\overline{m^2(t)} \tag{3-43}$$

$$N_i=\overline{n_i^2(t)}=n_oB \tag{3-44}$$

式中，$B=2f_H$，为 AM 信号带宽。

根据式（3-43）和式（3-44），得解调器输入信噪比

$$\frac{S_i}{N_i}=\frac{A_o^2+\overline{m^2(t)}}{2n_oB} \tag{4-45}$$

解调器输入是信号加噪声的合成波形，即

$$S_m(t)+n_i(t)=[A_o+m(t)+n_c(t)]\cos\omega_c t-n_s(t)\sin\omega_c t$$
$$=A(t)\cos[\omega_c t+\psi(t)]$$

其中合成包络为

$$A(t)=\sqrt{[A_o+m(t)+n_c(t)]^2+n_s^2(t)} \tag{3-46}$$

合成相位为

$$\psi(\omega)=\arctan\frac{n_s(t)}{A_o+m(t)+n_c(t)} \tag{3-47}$$

理想包络检波器的输出就是 $A(t)$ 。由上面可知，检波器输出中有用信号与噪声无法完全分开。因此，计算输出信噪比是件困难的事。

3.3　非线性调制

在调制时，若载波的频率随调制信号变化，则称为频率调制（FM）；若载波的相位随调制信号变化，则称为相位调制（PM）。在这两种调制过程中，载波的幅度都保持恒定不变，由于频率和相位是描述角度的两个主要参数，并且频率和相位的变化都表现为载波瞬时相位的变化，故把频率调制和相位调制统称为角度调制（或调角）。

角度调制与幅度调制不同的是，已调信号频谱不再是原调制信号频谱的线性搬移，而是频谱的非线性变换，会产生与频谱搬移不同的新的频率成分，故角度调制又称非线性调制。

鉴于频率调制与相位调制之间存在内在联系，而且在实际应用中频率调制得到广泛采用，因此本节主要讨论频率调制。

3.3.1　角度调制的基本概念

设载波信号为 $A\cos(\omega_c t+\varphi_0)$ ，则调频信号和调相信号可统一表示为瞬时相位 $\theta(t)$ 的函数，即

$$s(t)=A\cos[\theta(t)] \tag{3-48}$$

根据前面对调频的定义，调频系统中载波信号的频率增量将和调制信号 $m(t)$ 成比例，即

$$\Delta\omega=K_{FM}m(t) \tag{3-49}$$

故调频信号的瞬时角频率 $\omega(t)$ 为

$$\omega(t)=\omega_c+\Delta\omega=\omega_c+K_{FM}m(t) \tag{3-50}$$

式中，K_{FM} 为频偏指数（调频灵敏度），它完全由电路参数确定。由于瞬时角频率 $\omega(t)$ 和瞬时相位 $\theta(t)$ 之间存在如下关系

$$\omega(t)=\frac{\mathrm{d}\theta(t)}{\mathrm{d}t} \tag{3-51}$$

因此，可求得此时的瞬时相位 $\theta(t)$ 为

$$\theta(t)=\omega_c t+K_{\mathrm{FM}}\int m(t)\,\mathrm{d}t \tag{3-52}$$

故调频信号的时域表达式为

$$s_{\mathrm{FM}}(t)=A\cos\left[\omega_c t+K_{\mathrm{FM}}\int m(t)\,\mathrm{d}t\right] \tag{3-53}$$

同理，调相系统中载波信号的相位增量将和调制信号 $m(t)$ 成比例，即

$$\Delta\theta=K_{\mathrm{FM}}m(t) \tag{3-54}$$

式中，K_{FM} 为相偏指数（调相灵敏度），它也由电路参数确定。故调相信号的时域表达式为

$$s_{\mathrm{PM}}(t)=A\cos[\omega_c t+K_{\mathrm{PM}}m(t)] \tag{3-55}$$

若某调制信号的最大幅度为 A_m，最大角频率为 ω_m，则调频指数

$$\beta_{\mathrm{FM}}=\frac{K_{\mathrm{FM}}\cdot A_m}{\omega_m}=\frac{\Delta\omega_m}{\omega_m}=\frac{\Delta f_m}{f_m}$$

式中，Δf_m 为调频过程中的最大频偏；$\beta_{\mathrm{PM}}=K_{\mathrm{PM}}\cdot A_m$，称为调相指数。

可见，调频指数 β_{FM} 和调相指数 β_{PM} 由电路参数和调制信号的参量共同决定。

可以证明，调频信号 FM 的带宽 B_{FM} 为

$$B_{\mathrm{PM}}=2(\beta_{\mathrm{PM}}+1)B \tag{3-56}$$

式中，B 为调制信号的带宽。

频率调制与幅度调制相比，最突出的优势是其较高的抗噪声性能。然而获得这种优势的代价是角度调制占用比幅度调制信号更宽的带宽。这一点从式（3-56）可以看出，由于相位调制与频率调制存在线性关系，因此上述特点同样适用于相位调制。

【例 3-1】已知载波信号频率为 100 MHz，调制信号为

$$m(t)=20\cos(2\pi\times10^5)t\,(\mathrm{V})$$

设调频灵敏度 $K_{\mathrm{PM}}=50\pi\times10^3\,\mathrm{rad/V}$。

求：（1）已调信号的带宽；（2）若调制信号的幅度加倍，则已调信号的带宽为多少？

解：（1）已调信号的瞬时角频率 $\omega(t)$ 为

$$\omega(t)=\omega_c+\Delta\omega=\omega_c+K_{\mathrm{FM}}m(t)=2\pi\times10^8+1000\pi\times10^3\cos(2\pi\times10^5)$$

其最大频偏

$$\Delta\omega=K_{\mathrm{FM}}\left|m(t)\right|_{\max}=\pi\times10^6$$

所以

$$\beta_{\mathrm{FM}}=\frac{K_{\mathrm{FM}}\cdot A_m}{\omega_m}=\frac{\Delta\omega_m}{\omega_m}=\frac{\pi\times10^6}{2\pi\times10^5}=5$$

（2）若调制信号的幅度加倍，则

其最大频偏

$$\Delta\omega = K_{FM} \left| m(t) \right|_{max} = 2\pi \times 10^6$$

所以

$$\beta_{FM} = \frac{K_{FM} \cdot A_m}{\omega_m} = \frac{\Delta\omega_m}{\omega_m} = \frac{2\pi \times 10^6}{2\pi \times 10^5} = 10$$

$$B_{FM} = 2(\beta_{FM} + 1)B = 2.2 \times 10^6 = 2.2 \text{ MHz}$$

3.3.2 FM 和 PM 之间的关系

由于频率和相位之间存在微分与积分的关系，因此频率调制器也可用来产生调相信号，只需将调制信号在送入频率调制器之前先进行微分。同样，也可用相位调制器来产生调频信号，这时调制信号必须先积分然后送入相位调制器。图 3-28 为了 FM 与 PM 的关系图。

f (t)
微分
调频
S_PM (t)
f (t)
积分
调相
S_FM (t)

图 3-28　FM 与 PM 的关系图

复杂信号调制的 PM 信号波形和 FM 信号波形难以绘出，图 3-29 为以单频信号作为调制信号时 PM 与 FM 波形比较。

m (t)
O
t
m (t)
O
t
S_PM (t)
O
t
S_FM (t)
O
t

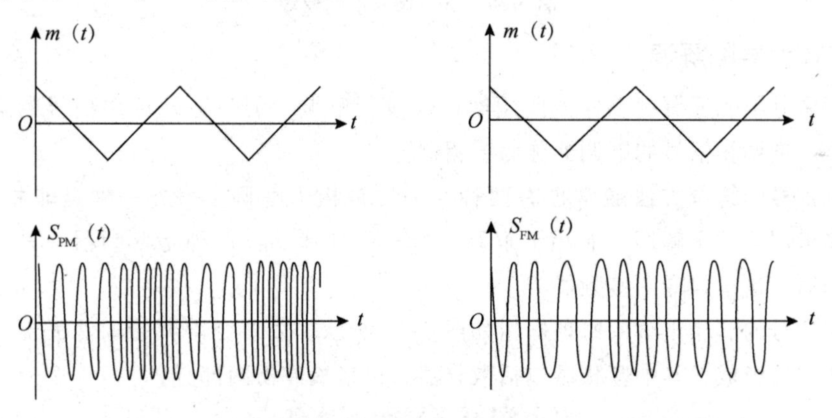

图 3-29　以单频信号作为调制信号时 PM 与 FM 信号波形比较

从图 3-29 中可以发现，单纯从已调信号的波形上不能区分 FM 和 PM 信号，二者的区别在于 FM 信号频率（载波疏密程度）的变化规律直接反映了 $m(t)$ 的变化规律，而 PM 信号频率的变化规律反映了信号斜率（对信号的微分）的变化规律。

3.3.3 FM 信号的产生与解调

1. FM 信号的产生

产生调频信号一般有两种方法：一种是直接调频法，另一种是间接调频法。直接调频法是利用压控振荡器（voltage controlled oscillator，VCO）作为调制器，调制信号直接作用于压控振荡器使其输出频率随调制信号变化而变化的等幅振荡信号；间接调频法不是直接用调制信号去改变载波的频率，而是先将调制信号积分再进行调相，继而得到调频信号。这里只介绍直接调频法。

直接调频法的原理如图 3-30 所示。其原理十分简单，是由输入的基带信号 $m(t)$ 直接改变电容—电压或电感—电压可变电抗元件的电容值或电感值，使载频振荡器的调谐回路参数改变，从而使输出频率与输入信号 $m(t)$ 成正比的变化。

直接调频法的优点是能得到很大的频率偏移；其缺点是因为需要附加稳频电路，所以载频会发生飘移。

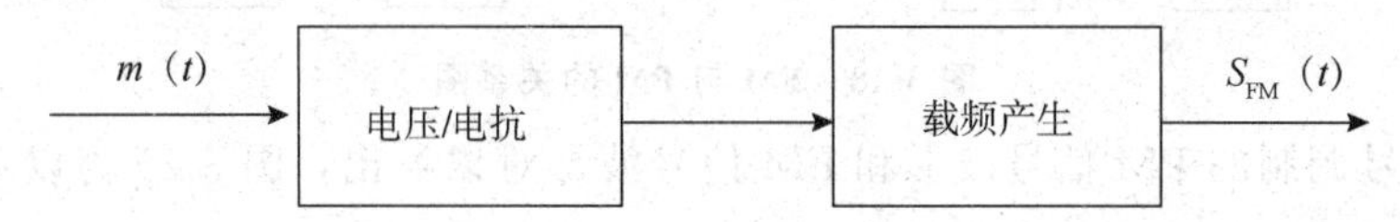

图 3-30 直接调频法的原理

2. FM 信号的解调

角度调制与幅度调制一样需要用解调器进行解调，但一般把调频信号的解调器称为鉴频器，把调相信号的解调器称为鉴相器。

调频信号的解调方法通常也有两种：一种是相干解调，另外一种是非相干解调。实际中多采用非相干解调。非相干解调器也有两种形式：一种是鉴频器，另一种是锁相环解调器。这里只介绍鉴频器。

调频信号的非相干解调原理框图如图 3-31 所示，主要由限幅带通滤波器、鉴频器和低通滤波器组成，其中鉴频器包括微分器和包络检波器两部分。

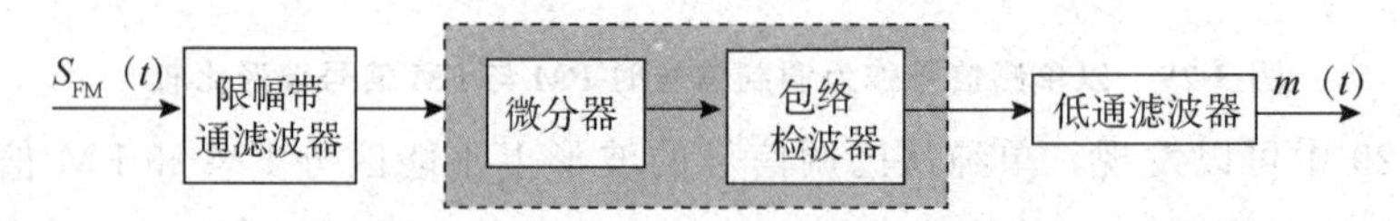

图 3-31 调频信号的非相干解调原理框图

假设输入的调频信号是

$$s_{FM}(t)=A\cos\left[\omega_c t+K_{FM}\int m(t)\,\mathrm{d}t\right]$$

输入信号 $s_{FM}(t)$ 经过限幅及带通滤波器后，滤除信道中的噪声和其他干扰，送入微分器进行微分处理而变成 $s_d(t)$ 。

$$s_d(t)=-A\left[\omega_c+K_{FM}mf(t)\right]\sin\left[\omega_c+K_{FM}\int f(t)\,\mathrm{d}t\right]t$$

这是一个调幅调频信号，其幅度是按 $A(t)=A\ [\omega_c+K_{FM}f(t)]$ 的规律而变化的，其包络信息正比于调制信号 $m(t)$ 。经包络检波，再经过低通滤波器后，滤除基带信号以外的噪声，输出 $m(t)$ 。

$$m(t)=K_dK_{FM}m(t)$$

式中，K_d 为鉴频器灵敏度。

需要注意的是，调频信号 $s_{FM}(t)$ 在进入鉴频器之前，经过了一个限幅带通滤波器，这是非常必要的。因为调频信号在经过信道传输到达接收端的解调器时，必定会受到信道中噪声和信道衰减的影响，从而造成到达接收端的调频信号幅度不再恒定，如果不经过限幅的过程，这种幅度里面的噪声将通过包络检波器被解调出来。

3.4　非线性调频的带宽及抗噪声性能

3.4.1　调频信号的频谱分析

1. 单频调制时调频信号的频谱

单频调制时，调制信号 $x(t)$ 为

$$x(t)=A_m\cos\omega_mt\ (\omega_m+\omega_c) \tag{3-57}$$

可得 FM 信号为

$$\begin{aligned} s_{FM}(t)&=A\cos\left[\omega_ct+K_fA_m\int\cos\omega_m\tau\,d\tau\right] \\ &=A\cos\left[\omega_ct+m_f\sin\omega_mt\right] \end{aligned} \tag{3-58}$$

式中，m_f 为调频指数，表示调频信号的最大相位偏移。

$$m_f=\frac{K_fA_m}{\omega_m}=\frac{\Delta\omega}{\omega_m}=\frac{\Delta f}{f_m} \tag{3-59}$$

式中，$\Delta\omega=m_f\cdot\omega_m$ ，为调频信号的最大角频偏；$\Delta f=m_f\cdot f_m$ ，为调频信号的最大频偏。

2. 单频调制时调频信号的频带宽度

上述分析表明，调频信号的频谱包含无限多个频率分量。因此，从理论上讲，调频信号的频带宽度为无限宽。然而实际上各边频分量的幅度 $J_n(m_f)$ 随着边频次数 n 的增大而逐渐减小，因此只要取适当的 n 值使边频分量小到可以忽略的程度，调频信号可近似认为具有有限的频带宽度。

关于多大的边频分量可以忽略呢？通常采用的原则是：信号的频带宽度应包括幅度大于未调载波 10%以上的边频分量。

根据贝塞尔函数的性质，当 $n>m_f+1$，$J_n(m_f)$ 值均小于 10%。即 m_f+1 次以上的边频幅度均小于 0.1。这说明在调频信号中比 $n=m_f+1$ 大的边频分量都可以忽略，因此在确定调频信号的频带宽度时只取到 $n=m_f+1$ 对边频就可以了。

由于被保留的上、下边频数共有 $2(m_f+1)$ 个，而相邻边频之间的频率间隔为 f_m，所以单频调制时，调频信号的有效带宽为

$$B_{FM}=2(m_f+1)f_m=2(\Delta f+f_m) \tag{3-60}$$

式中，f_m 为调制信号的频率；Δf 为最大频偏。式（3-60）称为卡森（Carson）公式。

当 $m_f \ll 1$ 时，称这种调频为窄带调频，其带宽为

$$B_{FM}\approx 2f_m \tag{3-61}$$

基本上与调幅信号的带宽相同。

当 $m_f \gg 1$ 时，上式可以近似为

$$B_{FM}\approx 2\Delta f \tag{3-62}$$

这时调频信号的带宽由最大频偏 Δf 决定，而与调制频率 f_m 无关。

【例 3-2】 已知某单频调频信号的幅度是 10 V，瞬时频率为 $x(t)=10^6+10^4\cos 2\pi\times 10^3 t$ Hz，试求：（1）此调频信号的表示式；（2）此调频信号的频率偏移、调频指数和频带宽度。

解：（1）由题可知，单频调频信号的瞬时角频率为

$$\omega(t)=2\pi x(t)=2\pi\times 10^6+2\pi\times 10^4\cos 2\pi\times 10^3 t$$

所以，调频信号的表示式为

$$s_{FM}(t)=A\cos\left[\int\omega(\tau)\,d\tau\right]=10\cos\left(2\pi\times 10^6 t+\int 2\pi\times 10^4\cos 2\pi\times 10^3\tau\,d\tau\right)=$$

$$10\cos\left[2\pi\times 10^6 t+10\sin(2\pi\times 10^3 t)\right]$$

（2）由上式可知此调频信号的调频指数 $m_f=10$。

由于单频调制信号的频率 $f_m=1\ 000$ Hz，所以，调频信号的频率偏移

$$\Delta f=f_m\cdot m_f=10\text{ kHz}$$

其频带宽度

$$B_{FM}=2(m_f+1)f_m=2(10+1)\times 1\ 000=22\text{ kHz}$$

或

$$B_{FM}=2(\Delta f+f_m)=2(10+1)\times 1\ 000=22\text{ kHz}$$

以上讨论的是单频调频的频谱和带宽。当调制信号不是单一频率时，由于调频是一种非线性过程，其频谱分析更加复杂。根据分析和经验，对于多频或任意带限信号调制时的调频信号的带宽仍可用 Carson 公式来估算，即

$$B_{FM}=2(m_f+1)f_m=2(\Delta f+f_m) \tag{3-63}$$

式中，f_m 是调制信号的最高频率，Δf 是最大频偏。

例如，调频广播中规定的最大频偏 Δf 为 75 kHz，最高调制频率 f_m 为 15 kHz，故调频指数 $m_f=5$，由式（3-63）可计算出此 FM 信号的频带宽度为 180 kHz。

3.4.2 调频系统的抗噪声性能分析

非相干解调是 FM 系统的主要解调方式，非相干解调时调频系统抗噪声性能分析模型如图 3-32 所示。

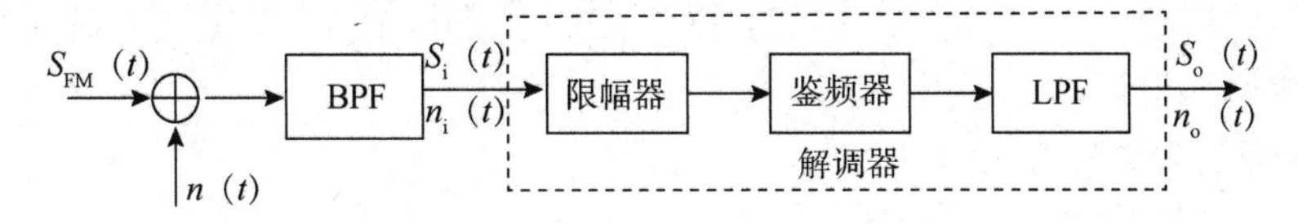

图 3-32 非相干解调时调频系统抗噪声性能分析模型

图 3-32 中，带通滤波器的作用是抑制信号带宽以外的噪声，并让调频信号无失真地通过。信道引入的加性噪声 $n(t)$ 为高斯白噪声，其单边功率谱密度为 n_0，经过带通滤波器后变为窄带高斯噪声 $n_i(t)$ 。

1. 输入信噪比

设输入调频信号为

$$s_{FM}(t)=A\cos\left[\omega_c t+K_f\int x(\tau)\,d\tau\right]$$

输入信号功率

$$S_i=\frac{A^2}{2} \tag{3-64}$$

BPF 的带宽与调频信号带宽 B_{FM} 相同，所以输入噪声功率

$$N_i=n_0B_{FM} \tag{3-65}$$

因此，解调器输入信噪比

$$\frac{S_i}{N_i}=\frac{A^2}{2n_0B_{FM}} \tag{3-66}$$

2. 输出信噪比及信噪比增益

计算输出信噪比时，由于非相干解调不是线性叠加处理过程，因而无法分别计算信号与噪声功率。在输入信噪比足够大的条件下，信号和噪声的相互作用可以忽略，这时可以把信号和噪声分开来计算。经推导

$$\frac{S_0}{N_0}=\frac{3A^2K_f^2\overline{x^2(t)}}{8\pi^2n_0f_m^3} \tag{3-67}$$

式中，A 为载波的幅度；K_f 为调频灵敏度；f_m 为调制信号的最高频率；n_0 为噪声的单边功率谱密度；$\overline{x^2(t)}$ 为调制信号的平均功率。

由式（3-66）和（3-67）得调频系统的信噪比增益

$$G_{FM}=\frac{S_0/N_0}{S_i/N_i}=\frac{3K_f^2B_{FM}\overline{x^2(t)}}{4\pi^2f_m^3} \tag{3-68}$$

为了使式（3-68）具有简明的结果，下面只考虑 $f(t)$ 为单一频率的余弦信号，此

时解调器输出信噪比为

$$\frac{S_0}{N_0}=\frac{3}{4}m_f^2\frac{A^2}{n_0 f_m} \tag{3-69}$$

信噪比增益为

$$G_{FM}=\frac{S_0/N_0}{S_i/N_i}=\frac{2}{3}m_f^2\frac{B_{FM}}{f_m} \tag{3-70}$$

式中，f_m 为调频指数。

由于调频信号带宽

$$B_{FM}=2(m_f+1)f_m=2(\Delta f+f_m)$$

所以，信噪比增益还可以写成

$$G_{FM}=3m_f^2(m_f+1) \tag{3-71}$$

当 $m_f=1$ 时，有近似式

$$G_{FM}\approx 3m_f^3 \tag{3-72}$$

式（3-72）结果表明，在大信噪比情况下，宽带调频系统的制度增益是很高的，即抗噪声性能好。例如，调频广播中常取 $m_f=5$，则由式（3-72）可得制度增益 $G_{FM}=450$。也就是说，加大调制指数，可使调频系统的抗噪声性能迅速改善。

3.5 频分复用

“复用”是一种将若干个彼此独立的信号，合并为一个可在同一信道上同时传输的复合信号的方法。比如，传输的语音信号的频谱一般在300～3 400 Hz内，为了使若干个这种信号能在同一信道上传输，可以把它们的频谱调制到不同的频段，合并在一起而不致相互影响，并能在接收端彼此分离开来。

3.5.1 信道带宽分割

在物理信道的可用带宽超过单个原始信号所需带宽情况下，可将该物理信道的总带宽分割成若干个与传输单个信号带宽相同（或略宽）的子信道，每个子信道传输一路信号。

3.5.2 频谱搬移

多路原始信号在频分复用前，先要通过频谱搬移技术将各路信号的频谱搬移到物理信道频谱的不同段上，使各信号的带宽不相互重叠，然后用不同的频率调制每一个信号，每个信号以它的载波频率为中心形成一定带宽的通道。为了防止互相干扰，使用保护带来隔离每一个通道。频分多路复用主要应用于模拟信号。

常见的有三种基本的多路复用方式：频分复用（freguency division multiplexing，FDM）、时分复用（time division multiplexing TDM）与码分复用（code division multiplexing，CDM）。按频率区分信号的方法叫频分复用，按时间区分信号的方法叫时分复用，按扩频码区分信号的方式称为码分复用。频分多路复用是把每个要传输的信号以不同的载波频率进行调制，而且各个载波频率是完全独立的，即信号的带宽不会相互重叠，然后在传输介质上进行传输，这样在传输介质上就可以同时传输许多路信号。时分多路复用即将一条物理信道按时间分成若干个时间片轮流地分配给多个信号使用。每一时间片由复用的一个信号占用，这样利用每个信号在时间上的交叉，就可以在一条物理信道上传输多个数字信号。码频分复用的目的在于提高频带利用率。通常，在通信系统中，信道所能提供的带宽往往要比传送一路信号所需的带宽宽得多。因此，一个信道只传输一路信号是非常浪费的。为了充分利用信道的带宽，因而提出了信道的频分复用问题。

图3-33为频分复用电话系统组成框图。复用的信号共有规路，每路信号首先通过低通滤波器（low-pass filter，LPF），以限制各路信号的最高频率 f_m 。为简单起见，设各路的 f_m 都相等。例如，若各路都是话音信号，则每路信号的最高频率皆为3 400 Hz。然后，各路信号通过各自的调制器进行频谱搬移。调制器的电路一般是相同的，但所用的载波频率不同。调制的方式原则上可任意选择，但最常用的是单边带调制，因为它最节省频带。因此，图3-33中的调制器由相乘器和边带滤波器（side band filter，SBF）构成。在选择载频时，既应考虑到边带频谱的宽度，还应留有一定的防护频带 f_g ，以防止邻路信号间相互干扰，即

$$f_{c(i+1)}=f_{ci}+(f_m+f_g),\ i=1,\ 2,\ \cdots,\ n \tag{3-73}$$

式中，f_{ci} 和 $f_{c(i+1)}$ 分别为第 i 路和第 $(i+1)$ 路的载波频率。

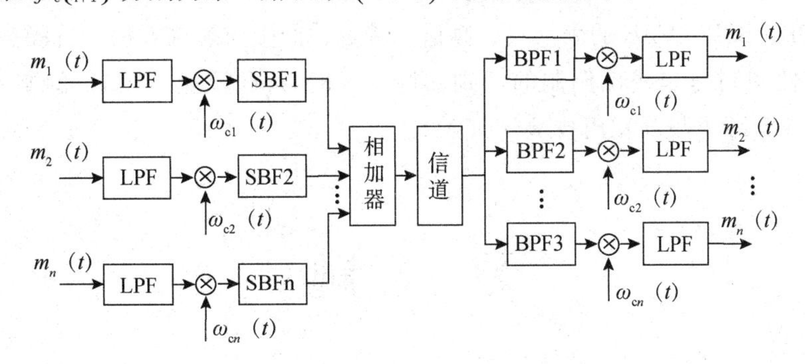

图3-33 频分复用电话系统组成框图

显然，邻路间隔防护频带越大，对边带滤波器的技术要求越低。但这时占用的总频带要加宽，这对提高信道复用率不利。因此，实际中应尽量提高边带滤波技术，以使 f_g 尽量缩小。目前，按CCITT标准，防护频带间隔应为900 Hz。

经过调制的各路信号，在频率位置上就被分开了。因此，可以通过相加器将它们

合并成适合信道内传输的复用信号，其频谱结构如图 3-34 所示。各路信号具有相同的 f_m，但它们的频谱结构可能不同。n 路单边带信号的总频带宽度为

$$B_n = nf_m = (n-1)f_g = (n-1)(f_m + f_g) + f_m = (n-1)B_1 = f_m \quad (3\text{-}74)$$

式中，$B_1 = f_m + f_g$，为一路信号占用的带宽。

合并后的复用信号原则上可以在信道中传输，但有时为了更好地利用信道的传输特性，还可以再进行一次调制。

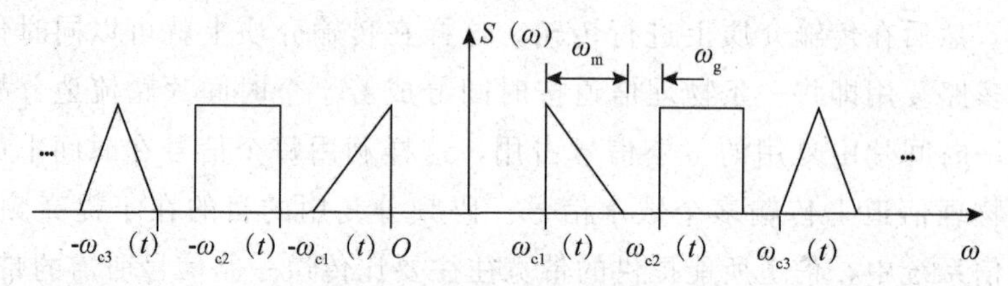

图 3-34　频分复用信号的频谱结构

在接收端可利用相应的带通滤波器（Bandpass filte，BPF）来区分开各路信号的频谱，然后再通过各自的相干解调器便可恢复各路调制信号。

频分复用系统的最大优点是信道复用率高，容许复用的路数多，分路也很方便。因此，它成为目前模拟通信中最主要的一种复用方式。特别是在有线和微波通信系统中应用十分广泛。

频分复用系统的主要缺点是设备生产比较复杂，另一个缺点是因滤波器件特性不够理想和信道内存在非线性而产生路间干扰。

本章小结

本章主要讲述了模拟信号的调制、解调过程与原理。本章需要掌握的重点内容包括 AM、DSB、SSB、VSB 的表示式、频谱，带宽、产生与解调方法、抗噪声性能。本章介绍了线性调制与非线性调制的区别、调频（FM）和调相（PM）的基本概念等。此外，本章还介绍了频分复用技术（FDM）。

习　题

一、填空题

1. 设基带信号是最高频率为 3.4 kHz 的话音信号，则 AM 信号的带宽为______，SSB 信号的带宽为_______，DSB 信号的带宽为_______。

2. 在 AM、DSB、SSB、FM 中，可靠性最好的是________，与 DSB 具有相同有效性是________，与 DSB 具有相同可靠性的是________。

3. 在残留边带调制系统中，为了不失真地恢复信号，残留边带滤波器的传输特性应满足________。

4. 对于 AM 系统，大信噪比时常采用解调，此解调方式在小信噪比时存在________效应。

5. 已知 FM 信号的表达式为 $s(t)=10\cos(2\times10^6\pi t+10\cos 2\,000\pi t)$ V，其带宽为________，单位电阻上已调波的功率为________，调制增益为________。

6. 在 FM 广播系统中，规定每个电台的标称带宽为 180 kHz，调频指数为 5，这意味着其音频信号的最高频率为________。

7. 4 种线性调制系统中，________可用非相干解调，而必须用相干解调。利用非相干解调的条件是已调波的包络正比于调制信号。

8. 当调频指数满足________时称为窄带调频，反之则称为宽带调频。设宽带调频的调频指数为 5，则调制增益为________。

二、选择题

1. 在 AM、DSB、SSB 和 VSB 4 个通信系统中，有效性最好的通信系统是（　　）。

A. AM　　B. DSB　　C. SSB　　D. VSB

2. 下面列出的调制方式中，属于非线性调制的是（　　）。

A. 单边带调制（SSB）　　B. 双边带调制（DSB）

C. 残留边带调制（VSB）　　D. 频率调制（FM）

3. 下列模拟调制系统中，不存在门限效应的系统是（　　）。

A. AM 信号的非相干解调　　B. FM 信号的非相干解调

C. AM 信号的相干解调　　D. AM 和 FM 信号的非相干解调

4. 在 AM、DSB、SSB、FM 4 种系统中，可靠性相同的系统是（　　）。

A. AM 和 DSB　　B. DSB 和 SSB　　C. AM 和 SSB　　D. AM 和 FM

5. 某调角信号为 $s(t)=10\cos(2\times10^6\pi t+10\cos 2\,000\pi t)$，其最大频偏为（　　）。

A. 1 MHz　　B. 2 MHz　　C. 1 kHz　　D. 10 kHz

6. 在完全调幅系统中，设调制信号为正弦单音信号。当采用包络解调方式时，最大调制增益 G 为（　　）。

A. 1/3　　B. 1/2　　C. 2/3　　D. 1

7. 下列关于模拟调制系统描述正确的是（　　）。

A. 完全调幅系统中，不可以选用同步解调方式

B. DSB的解调器增益是SSB的2倍，所以，DSB系统的抗噪声性能优于SSB系统

C. FM信号和DSB信号的有效带宽是SSB信号的有效带宽的2倍

D. 采用鉴频器对调频信号进行解调时可能产生“门限效应”

8. 某单音调频信号 $s(t)=20\cos[2\times10^{8}\pi t+8\cos(4\,000\pi t)]$ V，则调频指数为(　　)。

A. $m_f=2$　　B. $m_f=4$　　C. $m_f=6$　　D. $m_f=8$

三、简答题

1. 简述通信系统中采用调制的目的。

2. 试从抗噪声性能、频谱利用率和设备复杂度等方面比较AM、DSB、SSB、VSB和宽带FM调制技术。

3. 什么是门限效应？AM信号采用包络解调法为什么会产生门限效应？

4. 试简述频分复用的目的及应用。

四、综合题

1. 调幅信号 $S_{AM}(t)=0.2\cos(2\pi\times10^{4}t)+5\cos(2\pi\times1.2\times10^{4}t)+0.2\cos(2\pi\times1.4\times10^{4}t)$。试问：(1) 载波的频率和振幅为多少？(2) 调制信号是什么？〗(3) 调幅系数 m 为多少？

2. 已知调制信号 $m(t)=A_m\cos2\pi f_m t$，载波 $C(t)=A\cos2\pi f_c t$，进行DSB调制，试画出已调信号加到包络解调器后的输出波形。

3. 设有一调制信号 $m(t)=\cos2\pi f_1 t+\cos2\pi f_2 t$，载波为 $C(t)=A\cos2\pi f_c t$。试写出当 $f_2=2f_1$，载波频率 $f_c=5f_1$ 时相应的SSB信号表达式。

4. 某调角信号为 $S_m(t)=10\cos(2\times10^{6}\pi t+10\cos2\,000\pi t)$，试确定：(1) 其最大频率偏移、最大相位偏移和带宽；(2) 该信号是调频波还是调相波。

5. 幅度为1 V的10 MHz载波受到幅度为1 V、频率为100 Hz的正弦信号调制，最大频偏为500 Hz。当调制信号的幅度变为2 V时，新调频信号的带宽为多少？当调制信号的频率变为1 000 Hz时，新调频信号的带宽为多少？

第 4 章　模拟信号的数字传输

本章导读

本章主要介绍模拟信号转化为数字信号的方法。首先介绍了模拟信号变换为数字信号的基本过程，包括抽样、抽样定理和抽样信号的量化；然后着重讨论用来传输模拟语音信号常用的脉冲编码调制和增量调制原理及性能；最后介绍了时分复用的基本概念。

本章目标

◎掌握抽样过程及抽样定理

◎掌握抽样信号的量化的基本原理、脉冲幅度调制、均匀量化、非均匀量化

◎掌握脉冲编码调制以及自然二进制码和折叠码，A 律压缩特性和 μ 律压缩特性

◎了解增量调制、时分复用

通信系统的信源有模拟信号和数字信号两大类。通信系统可分为模拟通信系统和数字通信系统，如果在数字通信系统中传输模拟信号，通常这种传输方式被称为模拟信号的数字传输。这时就需要在数字通信系统的发送端将输入的模拟信号进行数字化，称为“模/数”变换，将模拟输入信号变换成数字信号；而在接收端相应地完成“数/模”变换，使传输的数字信号恢复成原始的模拟信号。

将模拟语音信号转化为数字信号的方法有很多，目前使用比较广泛的模数转换方法是脉冲编码调制（pulse-code odulation，DM 或△M，即 PCM）。除此之外，增量调制（delta modulation，DM 或△M）也是模拟语音信号转换成数字信号的常用方法。采用脉冲编码调制的模拟信号数字传输系统如图 4-1 所示。

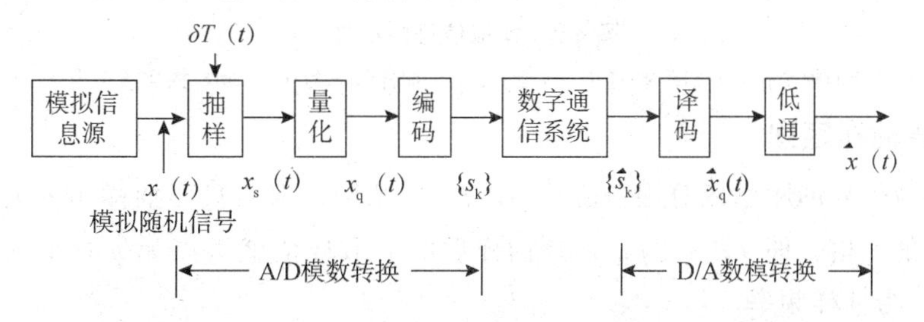

图 4-1　采用脉冲编码调制的模拟信号数字传输系统

在图 4-1 中，在发送端把模拟信号转换为数字信号的过程简称为模数转换，通常用

A/D 表示。A/D 转换包括三个步骤：抽样、量化和编码。抽样是把时间上连续的信号变成时间上离散的信号，但是其取值仍然是连续的；量化是把抽样值在幅度上进行离散化处理，使得量化后只有预定的 Q 个有限的值，此时，量化信号已经是数字信号了，可以看成是多进制的数字脉冲信号；编码是用一个 M 进制的代码表示量化后的抽样值，通常用 $M=2$ 的二进制代码来表示。

增量调制也是模拟语音信号转换成数字信号的常用方法，从原理上讲它实际上是一种特殊的脉冲编码调制。除此之外，还有许多改进方法，用以实现模拟信号的数字化，例如：线性预测编码（linear predictive coding，LPC）、自适应脉码增量调制（adaptive differential pulse-code modulation，ADPCM）。

4.1 抽样定理及脉冲幅度调制

4.1.1 抽样定理

将时间上连续的模拟信号转换成时间上离散样值的过程称为抽样，如图 4-2 所示。

由图 4-2 可知，若抽样频率太低，则抽样后的离散样值将丢失原始信号中的许多信息，导致不能无失真地恢复原始的模拟信号，如图 4-2（d）所示；若抽样频率太高，则导致离散的样值过多，从而增加系统处理的负担，如图 4-2（b）所示。那么，抽样频率究竟为多少才比较合适呢？

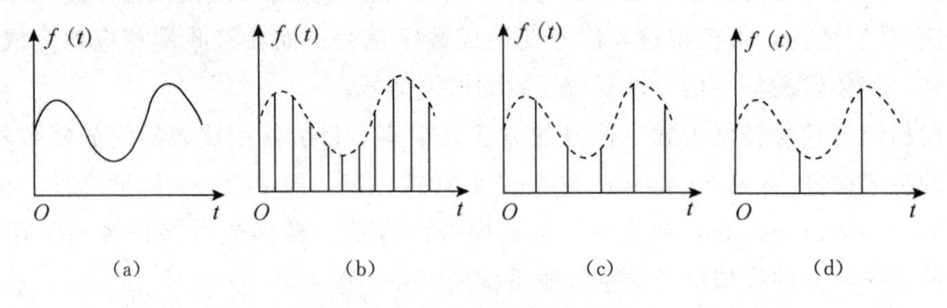

图 4-2 模拟信号的抽样

(a) 原始的模拟信号；(b) 抽样频率为 $2f_s i$ (c) 抽样频率为 f_s；(d) 抽样频率为 $f_s/2$

1. 低通抽样定理

如果模拟信号的频率成分限制在（0，f_H）范围，那么只要抽样频率大于等于信号最高频率的 2 倍，即 $f_s \geqslant 2f_H$，则抽样后的离散样值就可以无失真地恢复原始信号。其中 f_s 为抽样频率。

图 4-3 列出了 $f_s > 2f_H(\omega_s > 2\omega_H)$，$f_s = 2f_H(\omega_s = 2\omega_H)$，$f_s < 2f_H(\omega_s < 2\omega_H)$ 这 3 种情况下信号的时域与频域的对应关系。

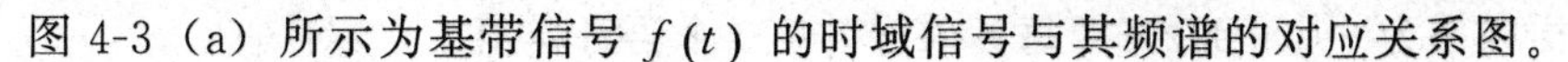

图 4-3（a）所示为基带信号 $f(t)$ 的时域信号与其频谱的对应关系图。

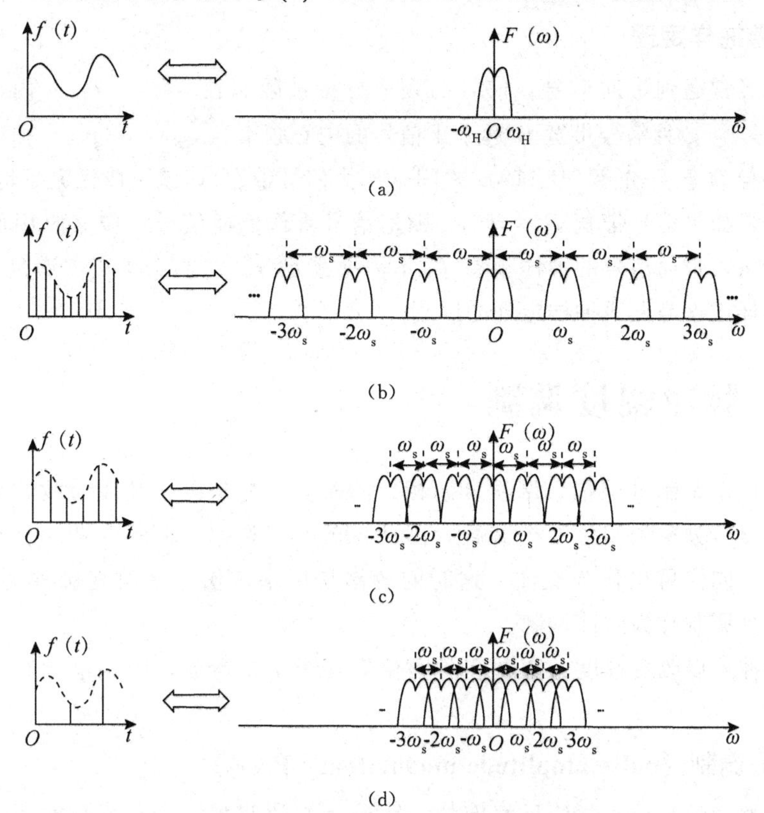

图 4-3　抽样频率与信号恢复

（a）基带信号 $f(t)$ 的时域信号与其频谱的对应关系图；

（b）$\omega_s > 2\omega_H$；（c）$\omega_s = 2\omega_H$；（d）$\omega_s < 2\omega_H$

（1）如图 4-3（b）所示，当抽样频率大于信号最高频率的两倍，即 $f_s > 2f_H(\omega_s > 2\omega_H)$ 时，抽样后的信号频谱在频域内没有重叠，此时可用一个低通滤波器提取信号的原始频谱，从而恢复原始信号。有用信号频谱之间还存在间隔，因此对低通滤波器精度的要求不是很高。

（2）如图 4-3（c）所示，当抽样频率等于信号最高频率的两倍，$f_s = 2f_H(\omega_s = 2\omega_H)$ 时，抽样后的信号频谱在频域内刚刚没有重叠，此时也可用一个低通滤波器提取信号的原始频谱，从而恢复原始信号，但是由于信号频谱之间没有间隔，此时对低通滤波器的精度要求较高。

（3）如图 4-3（d）所示，当抽样频率小于信号最高频率的两倍，即 $f_s < 2f_H(\omega_s < 2\omega_H)$ 时，抽样后的信号频谱在频域内互相重叠，此时无论用什么低通滤波器也无法将原始信号的频谱分离出来。因此不能恢复原始信号。

比如，在标准的电话系统中，由于语音信号的频带通常都在 300～3 400 Hz 范围内，根据抽样定理可知，只要抽样频率大于语音信号最高频率的 2 倍，即 6 800 Hz，接收端就可以无失真地恢复发送端的语音信号。在实际电话系统中，通常留有一定的余地，取抽样频率为 8 000 Hz，即每秒采样 8 000 个语音样值。

2. 带通抽样定理

实际中经常遇到带通信号：信号的频率分量被限制在（f_L，f_H）内，信号的带宽 $B=f_H-f_L$，且信号带宽 B 远小于信号的中心频率。

只要抽样频率 f_s 介于 $2B$ 到 $4B$ 之间（B 为信号带宽），就可以无失真地还原信号。要注意的是，如果信号带宽 B 大于 f_L 则把信号看作低通信号，应该应用低通抽样定理。可以看出，带通信号的抽样频率 f_s 不需要满足 $f_s>2f_H$，只需满足 $f_s>2B$，这是带通抽样定理与低通抽样定理的区别。

4.1.2 脉冲幅度调制

在讨论模拟调制（调幅、调频、调相）的时候，都是以正弦波为载波的，正弦波可以改变幅度、频率和相位 3 个参数，因此也就有了调幅、调频和调相。在时间上离散的脉冲串，同样可以作为载波，这时的调制是用基带信号去改变脉冲的某些参数，人们常把这种调制称为脉冲调制。

离散脉冲可以改变幅度、宽度和时间位置 3 个主要参数，因此也就有以下 3 种调制方式。

1. 脉幅调制（pulse amplitude modulation，PAM）

脉冲的幅度随基带调制信号幅度的变化而改变的调制称为脉冲幅度调制（脉幅调仝）。调制信号的幅度越大，脉冲幅度越大；调制信号的幅度越小，脉冲幅度越小。

2. 脉宽调制（pulse width modulation，PDM）

脉冲的宽度随基带调制信号幅度的变化而改变的调制称为脉宽调制。调制信号的幅度越大，脉冲越宽；调制信号的幅度越小，脉冲越窄。

3. 脉位调制（pulse postion modulation，PPM）

脉冲在一段时间内的位置随基带调制信号幅度的变化而改变的调制称为脉位调制。调制信号幅度越大，脉冲在该段时间内的位置越靠前；调制信号幅度越小，脉冲在该段时间内的位置越靠后。

在脉冲振幅调制系统中，如果脉冲载波是由理想冲激脉冲组成的，那么前面所说的抽样定理就是脉冲振幅调制的原理。实际上真正的冲激脉冲串是不可能实现的，通常只能采用窄脉冲串来实现，因此，研究窄脉冲作为脉冲载波的 PAM 方式，更具有实际意义。

设脉冲载波以 $c(t)$ 表示，它由脉宽为 τ 秒、重复同期为 T_s 秒的矩形脉冲串组成，其中 T_s 是按抽样定理确定的，即有 $T_s\leqslant\frac{1}{2f_H}$，另外角频率与频率的关系满足 $\omega_H=2\pi f_H$。脉幅调制的原理框图如图 4-4 所示。

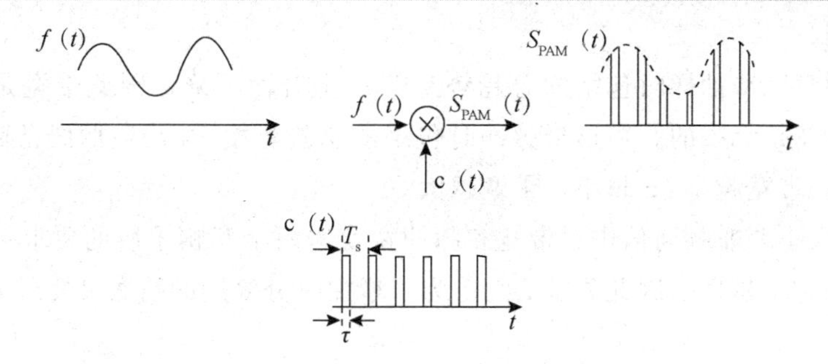

图 4-4 脉幅调制的原理框图

如图 4-5 所示是由脉冲抽样信号 $S_{PAM}(t)$ 恢复原始信号的原理框图，恢复的信号用 $f_d(t)$ 表示，它和原始信号 $f(t)$ 的形状相同。

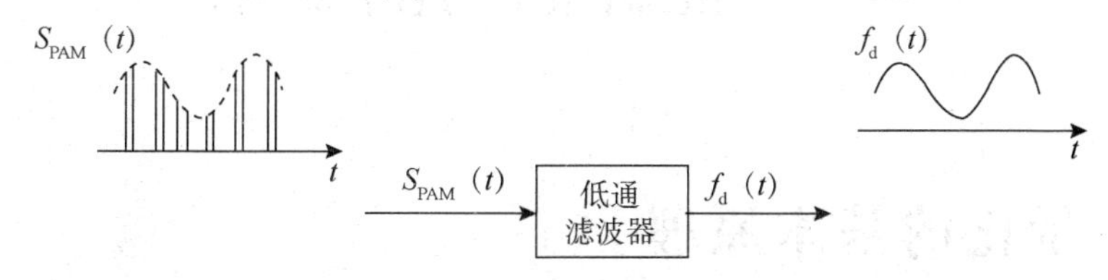

图 4-5 脉冲抽样信号 $S_{PAM(t)}$ 恢复原始信号的原理框图

如图 4-6 所示是脉冲调幅的波形及频谱，ω_H 为基带信号的截止频率，τ 为脉冲载波的脉宽，T_s 为脉冲载波的周期。其中，基带信号的波形及频谱如图 4-6（a）所示；脉冲载波的波形及频谱如图 4-6（b）所示；已抽样信号的波形及频谱如图 4-6（c）所示。

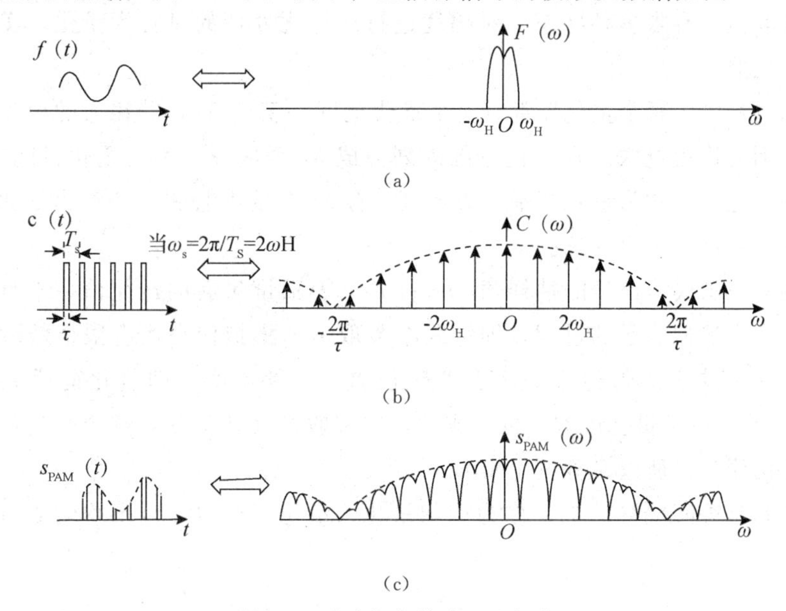

图 4-6 脉冲调幅的波形及频谱

（a）基带信号的波形及频谱；（b）脉冲载波的波形及频谱；（c）已抽样信号的波形及频谱

把图 4-6 中采用矩形窄脉冲进行抽样的过程和结果与图 4-3 中采用冲激脉冲进行抽样（理想抽样）的过程和结果进行比较，可以得到以下结论。

（1）它们的调制（抽样）与解调（信号恢复）过程完全相同，不同的只是采用的抽样信号不同。

(2) 矩形窄脉冲抽样时包络的总趋势是随 ω 上升而下降，因此带宽是有限的；而理想抽样的带宽是无限的。矩形窄脉冲时包络的总趋势按 Sa 函数曲线下降，带宽与 τ 有关。τ 越大，带宽越小；τ 越小，带宽越大。

(3) τ 的大小要兼顾通信中对带宽和脉冲宽度这两个互相矛盾的要求。通信中一般要求信号带宽越小越好，因此要求 τ 大；为了增加时分复用的路数又要求 τ 小，因此二者是矛盾的。

4.2 抽样信号的量化

4.2.1 量化的基本原理

模拟信号经过抽样后得到 PAM 信号，由于 PAM 信号的幅度仍然是连续的，即它的幅度有无穷多种取值。因为有限 n 位二进制的编码最多能表示 2^n 中电平，那么幅度连续的样值信号无法用有限位数字编码信号来表示，这样就必须对样值信号的幅度进行离散使其取值为有限多种状态。对幅度进行离散化处理的过程为量化，实现量化的器件称为量化器。

在量化过程中，每个量化器都有一个量化范围 $-V \sim V$，若输入的模拟信号的幅度超过此范围就称为过载。在量化范围内划分成 M 个区间（称为量化区间），每个量化区间用一个电平（称为量化电平）表示（共有 M 个量化电平，M 称为量化电平数），量化区间的间隔称为量化间隔。

$m(nT_s)$ 表示模拟信号的抽样值，$m_q(nT_s)$ 表示量化后的量化值，不难看出，量化过程就是一个近似表示的过程，即无限个数取值的模拟信号用有限个数取值的离散信号近似表示。这一近似过程一定会产生误差——量化误差即量化前后 $m(nT_s)$ 与 $m_q(nT_s)$ 之差。由于量化误差一旦形成后，在接收端无法消除，这个量化误差像噪声一样影响通信质量，所以又称量化噪声。

量化区间是等间隔划分的，称为均匀量化；量化区间也可以不均匀划分，称为非均匀量化。

4.2.2 均匀量化

设模拟抽样信号的取值范围为 $-V \sim V$，量化电平数为 L，则在均匀量化时的量化间隔 ΔV 为

$$\Delta V=\frac{2V}{L} \tag{4-1}$$

量化区间的端点 m_i 为

$$m_i=-V+i\Delta V,\ i=0,\ 1,\ 2,\ \cdots,\ M \tag{4-2}$$

若输出的量化电平 q_i 取为量化间隔的中点，则

$$q_i=\frac{m_i+m_i-1}{2},\ i=0,\ 1,\ 2,\ \cdots,\ M \tag{4-3}$$

由式（4-3）可以看出，对于给定的信号最大幅度 V，量化电平数 L 越多，量化间隔 ΔV 与量化误差（噪声）越小，量化噪声具体可表示为

$$\sigma_{\mathrm{q}}^2=\frac{V^2}{3L^2} \tag{4-4}$$

对于单频正弦信号 $S(t)=A_{\mathrm{m}}\cos(\omega_{\mathrm{c}}t+\varphi)$，经过抽样后进行均匀量化，则可以计算出量化器的输出信噪比 $\frac{S}{N}$ 为

$$\frac{S}{N}=\frac{\frac{A_{\mathrm{m}}^2}{2}}{\sigma_{\mathrm{q}}^2}=\frac{3}{2}\left(\frac{A_{\mathrm{m}}}{V}\right)^2L^2 \tag{4-5}$$

两边取常用对数得

$$\lg\frac{S}{N}=\lg\frac{3}{2}\left(\frac{A_{\mathrm{m}}}{V}\right)^2L^2 \tag{4-6}$$

可得

$$SNR_{\mathrm{dB}}\approx 4.77+20\lg\frac{A_{\mathrm{m}}}{\sqrt{2}V}+6.02n \tag{4-7}$$

由式（4-7）知，量化器的输出信噪比与输入信号的幅度和编码位数有关，当输入大信号时所产生的输出信噪比高，信号失真小，可靠性强；当输入小信号时所产生的量化信噪比低，信号容易失真，因此对小信号不利；当编码位数增加时，输出信噪比也相应提高，并且每增加一位编码，输出信噪比提高 6 dB。

均匀量化被广泛应用于计算机的 A/D 变换中。n 表示 A/D 变换器的位数，常用的 A/D 变换器有 8 位、12 位、16 位等不同精度，主要根据应用中所允许的量化误差来确定。图像信号的数字化接口 A/D 也是均匀量化器。在数字电话通信中，从通信线路的传输效率考虑，采用非均匀量化更为合理，其主要原因是：对于普通的话音信号，其统计特性是大信号出现的概率小，而小信号出现的概率大，因而不适合采用均匀量化。

4.2.3　非均匀量化

量化间隔不相等的量化就是非均匀量化，它是根据信号的不同区间来确定量化间隔的。当信号抽样值小时，量化间隔 ΔV 也小；信号抽样值大时，量化间隔 ΔV 也变

大。实际中，非均匀量化的实现方法通常是在进行量化之前，先对抽样信号进行压缩，再进行均匀量化。所谓的压缩是用一个非线性电路将输入电压 x 变换成输出电压 y。

需要说明的是，上述压缩器的输入和输出电压范围都限制在 0 和 1 之间，即作归一化处理。

对于电话信号的压缩，美国最早提出 μ 律压缩以及相应的近似算法——15 折线法，后来欧洲提出 A 律压缩以及相应的近似算法——13 折线法，它们 ITU 建议共存的两个标准。

我国大陆、欧洲和非洲大都采用 A 压缩律及相应的 13 折线法，美国、日本和加拿大等国家采用 μ 压缩律及 15 折线法。下面将分别讨论这两种压缩律及其近似实现方法。

1. A 律压缩特性

A 律压缩特性是以 A 为参量的压缩特性。A 律压缩特性的表示式为

$$y=\begin{cases}\dfrac{A}{1+\ln A}x & 0<x\leqslant\dfrac{1}{A}\\[2ex] \dfrac{1+\ln Ax}{1+\ln A} & \dfrac{1}{A}\leqslant x\leqslant 1\end{cases}\tag{4-8}$$

式中，x 为压缩器归一化输入电压；y 为压缩器归一化输出电压；常数 A 为压缩系数，它决定压缩程度，$A=1$ 时无压缩，A 愈大压缩效果愈明显，而且在 $0<x\leqslant\dfrac{1}{A}$ 范围内，y 是对函数，对应一段对数曲线。在国际标准中取 $A=87.6$。A 律压缩特性曲线如图 4-7 所示。

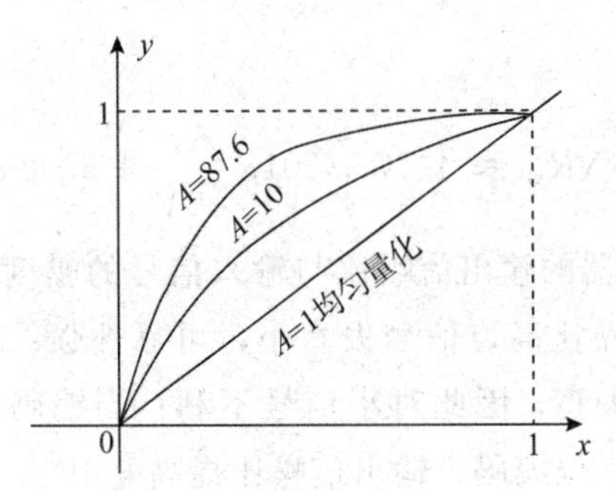

图 4-7　A 律压缩特性曲线

2. A 律压缩的近似算法——13 折线

A 律压缩特性曲线是一条连续的平滑曲线，用模拟电子线路实现这样的函数规律是相当复杂的。随着数字电路技术的发展，这种特性很容易用数字电路来近似实现。13 折线压缩特性近似于 A 压缩律特性。图 4-8 为 13 折线压缩特性曲线。

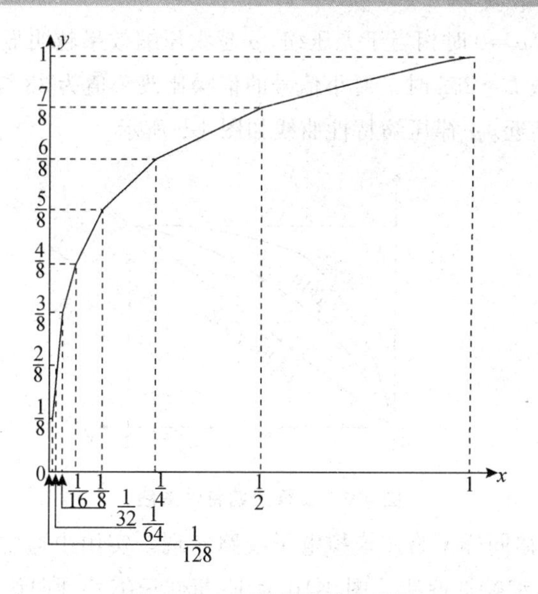

图 4-8　13 折线压缩特性曲线

图 4-8 中，横坐标 x 在 0 至 1 区间（归一化）分为不均匀的 8 段。1/2～1 间的线段称为第八段，1/4～1/2 间的线段称为第七段，1/8～1/4 间的线段称为第六段，依此类推。直到 0～1/128 间的线段称为第一段。图 4-8 中纵坐标 y 则均匀地划分作 8 段。将与这 8 段相应的坐标点（x，y）相连，就得到了一条折线。由图 4-8 可见，除第一和二段外，其他各段折线的斜率都不相同。

再将 8 段中的每一段均匀地划分为 16 等份，每一个等份就是一个量化级。这样，输入信号的取值范围内总共被划分为 16×8=128 个不均匀的量化级。因此，用这种分段方法就可以使输入信号形成一种不均匀的量化级数，它对小信号分得细，最小量化级数（指第 1 段和第 2 段的量化级）为（1/128）×（1/16）=1/2 048；对大信号的量化级数分得粗，最大量化级为 1/（2×16）=1/32。通常把最小量化级作为一个量化单位，用“Δ”表示，于是可以计算出输入信号的取值范围 0～1 总共被划分为 2048Δ 。对 y 轴也分成 8 段，不过是均匀地划分成 8 段。y 轴的每一段又均匀地划分成 16 等份，每一等份就是一个量化级。于是，y 轴的区间（0，1）就被分成 128 个均匀量化级，每个量化级均为 1/128。

上述的压缩特性曲线只是实用的压缩特性曲线的一半。x 的取值应该还有负的一半。由于第一象限和第三象限中的第一和第二段折线斜率相同，所以这四条折线构成一条直线。因此，在 −1～+1 的范围内就形成了总数是 13 段的折线特性曲线。通常就称为 13 折线压缩特性曲线。

3. μ 律压缩特性

μ 律压缩特性的表示式为

$$y=\frac{\ln(1+\mu x)}{\ln(1+\mu)}\quad 0\leqslant x\leqslant 1 \tag{4-9}$$

式中，μ 为压缩系数，$\mu=0$ 时相当于无压缩，μ 越大压缩效果越明显。在国际标准中取 $\mu=255$。当量化电平数 $L=255$ 时，对小信号的信噪比改善值为33.5 dB。从整体上看，μ 律和 A 律性能基本接近。μ 律压缩特性曲线如图4-9所示。

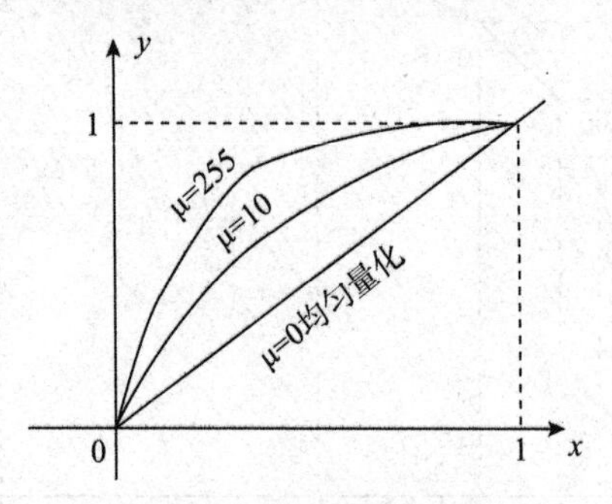

图 4-9　μ 律压缩特性曲线

与 A 律相似，μ 律同样不易用模拟电子线路实现，实用中通常采用15折线压缩特性曲线来代替 μ 律压缩特性曲线。图4-10为15折线压缩特性曲线。

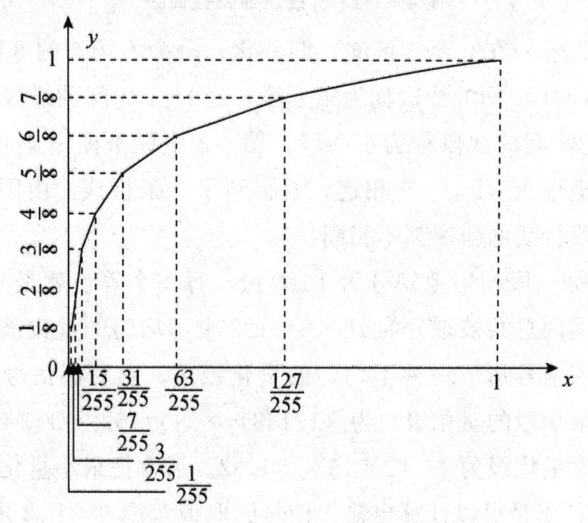

图 4-10　15 折线压缩特性曲线

从图4-10中可以看出，由于其第一段和第二段的斜率不同，不能合并为一条直线，但正电压第一段和负电压第一段的斜率相同，仍可以连成一条直线。所以，得到的是15段折线，称为15折线压缩特性曲线。

比较13折线压缩特性曲线和15折线压缩特性曲线的第一段斜率可知，15折线压缩特性曲线第一段的斜率（255/8）大约是13折线压缩特性曲线第一段斜率（16）的2倍。所以，15折线压缩特性曲线给出的小信号的信号量噪比约是13折线压缩特性曲线的2倍。对于大信号而言，15折线压缩特性曲线给出的信号量噪比要比13折线压缩特性曲线时稍差。

4.3　脉冲编码调制

模拟信号经过抽样和量化后，可以得到一系列的离散输出，共有 N 个电平状态。当 N 较大对，如果直接传输 N 进制的信号，其抗噪声性能将会是很差的。因此，通常在发送端通过编码器把 N 进制信号变换为 k 位二进制数字信号（$2^k \geqslant N$）。在接收端将收到的二进制码元经过译码器再还原为 N 进制信号。这种系统就是脉冲编码调制系统。

把量化后的信号变换成代码的过程称为编码，其相反的过程称为译码。编码广泛应用于通信、计算机、数字仪表等领域，其方法也是多种多样的。按编码器的速度来分，大致可以分为低速编码和高速编码两大类，通信中一般采用高速编码。编码器的种类大体上可以归结为逐次比较（反馈）型、折叠级联型和混合型三种。本节仅介绍目前用得较为广泛的逐次比较型编码与译码原理。

讨论编码原理以前，需要明确常用的编码码型及码位数的选择和安排。

4.3.1　常用的二进制编码码型

二进制码具有很好的抗噪声性能，并易于再生，因此 PCM 中一般采用二进制码。对于 N 个量化电平，可以用 k 位二进制码来表示，称其中每一种组合为一个码字。通常可以把量化后的所有量化电平按某种次序排列起来，并列出各对应的码字，而这种对应关系的整体就称为码型。常用的二进制码型有三种，即自然二进制码、折叠二进制码和格雷二进制码。以 4 位二进制码字为例，上述 3 种码型的码字如表 4-1 所示。

表 4-1　4 位二进制码码型的码字

电平序号	NBC	FBC	RBC
	b_1 b_2 b_3 b_4	b_1 b_2 b_3 b_4	b_1 b_2 b_3 b_4
15	1 1 1 1	1 1 1 1	1 0 0 0
14	1 1 1 0	1 1 1 0	1 0 0 1
13	1 1 0 1	1 1 0 1	1 0 1 1
12	1 1 0 0	1 1 0 0	1 0 1 0
11	1 0 1 1	1 0 1 1	1 1 1 0
10	1 0 1 0	1 0 1 0	1 1 1 1
9	1 0 0 1	1 0 0 1	1 1 0 1

表4-1(续表)

电平序号	NBC	FBC	RBC
	b_1 b_2 b_3 b_4	b_1 b_2 b_3 b_4	b_1 b_2 b_3 b_4
8	1 0 0 0	1 0 0 0	1 1 0 0
7	0 1 1 1	0 0 0 0	0 1 0 0
6	0 1 1 0	0 0 0 1	0 1 0 1
0	0 1 0 1	0 0 1 0	0 1 1 1
4	0 1 0 0	0 0 1 1	0 1 1 0
3	0 0 1 1	0 1 0 0	0 0 1 0
2	0 0 1 0	0 1 0 1	0 0 1 1
1	0 0 0 1	0 1 1 0	0 0 0 1
0	0 0 0 0	0 1 1 1	0 0 0 0

自然二进制码是大家最熟悉的二进制码，从左至右其权值分别为 8、4、2、1，因此有时也被称为 8421 码。

折叠二进制码是目前 A 律 13 折线 PCM30/32 路设备所采用的码型。这种码是由自然二进制码演变而来的，除去最高位，折叠二进制码的上半部分与下半部分呈倒影关系（折叠关系）。上半部分最高位为 0，其余各位由下而上按自然二进制码规则编码；下半部分最高位为 1，其余各位由上向下按自然二进制码规则编码。这种码对于双极性信号（语音信号通常如此），通常可用最高位表示信号的极性，而用第二位至最后一位表示信号幅度的绝对值。即只要正、负极性信号幅度的绝对值相同，则可进行相同的编码。这就是说，用第一位表示极性后，双极性信号可以采用单极性编码方法，因此，采用折叠二进制码可以大大简化编码的过程。

除此之外，折叠二进制码还有一个特点，就是在传输过程中如果出现误码，对于小信号影响较小。例如由大信号 1111 误判为 0111，对于自然二进制码解码后得到的样值脉冲与原信号相比，误差为 8 个量化级；而对于折叠二进制码，误差为 15 个量化级。显然，大信号时误码对折叠二进制码影响较大。如果误码发生在小信号，例如 1000 误判为 0000，对于自然二进制误差仍为 8 个量化级；而对于折叠二进制码，误差却只有 1 个量化级。这一特性十分可贵，因为话音信号中小幅度信号出现的概率比大幅度信号出现的概率大。

在介绍格雷二进制码之前，首先要介绍码距的概念。码距是指两个码字对应码位取值不同的位数。格雷二进制码是按照相邻两组码字之间只有一个码位的取值不同（即相邻两组码的码距均为 1）而构成的，其编码过程如下：从 0000 开始，由后（低位）往前（高位）每次只变一个码位数值，而且只有当后面的那位码不能变时，才能变前面的一位码。这种码通常可用于工业控制当中的继电器控制，以及通信中采用编码管进行的编码过程。

上述分析是在 4 位二进制码字基础上进行的，实际上码字位数的选择在数字通信中非常重要，它不但关系到通信质量的好坏，而且还涉及通信设备的复杂程度。码字位数的多少，决定了量化级的多少。反之，若信号量化分层数一定，则编码位数也就被确定。可见，在输入信号变化范围一定时，用的码字位数越多，量化分层越细，量化噪声就越小，通信质量当然就越好，但码位数目多了，总的传输码率会相应增加，会使信号的传输量和存储量增大，编码器也将较复杂。在话音通信中，通常采用 8 位的 PCM 编码就能够保证满意的通信质量。

4.3.2　基于 A 律 13 折线的码位安排

在 A 律 13 折线编码中，正负方向共有 16 个段落，在每一个段落内有 16 个均匀分布的量化电平，因此总的量化电平数 $L=256$，编码位数 $n=8$。其中：第一位 C_1 称为极性码，用数值“1”或“0”分别代表抽样量化值的正、负极性；后面的 7 位分为段落码和段内码两部分，用于表示量化值的绝对值。其中第 2 至第 4 位（$C_2C_3C_4$）称为段落码，共计 3 位，8 种可能状态分别代表 8 个段落；其他 4 位称为段内码。16 种可能状态分别代表每一段落内的 16 个均匀划分的量化电平。表 4-2 和表 4-3 为段落码和段内码的编码规则。上述编码是将压缩、量化和编码合为一体的方法。根据上述分析，8 位码的排列如下。

极性码　段落码　段内码

C_1　$C_2C_3C_4$　$C_5C_6C_7C_8$

从折叠二进制码的规律可知，对于两个极性不同、绝对值相同的样值脉冲，用折叠二进制码表示时，除极性码 C_1 不同外，其余几位码是完全一样的。因此在编码过程中，将样值脉冲的极性判别出后，编码器是以样值脉冲的绝对值进行量化和输出码组的。这样只考虑 13 折线中的对应正输入信号的 8 段折线就可以了。

表 4-2　段落码

段落序号	段落码 $C_1C_2C_3$	段落单位（量化单位）
8	111	1024～2048
7	110	512～1024
6	101	256～512
5	100	128～256
4	011	64～128
3	010	32～64
2	001	16～23

表4-2(续)

段落序号	段落码 $C_1C_2C_3$	段落单位（量化单位）
1	000	0～16

表 4-3　段内码

量化间隔	段内码 $C_5C_6C_7C_8$	量化间隔	段内码 $C_5C_6C_7C_8$
15	1111	7	0111
14	1110	6	0110
13	1101	5	0101
12	1100	4	0100
11	1011	3	0011
10	1010	2	0010
9	1001	1	0001
8	1000	0	0000

在上述编码方法中，虽然各段内的 16 个量化级是均匀的，但因段落长度不等，故不同段落间的量化级是非均匀的。当输入信号小时，段落短，量化级间隔小；反之，量化级间隔大。在 13 折线中，第 1、2 段最短，第 1、2 段的归一化长度是 1/128；再将其等分为 16 段后，每一小段的长度为（1/128）×（1/16）＝1/2 048，这就是最小的量化间隔，将此最小量化间隔（1/2 048）称为 1 个量化单位，记为 1Δ 。根据 13 折线的定义，可以计算出 A 律 13 折线每一个量化段的电平范围、起始电平 I_{si} 、段内码对应权值和各段落内量化间隔 Δ_i 。具体计算结果如表 4-4 所示。

表 4-4　13 折线 A 律有关参数表

段落序号 $i=1\sim8$	电平范围（Δ）	段落码 $C_2C_3C_4$	段落起始电平 $I_{si}(\Delta)$	量化间隔电平 $\Delta_i(\Delta)$	段内码对应权值 (Δ)			
					C_5	C_6	C_7	C_8
8	1 024～2 048	111	1 024	64	512	256	128	32
7	512～1 024	110	512	32	256	128	64	16
6	256～512	101	256	16	128	64	32	8
5	128～256	100	128	8	64	32	16	6
4	64～128	11	64	4	32	16	8	4
3	32～64	10	32	2	16	8	4	2
2	16～32	1	16	1	8	4	2	1
1	0～16	0	0	1	8	4	2	1

4.3.3　逐次比较型编码原理

逐次比较型编码器编码的方法与用天平称重物的过程极为相似。当把重物放入托盘内，开始称重，第 1 次称重所加砝码（在编码术语中称为“权”，它的大小称为权值）是估计的，这种权值当然不能正好使天平平衡。此时要做出正确判断，若砝码的权值大了，则第 2 次要换一个小一些的砝码再称；反之，若砝码的权值小了，则要换一个大一些的砝码再称。因此，这第 2 次所加砝码的权值，是根据第 1 次做出的判断结果而定。在第 1 次的基础上增大或减小，第 3 次所加的砝码的权值要根据第 2 次做出的判断结果而定，如此进行下去，每次所加砝码的权值大小都要在前 1 次的基础上完成，直到接近平衡为止。这个过程就称为逐次比较称重过程。“逐次”含义可理解为一次次由粗到细进行的，而“比较”则是把上一次称重的结果作为参考，比较得到下一次输出权值的大小，如此反复进行下去，所加权值逐步逼近物体真实重量。

基于上述分析，就可以研究并说明逐次比较型编码方法编出 8 位码的过程了。图 4-11 为逐次比较编码器原理图。从图 4-11 中可以看到，它由整流电路、极性判决电路、保持电路、比较器和本地译码电路等组成。

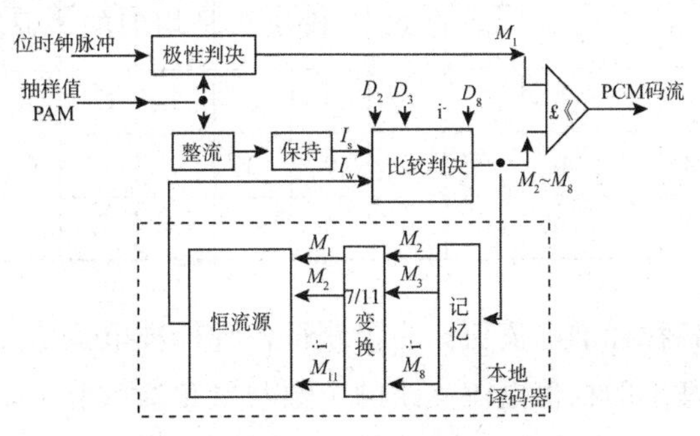

图 4-11　逐次比较编码器原理图

极性判决电路用来确定信号的极性。由于输入 PAM 信号是双极性信号，当其抽样值为正时，在位脉冲到来时输出“1”码；当样值为负时，输出“0”码，同时将该双极性信号经过全波整流变为单极性信号。

比较器是编码器的核心，其作用是通过比较样值电流 I_s 和标准电流 I_w，对输入信号抽样值实现非线性量化和编码。每比较一次，输出 1 位二进制代码，同时当 $I_s > I_w$ 时，输出“1”码，反之输出“0”码。由于在 13 折线法中用 7 位二进制代码来代表段落和段内码，所以对一个输入信号的抽样值需要进行 7 次比较。每次所需要的用于比较的标准电流 I_w 均由本地译码电路提供。

本地译码电路包含记忆电路、7-11 变换电路和恒流源。记忆电路用来寄存二进制代码，因为除第一次比较外，其余各次比较都要依据前几次比较的结果来确定标准电流的值。因此 7 位码中前 6 位的状态均应由记忆电路寄存下来。

7-11 变换电路就是前面非均匀量化中提到的数字压缩器。因为采用非均匀量化的 7

位非线性编码等效于 11 位线性码，而比较器只能编 7 位码，反馈到本地译码电路的全部码也只有 7 位。恒流源有 11 个基本权值电流支路，需要 11 个控制脉冲来控制，所以必须经过变换，把 7 位码变成 11 位码，其实质就是完成非线性和线性之间的变换，其转换关系如表 4-5 所示。

注：表中 1＊项为收端解码时的补差项，在发端编码时，该项均为零。

表 4-5　A 律 13 折线非线性码与线性码间的关系

段落号	非线性码						线性码											
	起始电平	段落码 $C_2C_3C_4$	段内码对应权值（Δ）				B_1	B_2	B_3	B_4	B_5	B_6	B_7	B_8	B_9	B_{10}	B_{11}	B_{12}
			C_5	C_6	C_7	C_8	1024	512	256	128	64	32	16	8	4	2	1	1/2
8	1024	111	512	256	128	64	1	C_5	C_6	C_7	C_8	1＊	0	0	0	0		0
7	512	110	256	128	64	32	0	1	C_5	C_6	C_7	C_8	1＊	0	0	0	0	0
6	256	101	128	64	32	16	0	0	1	C_5	C_6	C_7	C_8	1＊	0	0	0	0
5	128	100	64	32	16	8	0	0	0	1	C_5	C_6	C_7	C_8	1＊	0	0	0
4	64	011	32	16	8	4	0	0	0	0	1	C_5	C_6	C_7	C_8	1＊	0	0
3	32	010	16	8	4	2	0	0	0	0	0	1	C_5	C_6	C_7	C_8	1＊	0
2	16	001	8	4	2	1	0	0	0	0	0	0	1	C_5	C_6	C_7	C_8	1＊
1	0	000	8	4	2	1	0	0	0	0	0	0	0	C_5	C_6	C_7	C_8	1＊

恒流源用来产生各种标准电流值。为了获得各种标准电流 I_w，在恒流源中有数个基本权值电流支路。基本的权值电流支路的个数与量化级数有关，在 13 折线编码过程中，它要求 11 个基本的权值电流支路，每个支路均有一个控制开关。每次该哪几个开关接通组成比较用的标准电流 I_w，由前面的比较结果经变换后得到的控制信号来控制。

保持电路的作用是保持输入信号的抽样值在整个比较过程中具有确定不变的幅度。由于逐次比较型编码器编 7 位码（极性码除外）需进行 7 次比较，在整个比较过程中都应保持输入信号的幅度不变，故需要采用保持电路。下面通过一个例子来说明 13 折线编码过程。

【例 4-1】 设输入信号的抽样值为 $I_s=+1\,270\Delta$（Δ 为一个量化单位，表示输入信号归一化值的 1/2 048），试根据逐次比较型编码器原理，将它按照 A 律 13 折线特性编成 8 位码。

解：编码过程如下：

（1）确定极性码 C_1

由于输入信号为正，故极性码 $C_1=0$。

(2) 确定段落码 $C_2C_3C_4$

参看表4-5可知，由于段落码中的 C_2 是用来表示输入信号的抽样值处于8个段落的前4个段还是后4段的，故输入信号的标准电流应选择为 $I_w=128\Delta$ 。因输入信号抽样值，$I_s=1\ 270\Delta$ ，$I_s>I_w$ ，所以 $C_2=1$。它表示输入信号的抽样值处于8个段落中的后4段（5～8）段。

C_3 用来进一步确定输入信号的抽样值是属于5～6段还是7～8段。因此标准电流应选择为 $I_w=512\Delta$ ，第2次比较结果为 $I_s>I_w$ ，故 $C_3=1$。它表示输入信号的抽样值位于7～8段。

由以上3次比较得段落码为“111”，因此，输入信号的抽样值 $I_s=1\ 270\Delta$ ，属于第8段落。

(3) 确定段内码 $C_5C_6C_7C_8$

由编码原理可知，段内码是在已经确定输入信号所处段落的基础上，用来表示输入信号处于该段落的哪一量化级的。$C_5C_6C_7C_8$ 的取值与量化级之间的关系见表4-5。上一步已确定输入信号处于第8段，该段落中16个量化级之间的间隔均为 64Δ ，故确定 C_5 的标准电流应选择为

I_w = 段落起始电平 + 8 × 量化间隔 = $1\ 024\Delta+8\times64\Delta=1\ 536\Delta$

因 $I_s<I_w$ ，故 $C_5=0$。它说明输入信号的抽样值处于第8段的0～7量化级。

同理，确定 C_6 的标准电流应选择为

I_w = 段落起始电平 + 4 × 量化间隔 = $1\ 024\Delta+4\times64\Delta=1\ 280\Delta$

因 $I_s<I_w$ ，故 $C_6=0$。它说明输入信号的抽样值处于第8段的0～3量化级。

确定 C_7 的标准电流应选择为：

I_w = 段落起始电平 + 2 × 量化间隔 = $1\ 024\Delta+2\times64\Delta=1\ 152\Delta$

因 $I_s<I_w$ ，故 $C_7=1$。它说明输入信号的抽样值处于第8段的2～3量化级。

最后，确定 C_8 的标准电流应选择为

I_w = 段落起始电平 + 3 × 量化间隔 = $1\ 024\Delta+3\times64\Delta=1\ 216\Delta$

因 $I_s<I_w$ ，故 $C_8=1$。它说明输入信号的抽样值处于第8段的第3量化级。

经上述7次比较，编出相应的8位码为11110011：表示输入信号的抽样值位于第8段的第3量化级，其量化电平为 $1\ 216\Delta$ 故量化误差为：$1\ 270\Delta-1\ 216\Delta=54\Delta$ 。

结合表4-5对非线性和线性之间变换的描述，除极性码外的7位非线性码组1110011，相对应的线性码组为10011000000。

4.3.4　译码原理

译码的作用是把接收端收到的PCM信号还原成相应的PAM信号，即实现数模变换（D/A）。*A* 律13折线译码器原理框图如图4-12所示，与图4-11中的本地译码器基本相同，所不同的是增加了极性控制部分和带有带有寄存读出的7-12变换电路。

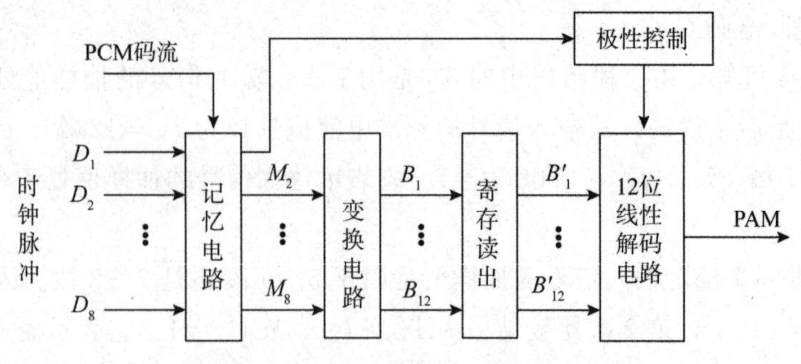

图 4-14　A 律 13 折线译码器原理框图

极性控制部分的作用是根据收到的极性码 C_1 是“1”还是“0”来辨别 PCM 信号的极性，使译码后的 PAM 信号的极性恢复成与发送端相同的极性。

串/并变换记忆电路的作用是将输入的串行 PCM 码变为并行码，并记忆下来，与编码器中译码电路的记忆功能基本相同。

7-12 变换电路是将 7 位非线性码转变为 12 位线性码。在编码器的本地译码电路中采用 7-11 位码变换，使得量化误差有可能大于本段落量化间隔的一半，如例 4-1 中，量化误差为 54Δ，大于 32Δ。为使量化误差均小于段落内量化间隔的一半，译码器的 7-12 变换电路使输出的线性码增加一位码，人为地补上段落内量化间隔的一半，从而改善量化信噪比。如例 4-1 中 7 位非线性码变为 12 位线性码 100111000000，PAM 输出应为 $1\,216\Delta+32\Delta=1\,248\Delta$，此时量化误差为 $1\,270\Delta-1\,248\Delta=22\Delta$。

12 位线性解码电路主要由恒流源和电阻网络组成，与编码器中解码网络类似。它是在寄存读出电路的控制下，输出相应的 PAM 信号。

4.3.5　PCM 性能

PCM 的性能主要涉及 PCM 信号的码元速率和带宽。

1. 码元速率

由于 PCM 要用 k 位代码表示一个抽样值，即一个抽样周期 T_s 内要编 k 位代码，因此每个码元宽度为 T_s/k，码元位数越多则码元宽度越小且占用带宽越大。因此传输 PCM 信号所需要的带宽要比模拟基带信号 $x(t)$ 的带宽大得多。

设 $x(t)$ 为低通信号，最高频率为 f_H，抽样速率 $f_s\geqslant 2f_H$，如果量化电平数为 Q 且采用 M 进制代码，则每个量化电平需要的代码数为 k，因此码元速率为走 kf_s。

2. 传输 PCM 信号所需的最小带宽

假设抽样速率为 $f_s=2f_H$，因此最小码元传输速率为 $f_b=2kf_H$，此时所具有的带宽有两种

$$B_{PCM}=\frac{f_b}{2}=\frac{k2f_s}{2}\text{（理想低通传输系统）}\tag{4-10}$$

$$B_{PCM} = f_b = kf_s \text{（升余玄传输系统）} \tag{4-11}$$

对于电话传输系统，其传输模拟信号的带宽为 4 kHz，因此，抽样频率 $f_s =$ 8 kHz，假设按 A 律 13 折线编成 8 位码，采用升余弦系统传输特性，那么传输带宽为

$$B_{PCM} = f_b = kf_s = 8 \times 8\ 000 = 64 \text{ kHz}$$

4.4　增量调制

以较低的速率获得高质量编码一直是语音编码追求的目标。通常，人们把话路速率低于 64 Kbps 的语音编码方法称为语音压缩编码技术。语音编码压缩的方法很多，本节要讨论的增量调制即是其中之一。

增量调制是在 PCM 的基础上发展而来的另一种语音信号的编码方式，其目的在于简化模拟信号的数字化方法。增量调制电路比较简单，能以较低的数码率进行传输，通常为 16～32 Kbps。因此，增量调制在频带严格受限的传输系统（比如卫星通信、短波通信）中应用广泛。

4.4.1　增量调制的原理

增量调制是指将信号瞬时值与前一个采样时刻的量化值之差进行量化，而且只对这个差值的符号进行编码，不对差值的大小编码。因此，量化后的编码为 1 bit，如果差值是正的，就发 1，若差值是负就发 0。这是 ΔM 与 PCM 的本质区别。因此这一位码反映了波形的变化趋势（反映了相邻两个抽样值的近似差值，即增量。增量调制也因此而得名）。增量调制的原理可用图 4-13 所示的波形图来解释。

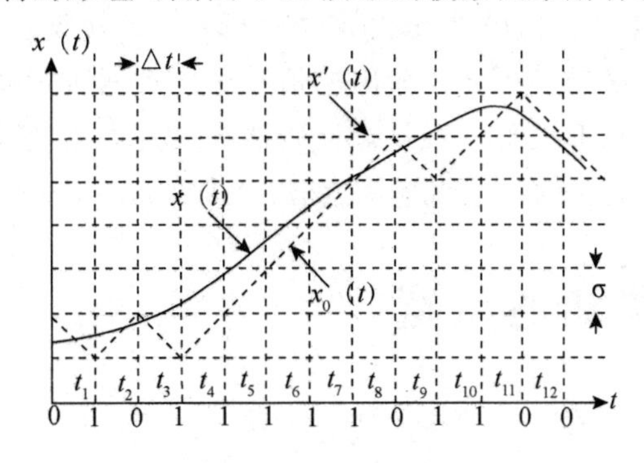

图 4-13　增量调制波形图

在图 4-13 中，假设模拟信号 $x(t) \geqslant 0$，于是可以用一时间间隔为 Δt 、幅度差为 $\pm\sigma$ 的阶梯波 $x'(t)$ 逼近它。只要 Δt 足够小，即抽样频率 $f_s = \dfrac{1}{\Delta t}$ 足够高，且 σ 足够

小，则 $x'(t)$ 可近似于 $x(t)$ 。通常称 σ 为量阶，Δt 为抽样间隔。在 t_1 时刻，用 $x(t_1)$ 与 $x'(t_{1-})$（t_{1-} 表示 t_1 时刻前某瞬间）比较，若 $x(t_2) > x'(t_{2-})$ ，则上升一个量阶 σ ，同时 DM 调制器输出 0；在 t_2 时刻，用 $x(t_2)$ 与 $x'(t_{2-})$ 比较，若 $x(t_1) < x'(t_{1-})$ ，则下降一个量阶 σ ，同时调制器输出 0。以此类推。图 4-13 所示的 $x(t)$ 就可得到二进制代码序列 0101111101100。除了用阶梯波 $x'(t)$ 去近似 $x(t)$ 外，也可以用图 4-13 中虚线所示的锯齿波 $x_0(t)$ 去近似。无论采用哪种波形，在相邻抽样时刻，其波形幅度变化都只增加或减少一个固定的量阶 σ ，并没有本质的区别，只是产生波形的实现方法不同。

4.4.2 增量调制系统的原理框图

在分析实际的增量调制电路时，常采用图 4-14 所示的原理框图。

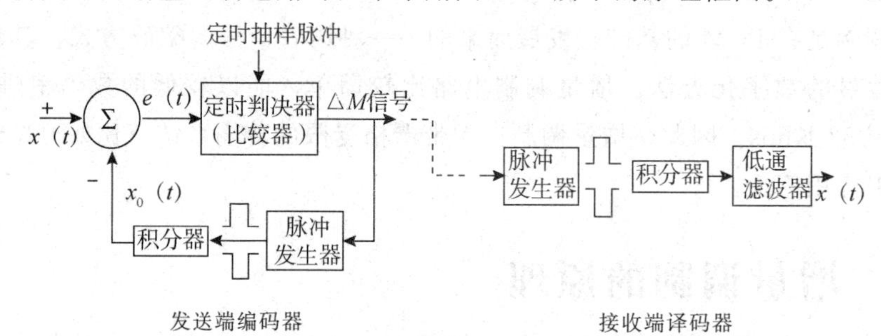

图 4-14　增量调制系统的原理框图

图 4-14 的工作过程如下：模拟信号 $x(t)$ 与来自积分器的信号 $x_0(t)$ 相减得到量化误差信号 $e(t)$ 。如果在抽样时刻 $e(t) > 0$，定时判决器（比较器）输出则为“1”；反之 $e(t) < 0$ 时则为“0”。判决器输出一方面作为编码信号经信道送往接收端。另一方面又送往编码器内部的脉冲发生器：“1”产生一个正脉冲，“0”产生一个负脉冲。积分后得到 $x_0(t)$ 。由于 $x_0(t)$ 与接收端译码器中积分输出信号是一致的，因此 $x_0(t)$ 常称为本地译码信号。积分器输出的信号可以有两种形式，一种是折线近似的积分波形，也可以是阶梯形波形。接收端译码器与发送端编码器中本地译码部分完全相同，只是积分器输出再经过一个低通滤波器，以滤除高频分量。

4.4.3 增量调制的带宽

从编码的基本思想来看，每抽样一次、传输一个二进制码元，则码元传输速率为 $R_B = f_s$ ，DM 的调制带宽 $R_{DM} = f_s = R_B$ 。

4.5　时分复用

为了提高通信系统信道的利用率，话音信号的传输往往采用多路复用通信的方式。这里所谓的多路复用通信方式通常是指在一个信道上同时传输多个话音信号的技术，有时也将这种技术简称为复用技术。复用技术有多种工作方式，如频分复用、时分复用以及码分复用等。

时分复用（time-division multiplexing，TDM）是将不同的信号相互交织地安排在不同的时间段内，沿着同一个信道传输；在接收端用某种方法，将各个时间段内的信号提取出来以还原原始信号的通信技术。这种技术可以在同一个信道上传输多路信号。

时分复用是建立在抽样定理基础上的。抽样定理使连续（模拟）的基带信号被时间上离散的抽样值所代替。这样，当抽样脉冲较窄时，在抽样脉冲之间就有较大的时间间隔，利用这种时间间隔便可以传输其他信号的抽样值。因此，就有可能沿一条信道同时传送若干个基带信号。图 4-15 为是两个信号时分复用的示意图。由图 4-15 可知，在同一条信道中，$f_1(t)$ 和 $f_2(t)$ 的抽样值分别在不同的时间上传输，从而实现了时分复用。

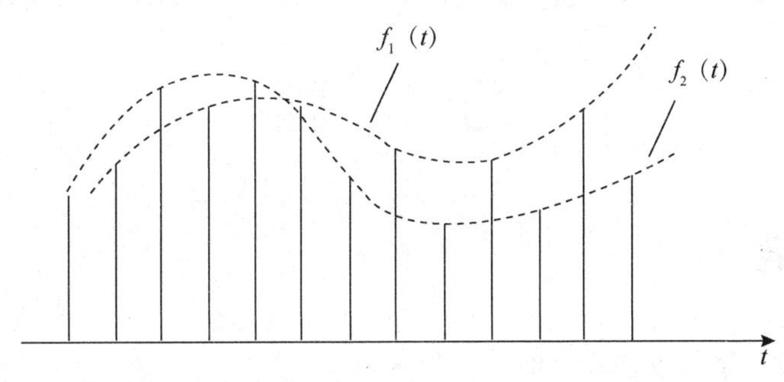

图 4-15　两个信号时分复用的示意图

图 4-16 所示为 3 个不同用户利用时分复用通信技术在同一信道上传输各自信号的示意图。其中用户 1 传送 1234，用户 2 传送 ABCD，用户 3 传送 WXYZ。

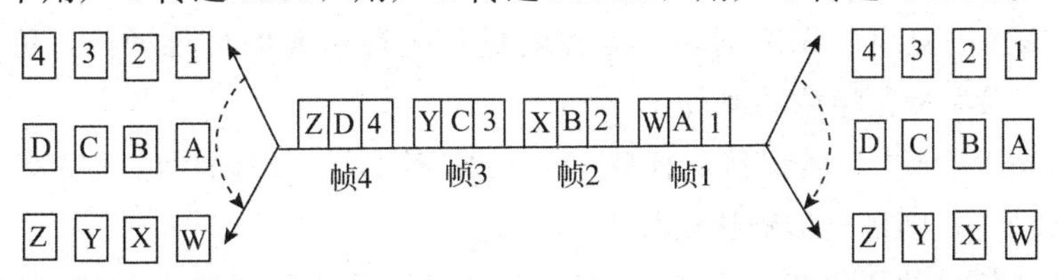

图 4-16　3 个不同用户利用时分复用技术在同一信道上传输各自信号的示意图

在图 4-16 中，各路信号在每一帧中占用的时隙位置是预先指定且固定不变的，故称为同步时分复用：同步时分复用在程控交换系统中被广泛使用。图 4-17 所示是

PCM30/32 程控交换系统的帧结构。通过时分复用，线路被分为 32 个时隙，其中 30 个时隙用于传送话路，2 个时隙用于传送同步信息和信令信息。在 PCM30/32 的帧中，一帧占用 125 μs，共传送 256 bit，每个时隙时长约为 3.9 μs，传送 8 bit，所以整个帧的传输速率是 2.048 Mb/s。PCM30/32 时分复用帧结构与 A 压缩律标准被中国和欧洲的电话通信系统采用，而美国和日本的电话系统则采用 24 时隙的时分复用结构和 μ 压缩律标准。

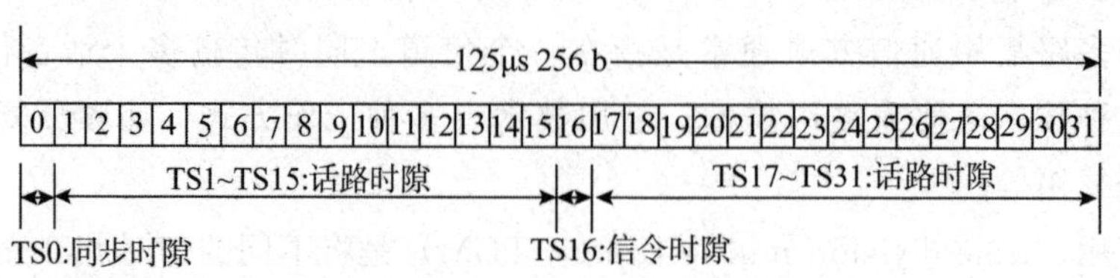

图 4-17　PCM30/32 程控交换系统的帧结构

本章小结

本章主要讲述了模拟信号数字化的步骤和原理。模拟信号转化成数字信号主要包括 3 个步骤：抽样、量化和编码。重点介绍抽样定理、量化原理、均匀量化、非均匀量化、脉冲幅度调制、脉冲编码调制以及自然二进制码和折叠码等。此外，还介绍了 A 压缩律和 μ 压缩律，以及增量调制（DM）、时分复用（TDM）等常用技术。

习　　题

一、填空题

1. 模拟信号数字化过程经过的三个步骤是________、________和编码________。

2. 一个语音信号，其频谱范围为 300～3 400 Hz，对其取样时，取样频率最小为________。实际应用中，语音信号的取样频率为________。

3. 量化过程会引入误差，此误差如噪声一样会影响通信的质量，所以也称为量化噪声。量化噪声一旦引入无法消除。为控制量化过程引入的量化噪声，可以通过减小来实现，这是因为量化噪声功率等于________。

4. 在线性 PCM 中，若保持取样频率 8 kHz 不变，而编码后的比特率由 32 kbit/s 提高到 64 kbit/s，则量化信噪比增加了________dB。

5. 设语音信号的变化范围为-4～4 V，在语音信号的这个变化范围内均匀设置 256 个量化电平，此时量化器输出端的信噪比为________dB。当量化器不变，输入到量化器的语音信号的功率下降 10 dB，则量化器输出端的信噪比为________。

6. 13 折线量化编码中，采用（均匀/非均匀）量化，这种量化方式可以扩大量化器的范围________。

7. 对一个语音信号进行简单增量调制，设取样速率为 3 2000 Hz.，则数字化后的信息速率为________。

8. 一音乐信号 $m(t)$ 的最高频率分量为 20 kHz，以奈奎斯特速率取样后进行 A 律 13 折线 PCM 编码，所得比特率为________bit/s，若以理想低通基带系统传输此 PCM 信号，则系统的最小截止频为________，系统的信息频带利用率为________。

9. 对 32 路语音信号进行时分复用，每路信号的取样速率为 8 000 次/s。采用 13 折线量化编码，则合路后信号的信息速率为________。

10. 设量化器设置有 8 个量化电平，分别为±0.5、±1.5、±2.5、±3.5，若某样值的大小为 2.05，则此样值的量化电平和量化误差分别为________和________。如果用自然二进制码来表示，则代码为________，如果用折叠二进制码来表示，则代码为________。

二、选择题

1. 量化会产生量化噪声，衡量量化噪声对系统通信质量影响的指标是（　　）。

A. 量化噪声功率　　B. 量化信号功率

C. 量化台阶　　D. 量化信噪比

2. A 律 13 折线编码中，当段码为 001 时，则它的起始电平为（　　）。

A. 16Δ　　B. 32Δ　　C. 8Δ　　D. 64Δ

3. 均匀量化 PCM 中，取样速率为 8000 Hz，输入单频正弦信号时，若编码后比特速率由 16 kbit/z 增加到 64 kbit/z，则量化信噪比增加（　　）。

A. 36 dB　　B. 48 dB　　C. 32 dB　　D. 24 dB

4. 对语音信号进行均匀量化，每个量化值用个 7 位代码表示，则量化信噪比为（　　）。

A. 42 dB　　B. 44 dB　　C. 33 dB　　D. 35 dB

5. 13 折线量化编码时，所采用的代码是（　　）。

A. 自然二进制码　　B. 折叠二进制码

C. 格雷二进制码　　D. 8421BCD 码

6. 在简单增量调制中，设取样速率为 $f_s=1/T_s$，量化台阶为 δ，则译码器的最大跟踪斜率为（　　）。

A. δ/f_s　　B. f_s/δ　　C. $f_s\delta$　　D. δT_s

7. 设输入信号最大值为 5 V，现有样点值为 3.6 V，采用 13 折线量化编码，则此样点值的量化电平为（　　）。

A. 1 504Δ　　B. 1 472Δ　　C. 1 536Δ　　D. 2 048Δ

8. PCM 数字化方法对数字通信系统提出的要求（　　）。

A. 比 ΔM 高　　B. 比 ΔM 低

C. 与 ΔM 一样高　　D. 不确定

9. 简单增量调制中，若取样频率由 16 kHz，增加到 64 kHz，输入信号幅度相同，量化信噪比增加（　　）。

A. 9　　B. 12　　C. 15　　D. 18

10. PCM30/32 数字电话系统中，二次群包含的电话路数为（　　）。

A. 30 路　　B. 32 路　　C. 128 路　　D. 120 路

三、简答题

1. 试画出完整的 PCM 系统框图，并简要说明框图中各部分的作用及引起输出信号误差的原因。

2. 模拟信号数字化的理论基础是什么？它是如何表述的？什么是奈奎斯特取样频率和奈奎斯特取样间隔？

3. 什么是量化和量化噪声？衡量量化噪声对通信质量影响的指标是什么？

4. 试简述脉冲编码调制（PCM）和增量调制这两种模拟信号数字化方法的异同点(至少各写两条)。

四、综合题

1. 已知某信号的时域表达式为 $m(t) = 200Sa^2(200\pi t)$ 对此信号进行取样。求：

（1）奈奎斯特取样速率 f_s。

（2）奈奎斯特取样间隔 T_s。

（3）画出取样速率为 500 Hz 时的已取样信号的频谱。

（4）当取样速率为 500 Hz 时，画出恢复原信号的低通滤波器的传递特性 $H(f)$ 示意图 。

2. 如果 A 律 13 折线编码器的过载电压为 4.096 V。

（1）求取样值 3.01 V 和-0.03 V 的二进制代码。

（2）两个取样值的代码传输到接收端，求译码后的电平值。

3. 32 路 PCM 信号时分复用后通过某高斯信道传输，设信道带 $B=224$ kHz，信噪比 $S/N=255$ 倍，求单路 PCM 信号的最高码元传输速率。若在 PCM 处理中，均匀量化电平数为 128，则最高取样速率为多少？

第 5 章 数字信号的基带传输

本章导读

频谱集中在零频（直流）附近的信号称为基带信号，基带信号又分为模拟信号和数字信号。例如，声音经麦克风转换后的电信号是模拟基带信号，计算机输出的二进制码元序列则为典型的数字基带信号，计算机终端在局域网范围内通过网线、交换机与路由器进行通信。

本章目标

◎掌握数字基带传输的基本码型及功率谱

◎掌握几种常见的码型的编码和译码的方法

◎掌握码间干扰的概念及产生的原因，无码间干扰系统的传输特性和抗噪声性能

◎了解眼图的形成及作用

数据通信中，由数字设备终端直接发出的信号是二进制数字信号，是典型的矩形电脉冲信号，其频谱包括直流、低频和高频等多种成分。在数字信号频谱中，把直流（零频）开始到能量集中的一段频率范围称为基本频带，简称为基带。数字信号被称为数字基带信号，在信道中直接传输这种基带信号就称为基带传输。基带传输信道只传输一种信号，通信信道利用率低。

数字通信系统要有两个基本的变换，一个是把消息变换成数字基带信号，另一个则是把数字基带信号变换成信道信号。在实际的数字通信中并不一定都要进行这两个变换，也可只进行第一种变换，就直接进行传输。这种不经过调制和解调过程直接传输基带信号的系统称为基带传输系统；对应地将包括调制与解调过程的传输系统称为数字频带传输系统。

直接传送基带信号一般是因为传送信号的信道带宽与基带信号的频带宽度大致相当，如计算机网的网线、电传机的电话线、石油测井的井下仪到地面设备的测量电缆等。在上述信道情况下，如果再将基带信号调制到高频上，就无法传送了。在 4G 制式的移动通信中，用户可以通过手机进行上网，基站在接收用户的频带信号后．同样要将频带信号解调为基带信号，再通过路由器接入到 IP 网络中。

从通信的有效性考虑，基带传输不如频带传输用得广泛，但在基带传输中要讨论的许多问题在频带传输中也必须考虑，因此掌握好数字信号的基带传输原理是十分重

要的。由于在近距离范围内基带信号的功率衰减不大，信道容量不会发生变化，因此在局域网中通常使用基带传输技术。在基带传输中，需要对数字信号进行编码。

5.1 数字基带传输的基本码型及其功率谱

一般情况下，数字信息可以表示为一个数字序列，即

$$\cdots,\ a_{-2},\ a_{-1},\ a_0,\ a_1,\ \cdots,\ a_n$$

上述序列被记作 $\{a_n\}$ ，其中 a_n 是数字序列的基本单元，称为码元。每个码元只能取离散的有限个值，例如，在二进制中，a_n 只能取 0 或 1 两个值；在三进制中，a_n 可取 0，1，2；在 M 进制中，a_n 可取 0，1，2，…，$M-1$ 共 M 个值，或者取二进制码的 M 种排列。通常用不同幅度的脉冲表示码元的不同取值，这样的脉冲信号就是数字基带信号。也就是说，数字基带信号是数字信息的电脉冲表示，电脉冲的形式称为码型。在有线信道中传输的数字基带信号又称为线路传输码型。把数字信息表示为电脉冲的过程称为码型编码，而由码型还原为数字信息的过程称为码型译码。

5.1.1 码型设计原则

数字基带信号是数字信息的电脉冲表示，不同形式的数字基带信号（又称为码型）具有不同的频谱结构，因此频率特性不尽相同。合理地设计数字基带信号的频谱结构，使数字信息变换得更适合于给定信道的传输，是基带传输首先要考虑的问题。通常选择码型时应该考虑的主要因素有以下几点。

(1) 码型中低频、高频分量应尽量少。码型的高、低频能量在传输中均有较大的衰减，其低频分量要求元件尺寸大，高频能量对邻近线路造成较大干扰。这样做还可以节省传输频带，提高信道的频谱利用率。

(2) 码型中应包含位定时信息，以便定时提取。在基带传输系统中，位定时信息是接收端再生原始信息所必需的。在某些应用中，位定时信息可以用单独的信道与基带信号同时传输，但在远距离传输系统中这样做通常是不经济的，因此需要从基带信号中提取位定时信息，这就是要求基带信号或经简单的非线性变换后能产生位定时信号的频谱。

(3) 码型具有一定检错能力。若传输码型有一定的规律，则可根据这一规律来检测传输质量，以便进行自动监测。

(4) 编码方案对发送消息的类型不应有任何限制，适合于所有的二进制信号。这种与信源统计特性无关的特性称为对信源具有透明性。不受信源统计特性影响的线路码型，不会长时间出现高电平或低电平的现象。

（5）低误码增值。误码增值是指单个的数字传输错误在接收端解码时，造成错误码元的平均个数增加。从传输质量要求出发，它越小越好。

（6）码型变换（编译码）设备要简单可靠。

（7）高的编码效率。

上述各项原则不是任何基带传输码型均能完全满足的，往往是依照实际要求满足其中的若干项。

数字基带信号的码型种类繁多，根据各种数字基带信号中每个码元的幅度取值不同，可以把它们归纳分类为二元码、三元码和多元码。

5.1.2　二元码

幅度取值只有两种电平的码型称为二元码。最简单的二元码基带信号的波形为矩形波，幅度的两种取值分别对应于二进制码中的 1 和 0。图 5-1 为常用的几种二元码的波形图。

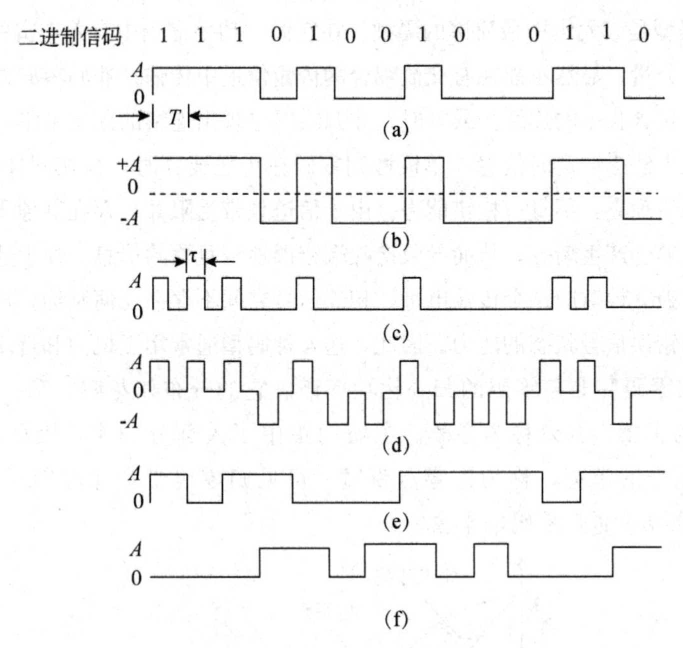

图 5-1　常用的几种二元码的波形图

（a）NRZ（L）（单极性非归零码）；（b）NRZ（双极性非归零码）；（c）RZ（单极性归零码）

（d）RZ（双极性归零码）；（e）NRZ（M）；（f）NRZ（S）

1. 单极性非归零码

单极性非归零码用高电平和低电平（通常为零电平）两种取值分别表示二进制码的 1 和 0，在整个码元期间电平保持不变，一般记作 NRZ（L）。由于这种码的低电平常取作零电平，而一般设备都有固定的零电平，因此应用非常方便。其波形如图 5-1（a）所示。

2. 双极性非归零码

双极性非归零码用正电平和负电平分别表示 1 和 0，在整个码元期间电平保持不变，常记作 NRZ。双极性码的优点是无直流分量，可以在无接地的传输线上传输，因此应用也较为广泛。其波形如图 5-1（b）所示。

3. 单极性归零码

单极性归零码与单极性非归零码的区别在于当发送 1 时，高电平在整个码元期间 T 内只保持一段时间 $\tau(\tau < T)$，其余时间则返回到零电平。当发送 0 时，用零电平表示，常记作 RZ。τ/T 称为占空比，一般使用半占空比码，即 $\tau/T=0.5$。这种码的优点是码中含有丰富的位定时信息，其波形如图 5-1（c）所示。

4. 双极性归零码

双极性归零码用正极性的归零码表示 1，用负极性的归零码表示 0。显然它有 3 种幅度取值，但它用脉冲的正、负极性表示两种信息，因此一般仍归类于二元码中。这种码兼有双极性和归零的特点。其波形如图 5-1（d）所示。

上述 4 种码型是二元码中最简单的码型。在它们的功率谱当中有着丰富的低频分量，有些码甚至有直流分量，显然不能在有交流耦合的传输信道中传输。非归零码常常不含有定时信息。当信息中包含长串的连续 1 或 0 时，非归零码呈现出连续的固定电平。由于信号中不出现跳变，因此无法提取定时信息。单极性归零码在传送连 0 时，存在同样的问题。此外，相邻信号之间取值独立，不具有检错能力。由于信道频带受限并且存在其他干扰，经信道传输后基带信号波形会产生畸变，从而导致接收端错误地恢复原始信息。在上述二元码信息中每个 1 与 0 分别独立地对应某个传输电平，相邻信号之间不存在任何制约，从而使这些基带信号不具有检测错误信号状态的能力。因此，这 4 种码型通常用于机内和近距离的传输。

图 5-2 为归零码和非归零码的归一化功率谱。它的分布如花瓣，第一个过零点内的花瓣最大，称为主瓣，其余称为旁瓣。主瓣内集中了大部分功率，因此通常主瓣的宽度近似地作为信号的带宽，称为谱零点带宽。可见归零码带宽比非归零码带宽宽，归零码的高频成分要比非归零码的丰富。

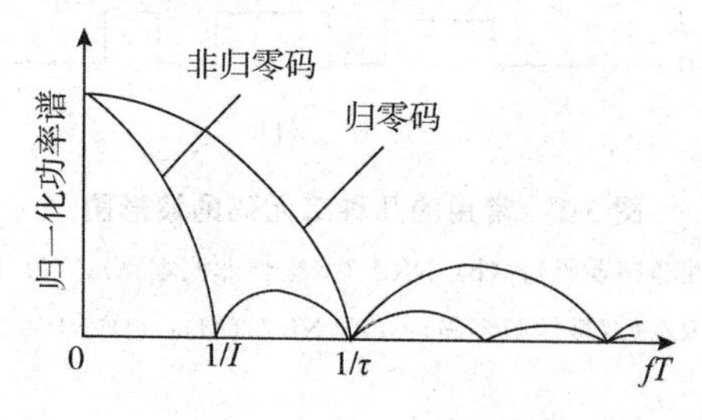

图 5-2　归零码和非归零码的归一化功率谱

5. 差分码

在电报通信当中，称 1 为传号，0 为空号。差分码分别用电平的跳变和不变来表示 1 和 0。如果用电平跳变表示 1，则称为传号差分码，记作 NRZ（M)。如果用电平跳变表示 0，则称为空号差分码，记作 NRZ（S）。

差分码与信息 1 和 0 之间没有绝对的对应关系，只有相对的关系，它在相移键控信号的解调中用来解决相位模糊的问题。差分码常被称为相对码。其波形如图 5-1（e）和图 5-1（f）所示。

6. 数字双相码

数字双相码用一个周期的方波表示 1，用一个周期的反相波形表示 0，二者均为双极性归零脉冲。这相当于数字双相码用二位码表示信息的一位码，通常规定用 10 表示 0，用 01 表示 1。数字双相码又称为分相码或曼彻斯特（Manchester）码。

数字双相码的特点是其含有丰富的位定时信息，因为双相码在每个码元间隔的中心部分都存在电平跳变，所以其频谱中存在很强的定时分量，不受信源统计特性的影响，无直流分量，00 和 11 为禁用码组，具有一定的宏观检错能力。但上述优点是用频带加倍换来的，通常用于终端设备的短距离传输。其波形如图 5-3（a）所示。

7. 密勒码

密勒码是数字双相码的一种变形，它用码元间隔中心出现跃变表示 1，即用 01 或 10 表示 1；而在单 0 时，码元间隔内不出现电平跃变，在与相邻码元边界处也无跃变，出现连 0 时，在两个 0 的边界处出现电平跃变，即 00 与 11 交替。这种码不会出现多于 4 个连码的情况。其波形如图 5-3（b）所示。

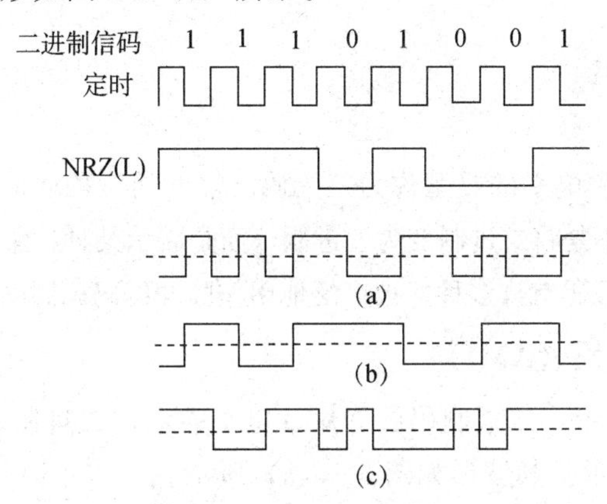

图 5-3　1B2B 码波形图

（a）数字双相码；（b）密勒码；（c）信号反转码（CMI 码）

密勒码实际上是数字双相码经过一级触发器后得到的波形。因此，密勒码是数字双相码的差分形式，它也能克服数字双相码中存在的相位不确定的问题。利用密勒码最大宽度为两个码元周期而最小宽度为一个码元周期这一特点，可以检测传输误码或线路故障。

8. 信号反转码

信号反转码与数字双相码类似，也是一种双极性二电平非归零码。它用 00 和 11 两位码交替地表示 1，用 01 表示 0，10 为禁用码组，常记作 CMI。其波形如图 5-3（c）所示。

CMI 码无直流分量，含有位定时信息，用负跳变可直接提取位定时信号，不会产生相位不确定问题。另外，CMI码具有一定的宏观检错能力，这是因为1相当于用交替的00和11两位码组表示，而0则固定用01表示，在正常情况下，10是不可能在波形中出现，连续的00和11也是不可能出现，这种相关性可以用来检测因信道而产生的部分错误。

CMI码实现起来也比较容易。其在高次群脉冲编码调制终端设备中广泛用作接口码型。

数字双相码、密勒码和CMI码的原始二元码在编码后都用一组两位的二元码来表示，因此这类码又称为1B2B码。

密勒码和数字双相码的功率谱如图5-4所示。密勒码的信号能量主要集中在1/2码速以下的频率范围内，直流分量很小，频带宽度约为数字双相码的一半。

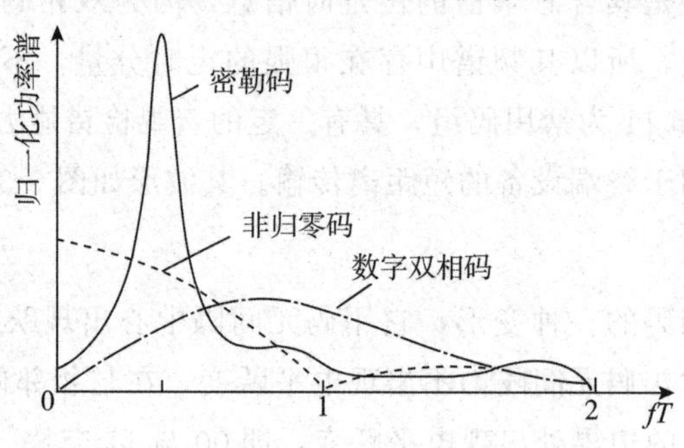

图5-4 密勒码和数字双相码的功率谱

5.1.3 三元码

信号幅度取值有3种电平的码型称为三元码。幅度的三种取值一般为$+A$、0和$-A$，记作+1、0和−1。这不是将二进制变为三进制，而是表示某种特定的取代关系，因此三元码又称为伪三元码。三元码有许多种，被广泛地用作脉冲编码调制的线路传输码型。

1. 传号交替反转码（AMI）

在传号交替反转码中，二进制码的0用0电平表示，二进制码的1交替地用+1和−1的半占空归零码表示。其波形如图5-5（a）所示。

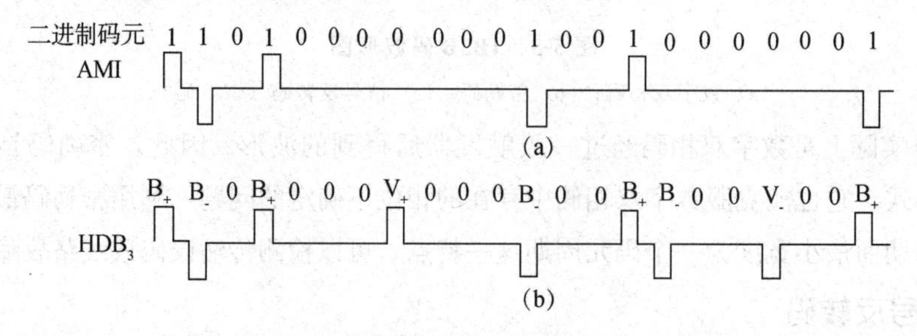

图5-5 三元码波形

（a）AMI波形图；（b）HDB_3波形图

AMI码的优点是：功率谱中无直流分量，且低频分量较小，能量集中在1/2码速处，如图 5-6 所示；解码很容易，通过整流电路就可将接收的信号码元恢复成单极性归零码；利用传号是否符合极性交替原则，可以检测误码。

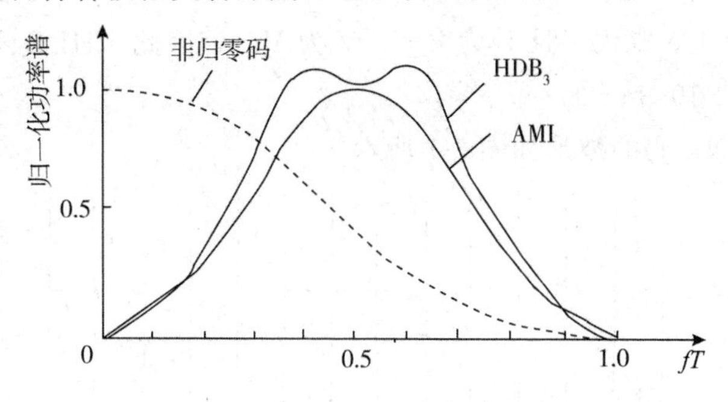

图 5-6　AMI 码和 HDB3 码的功率谱

AMI 码的缺点是：其性能与信源统计特性相关，功率谱形状随信息流中的传号率（1 码出现的概率）变化；当信息流中出现长连 0 码时，AMI 码中不出现电平跳变，给定时提取带来了困难（通常 PCM 传输线中连 0 码不允许超过 15 个）。现在有多种改进方案，既能保持 AMI 码的优点又能克服缺点，其中被采纳且应用最广的是 HDB_3 码。

2. 三阶高密度双极性码（HDB_3）

HDB_3 码可看作 AMI 码的一种改进型，主要是为了解决原信码中出现连 0 串时所带来的问题。在 HDB_3 码中，当出现连“0”码的个数为 4 时用取代节 B00V 或 000V 代替，其中 B 表示符合极性交替规律的传号，V 表示破坏极性交替规律的传号，也称为破坏点。

HDB_3 码编码规则如下。

（1）当二进制数码流中连 0 个数不超过 3 时，编码规则同 AMI 码。

（2）当二进制数码流中连 0 个数大于或等于 4 时，按以下规则进行处理。

①对 4 个或 4 个以上连 0，从第一个 0 码起，每 4 个连 0 码划分为一组，称为四连零组。

②每个四连零组用 B00V 或 000V 取代。其中 V 码称为插入的破坏码，实质上是插入的一个传号（1 码），但其极性变化破坏了 AMI 码的极性交替反转的规律；B 码称为插入的非破坏码，实质上也是插入的一个传号，但其极性变化不破坏传号极性交替反转的规律。

③若相邻两个 V 码之间传号个数为偶数个，则四连零组用 B00V 取代；若相邻两 V 码之间传号数为奇数个，则四连零组用 000V 取代。

HDB_3 码变换完成后，应具有如下规律：V 码的极性与相邻的前一个传号极性相同；相邻的两个 V 码极性交替反转；相邻的两个 1 码（包括 B 码）极性交替反转。

HDB_3 码的波形图如图 5-5（b）所示。

【例 5-1】 设 NRZ 码为 01000001100001011，并设前一个 V 码为 V_+，且其后到第一个传号间有两个 1 码，试将其变换为 AMI 码和 HDB_3 码并画出相应的波形。

解：AMI 码为 0＋100000－1＋10000－10＋1－1 或者为 0－100000＋1－10000

+10-1+1。

NRZ 码中有两个四连零组，第一个四连零组应以 000V 取代，且 V 为 V_+；第二个四连零组应以 B00V 取代，且 B 为 B_-，V 为 V_-，因此，HDB_3 码为 0－1000+10－1+1－100－1+10－1+1。

AMI 码和 HDB_3 码的波形如图 5-7 所示。

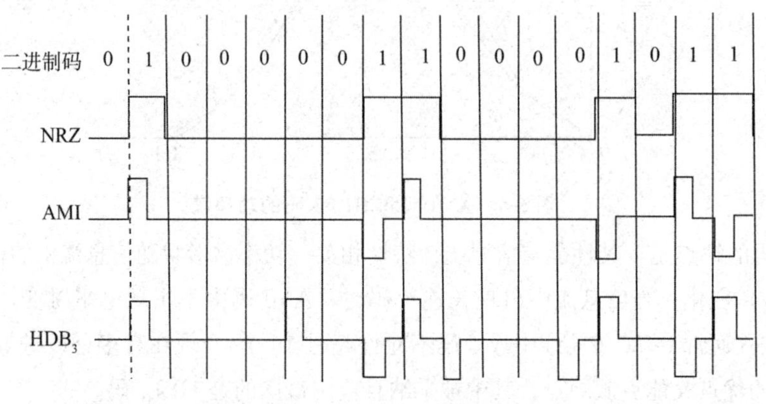

图 5-7 AMI 码和 HDB_3 码的波形

5.1.4 多元码

数字信息中有多种符号时称为多元码。M 元码的数字信息中有 M 种符号，相应地必须有 M 种电平才能表示 M 元码。一般认为多元码是 $M>2$ 的 M 元码。

在多元码中，用一个符号表示一个二进制码组，则 n 位二进制码组要用 $M=2$ 以元码来传输。在码元速率相同，即其传输带宽相同的情况下，多元码比二元码的信息传输速率提高了 1 bM 倍。

多元码一般用格雷二进制码表示，相邻幅度电平所对应的码组之间只相差 1 个比特，这样接收时因错误判定电平而引起的误比特率就减小了。

多元码广泛地应用于频带受限的高速数字传输系统中。使用多进制数字调制进行传输，可以提高频带利用率。

5.2 数字基带信号的波形与功率谱

5.2.1 数字基带信号的功率谱

用脉冲波形表示数字信息，就得到了数字基带信号。对确定信号可用傅氏变换求得其频谱，实际传输中的基带信号是一个随机脉冲序列，没有确定的频谱函数，所以只能用统计的方法求出其功率谱，用功率谱来描述脉冲序列的频域特性。

设二进制随机序列是由两种单元脉冲 $g_1(t)$ 和 $g_2(t)$ 组成的，出现 $g_1(t)$ 的概率为 P，出现 $g_2(t)$ 的概率为 $1-P$，$g_1(t)$ 和 $g_2(t)$ 的频谱函数为 $G_1(f)$ 和 $G_2(f)$。经推导可求出该序列功率谱表示式为

$$P(f)=f_s p(1-p)\left|G_1(f)-G_2(f)\right|^2+$$

$$f_s{}^2\sum_{n=-\infty}^{\infty}\left|pG_1(nf_s)+(1-p)G_2(nf_s)\right|\delta(f-nf_s) \tag{5-1}$$

式中，T_s 为码元周期，f_B 为脉冲序列的时钟频率（也叫位定时频率），在数值上与码元速率 R_s 相等，即

$$f_B=1/T_s 。$$

由上式可以看出，二进制随机脉冲序列的功率谱可能包含连续谱和离散谱两部分。其中，连续谱是由于 $g_1(t)$ 和 $g_2(t)$ 不完全相同，使得 $G_1(f)\neq G_2(f)$ 而形成的，所以它总是存在的。但离散谱却不一定存在，它与 $g_1(t)$ 和 $g_2(t)$ 的波形及出现的概率均有关系。离散谱包括直流、位定时分量 f_B 及 f_B 的谐波。离散谱是否存在是至关重要的，因为它关系着能否从脉冲序列中直接提取位定时信号。如果做不到这一点，则要设法变换基带信号的波形，以利于位定时信号的提取。

通常，二进制信息 1 和 0 是等概率的，即 $P\neq 1/2$，这时上式可简化为

$$P(f)=\frac{1}{4T_3}\left|G_1(f)-G_2(f)\right|^2+\frac{1}{4T_s^2}\sum_{n=-\infty}^{\infty}\left|G_1(nf_B)-G_2(nf_B)\right|^2\delta(f-nf_B) \tag{5-1}$$

除非有特别说明，数字信息一般都指 0、1 等概率的情况。

5.2.2　矩形脉冲序列的波形和频谱

用来表示基带信号的电脉冲有多种形式，电脉冲的形式称为码型。以典型的二进制矩形脉冲为例，若传输数字信息 110101，可用图 5-8（a）和图 5-8（b）所示的两种码型，也可以用图 5-9（a）和图 5-9（b）所示的两种码型。图 5-8（a）为单极性不归零码，图 5-8（b）为单极性归零码，图 5-9（a）为双极性不归零码，图 5-9（b）为双极性归零码。

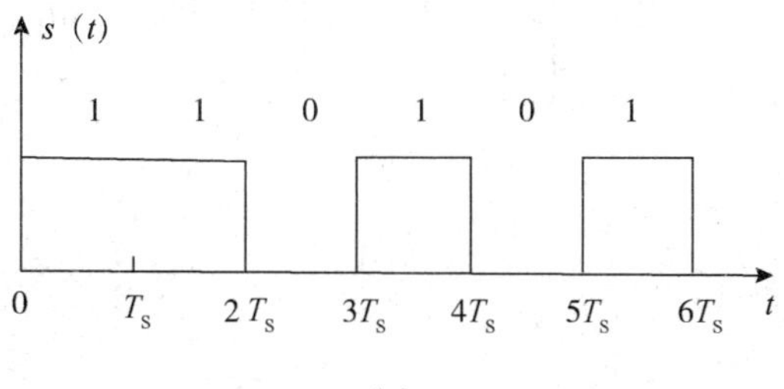

(a)

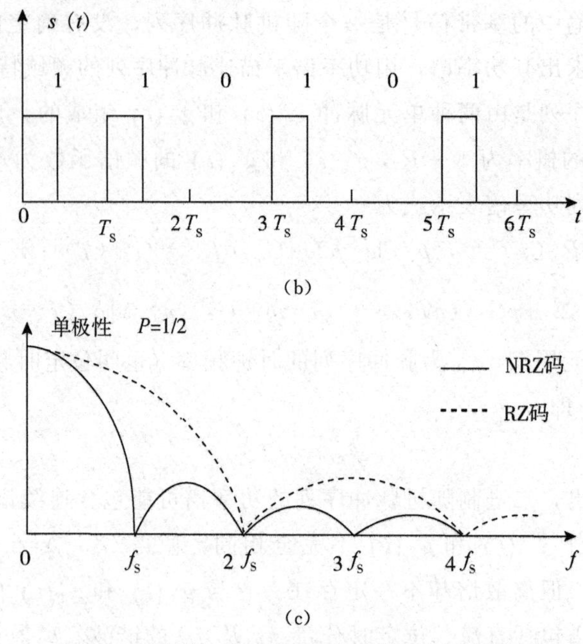

图 5-8 单极性 NRZ 码和 RZ 码的波形和功率谱

(a) 单极性不归零码（NRZ 码）；(b) 单极性归零码（RZ 码）波形；

(c) 单极性 NRZ 码和 RZ 码的功率谱

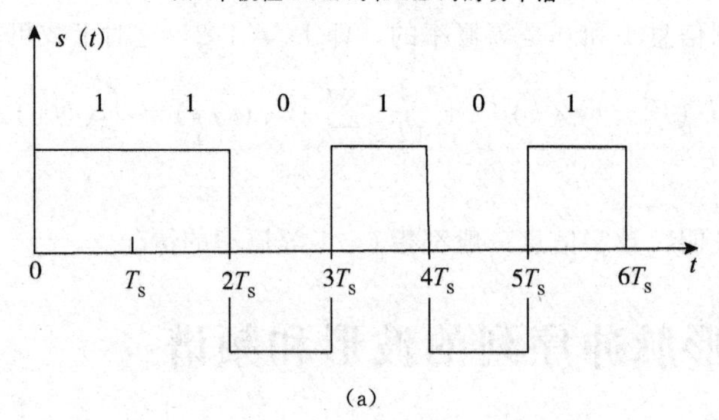

(a)

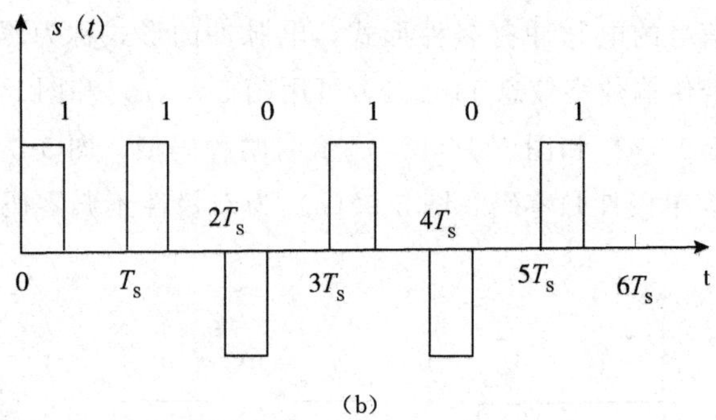

(b)

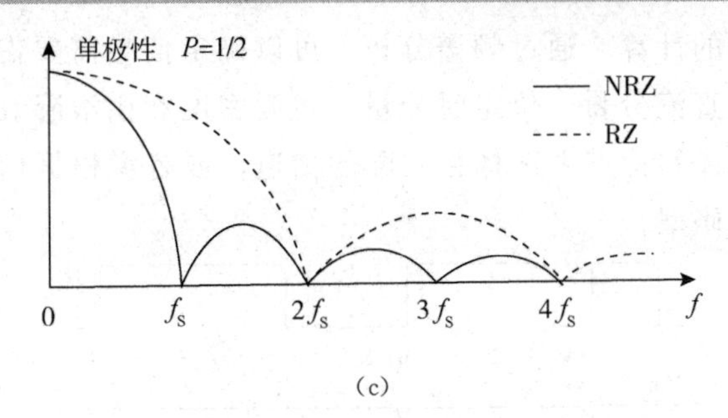

(c)

图 5-9　双极性 NRZ 码和 RZ 码的波形和功率谱

(a) 双极性不归零码（NRZ 码）波形；(b) 双极性归零码（RZ 码）波形；

(c) 双极性 NRZ 码和 RZ 码的功率谱

所谓单极性是指用正电平和零电平分别对应二进制码 1 和 0，或者说，它在一个码元时间内用脉冲的有或无来表示 1 和 0，双极性是指用正电平和负电平两种极性分别表示 1 和 0；所谓不归零（nonreturn-to-zero，NRZ）是指在整个码元期间电平保持不变，其占空比 $\tau/T=100\%$，归零码（return-to-zero，RZ）是指在码元周期内的某个时刻又回到零电平（通常为码元周期的中点，此时占空比为 $\tau/T=50\%$）。在 1，0 等概率出现时，上述四种码型的功率谱如图 5-8（c）和图 5-9（c）所示，其中实线表示不归零码，虚线表示归零码，箭头线表示离散谱分量，连续曲线表示连续谱分量。

从图 5-8 和图 5-9 中不难看出，矩形脉冲序列功率谱的分布似花瓣状，在功率谱的第一个过零点之内的花瓣最大，称为主瓣，其余的称为旁瓣。主瓣内集中了绝大部分功率，所以主瓣的宽度可以作为信号的近似带宽，称为谱零点带宽（也叫第一零点带宽）。进一步分析，可得到以下几点结论。

(1) 功率谱的形状取决于单个脉冲波形的频谱函数。例如单极性矩形波的频谱函数为 $Sa(x)$，功率谱形状为 $Sa^2(x)$。

(2) 时域波形的占空比愈小，频带愈宽。通常我们用谱零点带宽 B_s 作为信号的近似带宽。由图 5-10 可知，全占空不归零脉冲的 $B_s=f_B$，而半占空归零脉冲的 $B_2=2f_B$。这里 $f_B=1/T_s$，就是位定时信号的频率。

(3) 双极性码在 1、0 码等概率出现时，不论归零与否，都没有直流成分和离散谱。这就意味着这种脉冲序列无直流分量和位定时分量。

(4) 单极性基带信号是否存在离散谱取决于矩形脉冲的占空比。单极性 RZ 信号中含有定时分量，可以直接提取，单极性 NRZ 信号中没有定时分量，若想获取定时分量，要进行波形变换，设法将其变换成单极性 RZ 脉冲序列，便可获取位定时分量。

以单极性全占空脉冲序列为例，其变换过程如图 5-10 所示。图 5-10（a）所示的单极性全占空脉冲序列经微分电路，在跳变沿处得到尖脉冲。沿后的双极性尖脉冲序列图 5-10（b）经全波整流后成为单极性尖脉冲序列图 5-10（c），再经过成形电路便得到了单极性半占空脉冲序列图 5-10（d）。从以上变换过程可知，全占空脉冲序列的跳变沿中含有位定时的信息。

有了以上这些结论，对其他脉冲序列的功率谱可以进行定性的分析，具体的功率谱公式必须经过定量的计算。通过频谱分析，可以确定信号需要占据的频带宽度，还可以获得信号谱中的直流分量、位定时分量、主瓣密度和谱滚降衰减速度等信息。这样，可以针对信号频谱的特点来选择相匹配的信道，或者说根据信道的传输特性来选择适合的信号形式或码型。

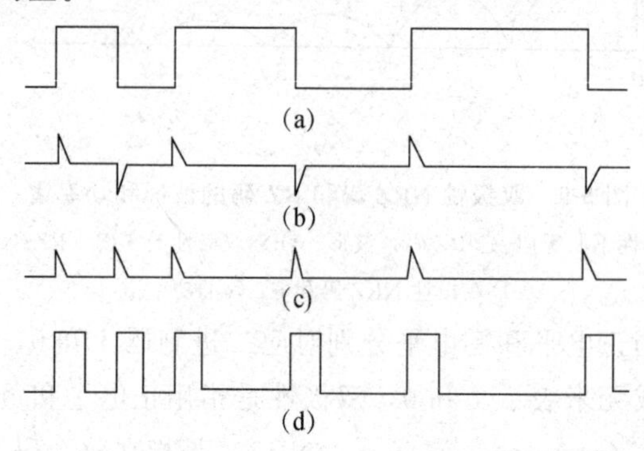

图 5-10　双极性 NRZ 码和 RZ 码的波形和功率谱

5.3　无码间干扰的基带传输

5.3.1　无码间干扰的基带传输特性

数字基带传输系统中为了使信号较好地在信道上传输，必须选择合适的传输码型。但是由于传输信道的特性不理想，使得基带传输时会产生码间干扰，当有码间干扰时，在判决时刻，码间干扰值和随机噪声值的代数和将影响码元的判决而造成误码。码间干扰如图 5-11 所示。

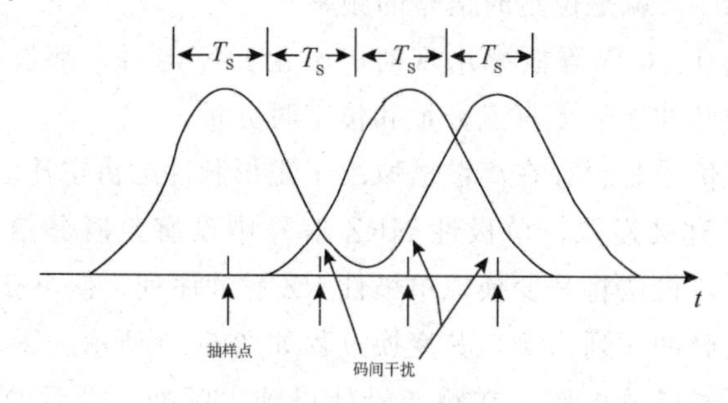

图 5-11　码间干扰

为了研究出是否存在无码间干扰的基带传输，可以将数字基带信号的传输模型重画，如 5-12 所示。

为分析方便，可以把输入脉冲序列看作由时间间隔为 T_B 的一系列 $\delta(t)$ 组成。即

$$d(t)=a_n\sum_{n=-\infty}^{\infty}\delta(t-nT_B) \tag{5-2}$$

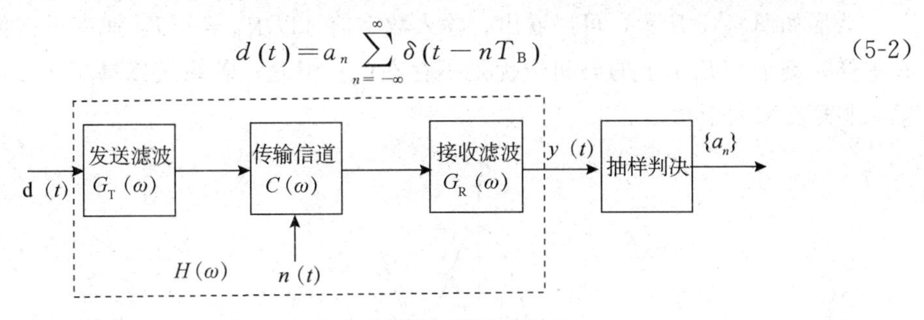

图 5-12　数字基带信号的传输模型

在图 5-12 中，码间干扰的大小取决于 $d(t)$ 和接收滤波器的输出 $y(t)$ 在抽样时刻上的取值。$d(t)$ 是随信息的内容变化的，从统计的观点看，它总是以某种概率随机取值的，而 $y(t)$ 却依赖于从发送滤波器到接收滤波器的基带传输特性 $H(\omega)$ 。$H(\omega)$ 由式（5-3）决定。

$$H(\omega)=G_T(\omega)C(\omega)G_R(\omega) \tag{5-3}$$

由此可见，基带传输特性 $H(\omega)$ 对码间干扰起着决定性的影响。下面在不考虑噪声影响，仅从码间干扰的角度来研究基带传输特性 $H(\omega)$ 。

设系统 $H(\omega)$ 的冲激响应为 $h(t)$ ，则 $d(t)$ 经过系统的输出基带信号为

$$y(t)=d(t)h(t)=\sum_{n=-\infty}^{\infty}a_nh(t-nT_B) \tag{5-4}$$

其中

$$h(t)=\frac{1}{2\pi}\int_{-\infty}^{\infty}H(\omega)\,e^{j\omega t}\,d\omega \tag{5-5}$$

由式（5-4）可知，$y(t)$ 在任何一个时刻，包含由很多码元产生的波形。如果我们要对第 i 个码元进行抽样判决，抽样判决时刻应该在接收端收到的第主个码元的最大值时刻，设此时刻为（iT_B），把 $t=iT_s$ 代入式（5-4）中，得

$$y(iT_s)=\sum_{n=-\infty}^{\infty}a_nh(iT_B-nT_B)=\sum_{n=-\infty}^{\infty}a_nh[(i-n)T_B] \tag{5-6}$$

显然，若有

$$h(kT_B)=h[(i-n)T_B]=\begin{cases}1 & i=n\\ 0 & i\neq n\end{cases} \tag{5-7}$$

则可实现无码间干扰传输。

理论证明，当 $H(\omega)$ 是理想低通滤波器时，有

$$H(\omega)=H_{eq}(\omega)=\begin{cases}A & |\omega|\leqslant\dfrac{\pi}{T_B}\text{ 或 }f\leqslant\dfrac{1}{2T_B}\\ 0 & |\omega|>\dfrac{\pi}{T_B}\text{ 或 }f>\dfrac{1}{2T_B}\end{cases} \tag{5-8}$$

理想低通滤波器的冲激响应 $h(t)$ 为

$$h(t)=Sa\left(\frac{\pi t}{T_B}\right) \tag{5-9}$$

波形如图 5-13 所示，可以看出，输入数字信号以 $R_B = 1/T_B$ 速率进行传输时，则在抽样时刻 ($\pm iT_B$) 上的码间干扰是不存在的；但是，若系统以高于 $1/T_B$ 的速率传输，将存在码间干扰。

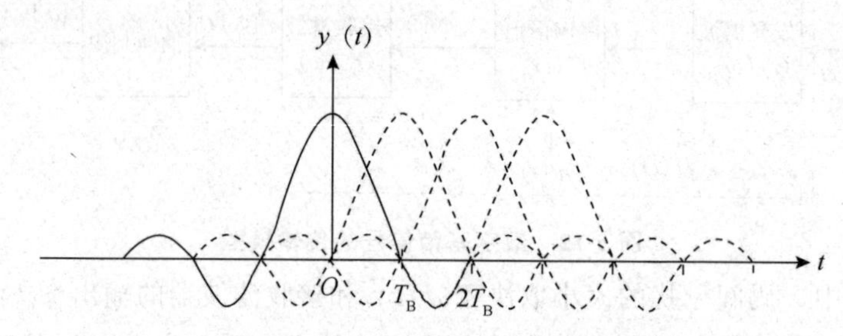

图 5-13　截止频率为 π/T_B 的理想低通滤波器的冲激响应

理想低通滤波器特性的传输系统的频带宽度是 $B = 1/2T_B$，而码元速率为 $1/T_B$，若定义单位频带内的码元传输速率为频带利用率，则理想低通滤波器特性的传输系统的频带利用率等于 2 Baud/Hz。频带利用率越高，则系统的有效性就越好。显然，理想低通滤波器特性的传输系统的频带利用率达到了最高值。

通常，把码元速率 $1/T_B$ 称为奈奎斯特速率，频带宽度是 $B = 1/2T_B$ 称为奈奎斯特带宽，码元间隔 $T_B = 1/2B$ 称为奈奎斯特间隔。

但是，理想低通滤波器是无法实现的。理想的冲激响应 $h(t)$ 的尾巴太大，在得不到严格的定时（抽样时刻有偏差）时，码间干扰就可能达到很大的数值。因此实际上也不希望系统是理想的低通滤波器。

理论分析证明：凡等效传输特性具有滚降低通特性的系统，在满足式（5-10）条件时，也可以实现无码间干扰传输。

$$H_{eq}(\omega) = \sum_{i=-\infty}^{\infty} H\left(\omega + \frac{2i\pi}{T_B}\right) = \sum_{i=-\infty}^{\infty} H(\omega + 2i\pi R_B) = C \quad |\omega| \leqslant \frac{\pi}{T_B}(=\pi R_B) \tag{5-10}$$

所谓滚降特性就是在理想低通特性半幅度点处构成奇对称特性。显然，实现这种滚降特性有多种方案，一般用滚降系数 α 来表示不同的滚降特性，滚降系数定义为

$$\alpha = \frac{(f_c + f_a) - f_c}{f} \tag{5-11}$$

式中，$(f_c + f_a) = (1 + \alpha) f_c$ 表示滚降特性的截止频率。

从图 5-14 中可以看出：满足其对称条件的 f_a 的最大值为 f_c，此时，滚降系数 $\alpha = 1$。一般情况下，α 在 0～1 之间变化。

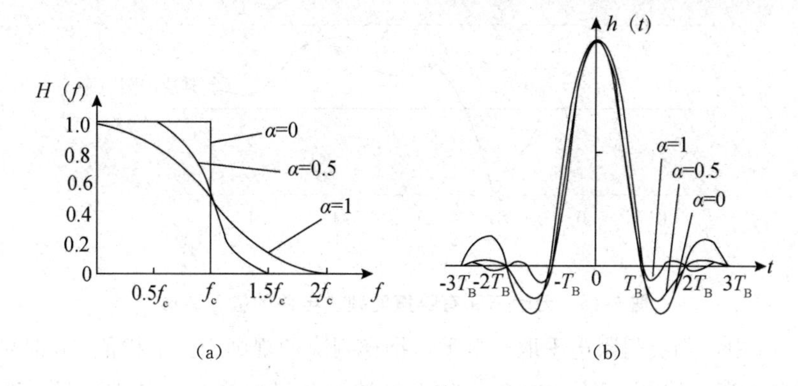

图 5-14　与理想低通等效的滚降特性

5.3.2　无码间干扰基带传输系统的抗噪声性能

前面讨论了不考虑噪声时实现无码间干扰传输的基带传输特性。误码是由码间干扰和噪声共同影响的结果。分析既有码间干扰又有噪声影响的基带传输系统误码特性是比较困难的。通常简化为在无码间干扰的条件下，讨论基带传输系统中叠加了加性噪声后的抗噪声性能。即仅由加性噪声造成的错误判决的误码概率。

接收端抽样判决过程如图 5-15 所示。

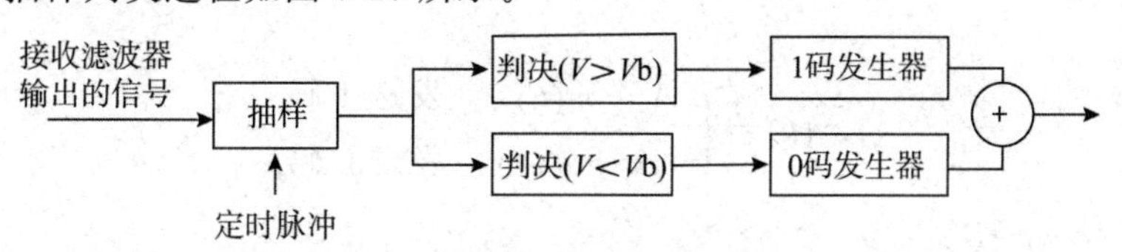

图 5-15　接收端抽样判决过程

如果基带传输系统既无码间干扰又无噪声影响，则信号通过接收端判决电路后，就能无差错地恢复出原发送的基带信号。但当存在加性噪声时，即使无码间干扰，判决电路也不能保证无差错地恢复出原发送的基带信号。图 5-16（a）是无码间干扰、无噪声时判决电路输入的双极性波形，图 5-16（b）是图 5-16（a）叠加了噪声后的波形。

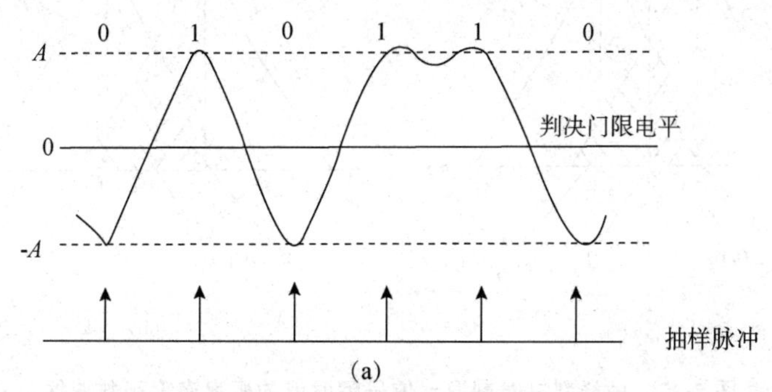

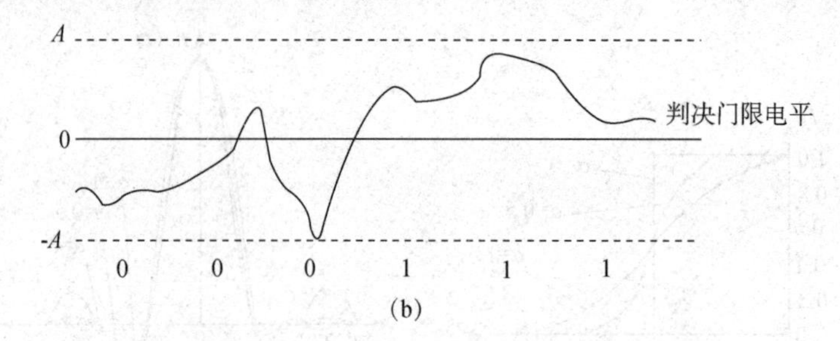

(b)

图 5-16　无噪声和有噪声时判决电路的输入波形

在图 5-16 中，判决门限电平取 0 电平，抽样判决的规则为：抽样值>0 时判 1 码，抽样值<0 时判 0 码。因此，图 5-16（a）波形能够无差错地恢复原基带信号，图 5-16（b）波形则出现错误判决，由 010110 误判为 000111。

下面来分析抽样判决时造成的误码情况。在无码间干扰条件下，1 码在抽样判决时刻信号有最大值，用 A 表示，0 码在抽样判决时刻信号有最小值，双极性码用 A 表示，单极性码用 0 表示。

信道上叠加的噪声为高斯白噪声，其单边功率谱为 n_0（W/Hz），经过接收滤波器后变成高斯窄带噪声，当接收滤波器的等效带宽为 B 时，接收滤波器的输出噪声功率为

$$N=\sigma_{\mathrm{n}}^2=n_0 B \tag{5-12}$$

信号和噪声是混合在一起的，两者混合后在抽样判决器输入端得到的波形，双极性信号为

$$x(t)=\begin{cases}A+n(t) & \text{发送 1 码}\\ -A+n(t) & \text{发送 0 码}\end{cases} \tag{5-13}$$

单极性信号为

$$x(t)=\begin{cases}A+n(t) & \text{发送 1 码}\\ n(t) & \text{发送 0 码}\end{cases} \tag{5-14}$$

这样，抽样判决时刻混合信号瞬时值的概率密度函数曲线如图 5-17 所示。

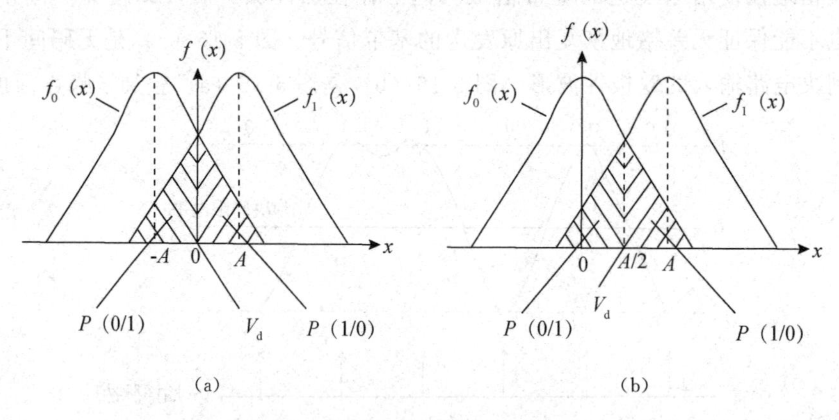

图 5-17　抽样判决时刻混合信号瞬时值的概率密度函数曲线

(a) 双极性；(b) 单极性

设判决门限为砜，则 1 错判为 0 的概率为 P（0/1），0 错判为 1 的概率为 P（1/0）。

若发送1码的概率为 P（1），发送0码的概率为 P（0），则基带传输系统总的误码率

$$P_e = P(0)P(1/0) + P(1)P(0/1) \tag{5-15}$$

式（5-15）表示，系统误码率与 P（1）、P（0）、P（1/0）、P（0/1）及 V_d 有关，而 P（1/0）、P（0/1）又与信号的大小和噪声功率 σ_n^2 有关，因此当 P（1）、P（0）给定后，误码率最终由信号A的大小、噪声功率的大小及判决门限决定。在信号和噪声一定的条件下，得到一个使误码率最小的判决门限电平，称为最佳判决门限电平，用 V_{d0} 表示。很容易可以得到双极性码型，当 $p(1)=p(0)=0.5$ 时，

$$V_{d0} = 0 \tag{5-16}$$

此时误码率得到

$$P_e = \frac{1}{2}\mathrm{erfc}\left(\frac{A}{\sqrt{2}\sigma_n}\right) \tag{5-17}$$

$$\mathrm{erfc}(x) = 1 - erf(x)\ \frac{2}{\pi}\int_0^\infty \mathrm{e}^{-t^2}\,\mathrm{d}t \tag{5-18}$$

当 $x \gg 1$ 时，

$$\mathrm{erfc}(x) \approx \frac{\mathrm{e}^{-x^2}}{\sqrt{\pi x}} \tag{5-19}$$

$erf(x)$、$\mathrm{erfc}(x)$ 分别称为误差函数和互补误差函数。这是一对特殊函数。

误差函数 $erf(x)$ 和互补误差函数 $\mathrm{erfc}(x)$ 的函数值很难求解，一般通过查找误差函数和互补误差函数表得到。

对单极性信号，由式（5-15）可求得最佳判决门限电平，当 $P(1)=P(0)=0.5$ 时，

$$V_{d0} = A/2 \tag{5-20}$$

相应的误码率 P_e 为

$$P_e = \frac{1}{2}\mathrm{erfc}\left(\frac{A}{2\sqrt{2}\sigma_n}\right) \tag{5-21}$$

误码率公式还可以用信噪比来表示。假设抽样判决器输入的信号波形仍是矩形脉冲（实际不是矩形脉冲），对幅度为 A，宽度为 T_B 的双极性信号功率 $S=A^2$（不论 P（1）、P（0）为何值）。P（1）$=P$（0）$=0.5$ 的单极性信号功率 $S=A^2/2$。噪声功率由式（5-12）决定，即 $N=\sigma_n^2=n_0B$。因此，双极性信号信噪比为

$$\frac{S}{N} = \frac{A^2}{\sigma_n^2} = \left(\frac{A}{\sigma_n}\right)^2 \tag{5-22}$$

相应的误码率由式（5-17）变为

$$P_e = \frac{1}{2}\mathrm{erfc}\left(\frac{A}{\sqrt{2}\sigma_n}\right) = \frac{1}{2}\mathrm{erfc}\left(\sqrt{\frac{S/N}{2}}\right) \tag{5-23}$$

对单极性信号，在 $P(1)=P(0)=0.5$ 时

$$\frac{S}{N}=\frac{A^2/2}{\sigma_n^2}=\left(\frac{A}{\sqrt{2}\sigma_n}\right)^2 \tag{5-24}$$

相应的误码率由式（5-21）变为

$$P_e=\frac{1}{2}\text{erfc}\left(\frac{A}{2\sqrt{2}\sigma_n}\right)=\frac{1}{2}\text{erfc}\left(\frac{1}{2}\sqrt{\frac{S}{N}}\right) \tag{5-25}$$

误码率与信噪比的关系由图 5-18 中曲线表示，横坐标 S/N 用分贝表示，纵坐标 P_e 用对数表示。在信噪比相同的条件下，双极性信号的误码率比单极性的低，抗干扰性能好；在误码率相同的条件下，单极性信号需要的信噪比要比双极性的高 3 dB，曲线的总趋势是 $S/N\uparrow \rightarrow P_e\downarrow$ ，但当 S/N 达到一定值时，$S/N\uparrow \rightarrow P_e\downarrow\downarrow$ 。

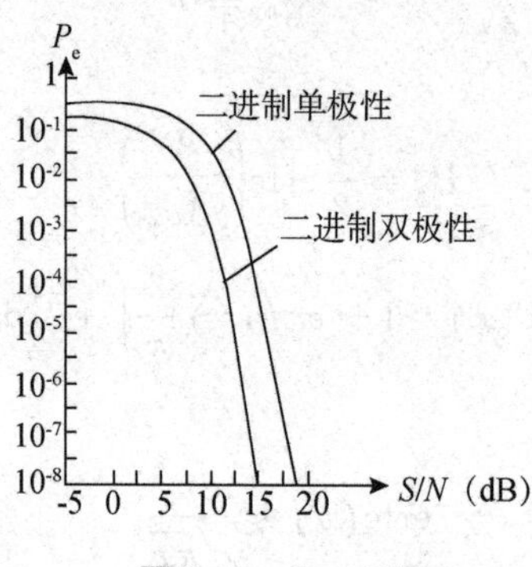

图 5-18　$P_e\sim S/N$

5.4 眼　图

从理论上讲，一个基带传输系统的传输函数 $H(\omega)$ 只要满足无码间串扰要求，就可消除码间串扰。但是在实际系统中要想做到这一点非常困难，甚至是不可能的。这是因为码间串扰与发送滤波器特性、信道特性和接收滤波器特性等因素有关。在实际工程中，如果部件调试不理想或信道特性发生变化，都可能使 $H(\omega)$ 改变，从而引起系统性能变坏。实践中，为了使系统达到最佳化，除了用专用精密仪器进行定量的测量以外，技术人员还希望用简单的方法和通用仪器也能宏观监测系统的性能，其中一个有效的实验方法是观察接收信号的眼图。

5.4.1　眼图的概念

眼图是指利用实验的方法估计和改善传输系统性能时在示波器上观察到的一种图形。观察眼图的方法是：用一个示波器跨接在接收滤波器的输出端，然后调整示波器扫描周期，使示波器水平扫描周期与接收码元的周期同步，这时示波器屏幕上看到的图形像人的眼睛，故称为眼图，从眼图上可以观察出码间串扰和噪声的影响，从而估计系统优劣程度。

5.4.2　眼图形成原理

1. 无噪声时的眼图

图 5-19（a）为无码间串扰的双极性基带脉冲序列，将示波器的水平扫描周期调到与码元周期 T_b 一致，利用示波器的余晖效应，扫描所得的每一个码元波形重叠在一起，形成如图 5-19（c）所示的线迹细而清晰的大“眼睛”；图 5-19（b）是有码间串扰的双极性基带脉冲序列，由于存在码间串扰，此波形已经失真，当用示波器观察它时，示波器的扫描线不会完全重合，于是形成眼图线迹杂乱且不清晰，“眼睛”张开的较小，且眼图不端正，如图 5-19（d）所示。

对比图 5-19（c）和图 5-19（d）可知，眼图的“眼睛”张开的大小反映着码间串扰的强弱。“眼睛”张得越大，且眼图越端正，表示码间串扰越小；反之表示码间串扰越大。

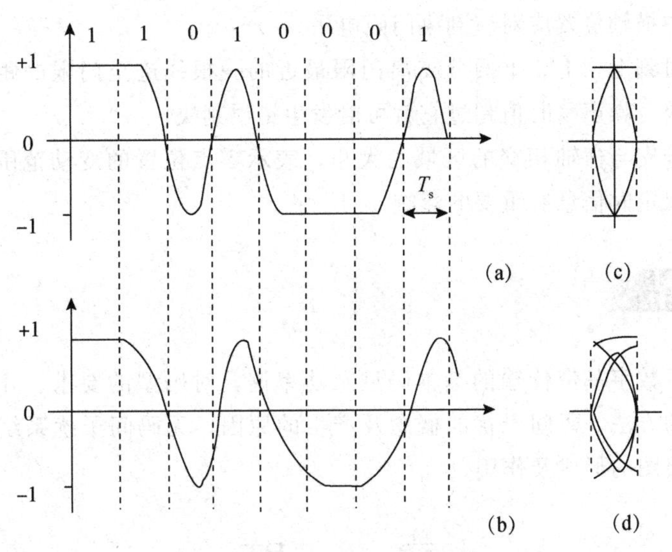

图 5-19　基带信号波形及眼图

2. 有噪声时的眼图

当存在噪声时，噪声将叠加在信号上，观察到的眼图的线迹会变得模糊不清。若同时存在码间串扰，“眼睛”将张开得更小。与无码间串扰时的眼图相比，原来清晰端正的细线迹变成了比较模糊的带状线，而且不很端正。噪声越大，线迹越宽，越模糊；码间串扰越大，眼图越不端正。

3. 眼图的模型

眼图对于数字信号传输系统的性能提供了很多有用的信息：可以从中看出码间串

扰的强弱，可以指示接收滤波器的调整，以减小码间串扰。为了说明眼图和系统性能的关系，可以把眼图简化为图 5-20 所示的形状，称为眼图的模型。

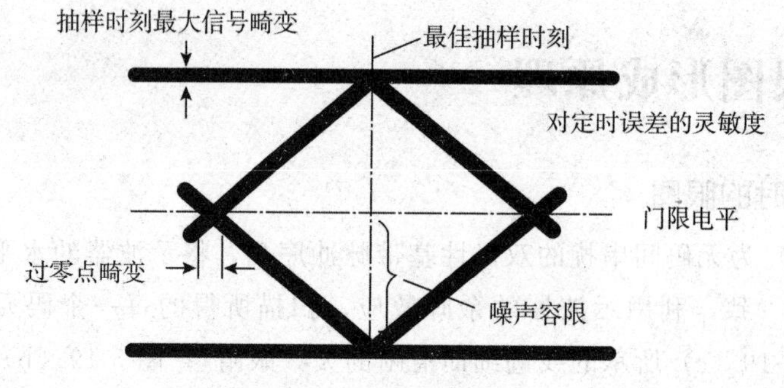

图 5-20　眼图的模型

图 5-20 具有如下意义。

(1) 最佳抽样时刻在“眼睛”张最大的时刻。

(2) 对定时误差的灵敏度可由眼图斜边的斜率决定，斜率越大，对定时误差就越灵敏。

(3) 在抽样时刻上，眼图上下两分支阴影区的垂直高度，表示最大信号畸变。

(4) 眼图中横轴位置应对应判决门限电平。

(5) 抽样时刻上，上、下两分支离门限最近的一根线迹至门限的距离表示各相应电平的噪声容限，噪声瞬时值超过它就可能发生错误判决。

(6) 倾斜分支与横轴相交的区域的大小，表示零点位置的变动范围，这个变动范围的大小对提取定时信息有重要的影响。

本章小结

本章学习了数字基带传输的基本码型及功率谱，对码型的要求、几种常见的码型的编码和译码的方法，码间干扰的概念及产生的原因，无码间干扰系统的传输特性和抗噪声性能，眼图的形成及作用。

习　题

一、填空题

1. 数字基带系统由码型变换器、发送滤波器、信道、接收滤波器、位定时提取电路、取样判决器和码元再生器组成。其中码型变换器和发送滤波器的作用是________，接收滤波器的作用是________。

2. 当 HDB_3，码为-10＋1-1＋100＋10-1000-1＋100＋1 时，原信息为________。

此信息的差分码为________（初始位设为1）。

3. 数字基带信号的功率谱由连续谱和离散谱两部分组成。数字基带信号的带宽由________确定，而直流分录和位定时分量则由________确定。设二进制数字基带信号的码型为单极性不归零码，波形是幅度为A的矩形脉冲，码元速率等于1000 Baud，“1”“0”等概，则数字基带信号的带宽为________，直流分量幅度为________，位定时分址幅度为________。

4. 产生码间干扰的原因是________，故通过设计系统可使其成为无码干扰系统。如果要求在取样时刻 $t=nT_s$ 无码间干扰，则系统的冲激响应满足________。

5. 对于带宽为2 000 Hz的理想低通系统，其最大无码间干扰传输速率为______，最大频带利用率为______，此频带利用率称为______，是数字通信系统的频带利用率。当传输信号为四进制时，理想低通传输系统的最大频带利用率为______ bit/（s· Hz）。

6. 若数字基带系统具有梯形传输特性，其滚降系数 $\alpha=0.5$，带宽B=3 000 Hz，则其最大无码间干扰速率为________，最大频带利用率为________，若传输十六进制信息，则最大信息传输速率为________。

7. 数字通信系统产生误码的主要原因是码间干扰和噪声。若已知系统在取样时刻无码间干扰，且发“1”时，取样值为1＋n，发“0”时，取样值为-1＋n，其中 n 是零均值、方差等于0.08的高斯白噪声，则________。“1”“0”等概时的最佳判决门限为________，此时判决误码率为________。

8. 眼图是________，在示波器上显示的像眼睛一样的图形。通过眼图可得到：________、________、________、________、________等。

二、选择题

1. 数字基带系统中的信道是（　）。

A. 低通信道　　B. 高通信道　　C. 带通信道　　D. 频带信道

2. 在下面所给的码型中，当“1”“0”等概时，含有位定时分量的是（　）。

A. 单极性不归零码（全占空）　　B. 单极性归零码

2. 双极性不归零码　　D. 双极性归零码

3. 下面关于码型的描述，正确的是（　）。

A. “1”“0”不等概时，双极性全占矩形信号含有位定时分量

B. 差分码用相邻码元的变与不变表示信息的“1”码和“0”码

C. AMI码含有丰富的低频成分

D. HDB_3 克服了AMI中长连“1”时不易提取位定时信息的缺点

4. 码元速率相同、波形均为矩形脉冲的数字基带信号，半占空码型信号的带宽是全占空码型信号带宽的（　）倍。

A. 0.5　　B. 1.5　　C. 2　　D. 3

5. 当信息中出现长连“0”码时，仍能提取位定时信息的码型是（　　）。

A. 双极性不归零码　　　　B. 单极性不归零码

C. AMI 码　　　　C. HDB_3 码

6. 常见的无码间干扰的传输特性有（　　）。

A. 理想低通传输特性　　　　B. 升余弦特性

C. 升余弦滚降特性　　　　D. 以上都是

7. 与理想低通传输特性相比，升余弦传输特性的特点是（　　）。

A. 冲激响应的拖尾衰减快，故对位定时精度的要求低

B. 物理可实现

C. 最大频带利用率是理想低通特性最大频带利用率的一半

D. 以上都对

8. 四进制数字系统的最大频带利用率为（　　）。

A. 2 bit/（s·Hz）　　　　B. 3 bit/（s·Hz）

C. 4 bit/（s·Hz）　　　　D. 6 bit/（s·Hz）

9. 设二进制数字基带系统传输“1”码时，接收端信号的取样值为 A，传送“0”码时，信号的取样值为 0 若“2”码概率大于“0”码概率，则最佳判决门限电平（　　）。

A. 等于 A/2　　B. 大于 A/2　　C. 小于 A/2　　D. 等于 0

三、简答题

1. 设输入二进制序列为 0010000110000000001，试编出相应的 HDB_3 码，并简要说明该码的特点 。

2. 数字基带系统对数字基带信号的码型有何要求？

3. 什么是码间干扰？为了消除码间干扰，基带系统的传输特性 $H(f)$ 应满足什么条件？

4. 简述在数字基带系统中，造成误码的主要因素和产生的原因。

四、综合题

1. 设二进制符号序列为 100101001110，试以矩形脉冲为例，分别画出相应的单极性波形、双极性波形、单极性归零波形、双极性归零波形、二进制差分波形及八电平波形。

2. 设某传输系统具有如下的带通特性：

$$H(\omega)=\begin{cases}\dfrac{T}{2}, & \dfrac{\pi}{T}\leqslant|\omega|\leqslant\dfrac{2\pi}{T}\\ 0 & \text{其他 }\omega\end{cases}$$

（1）求该系统的冲激响应函数。

（2）对该频谱特性采用分段叠加后，检验是符合理想低通滤波器的特性。

（3）该系统的最高码元传输速率是多少？

3. 设某数字基带系统的传输特性 $H(\omega)$ 如图 5-21 所示。其中 α 为某个常数 $(0 \leqslant \alpha \leqslant 1)$ 。

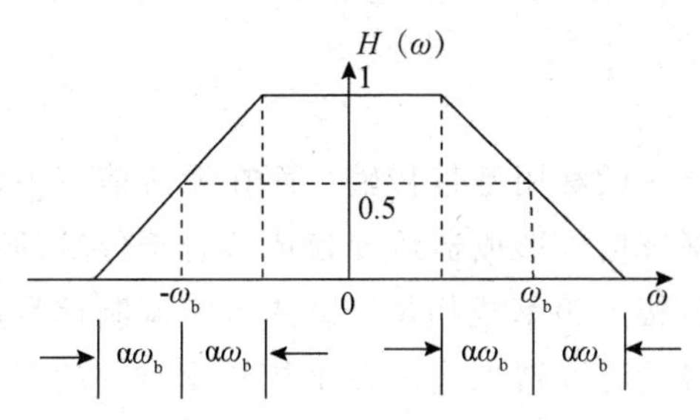

图 5-21　某数字基带系统的传输特性

（1）试检验该系统能否实现无码间干扰的条件。

（2）试求该系统的最高码元传输速率。这时系统频带利用率为多大？

4. 为了传送码元速率 $R_B = 10^3$ B 的数字基带信号，系统采用如图 5-22 中所画的哪一种传输特性效果好？并简要说明理由。

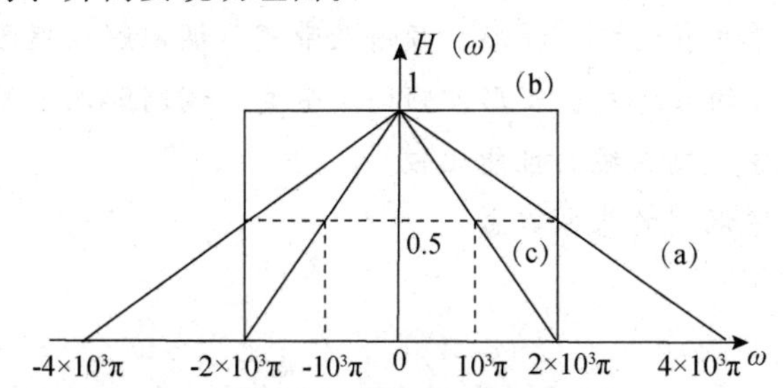

图 5-22　不同的传输特性

第6章 数字信号的频带传输

本章导读

有线信道中数字信号一般利用基带传输，而在无线信道中数字信号则是采用频带传输。原始数字序列经基带信号形成器后变换成适合于传输的基带信号，然后送到键控器来控制射频载波的振幅、频率或相位，形成数字调制信号后送至信道。在信道中传输的还有各种干扰。接受滤波器把淹没在干扰和噪声中的有用信号提取出来，并经过相应的解调器，还原出数字基带信号。

本章目标

◎掌握 2ASK 信号的表达式、波形、频谱及带宽、调制解调框图
◎掌握 2FSK 信号的表达式、波形、频谱及带宽、调制解调框图
◎掌握 2PSK 信号的表达式、波形、频谱及带宽、调制解调框图
◎理解二进制数字调制系统的性能比较
◎了解多进制数字调制的基本概念

6.1 二进制幅移键控系统

6.1.1 二进制幅移键控的调制机理

1. 信号波形

在幅移键控系统中载波幅度随着调制信号的变化而变化。即载波的幅度随着数字信号“1”和“0”在两个电平之间转换。如图 6-1 所示是一个 2ASK 信号波形的例子，正弦载波的有无受信码控制。当信码为 1 时，2ASK 的波形是若干个周期的高频等幅波(图 6-1 中为 3 个周期)；当信码为 0 时，2ASK 信号的波形是零电平。

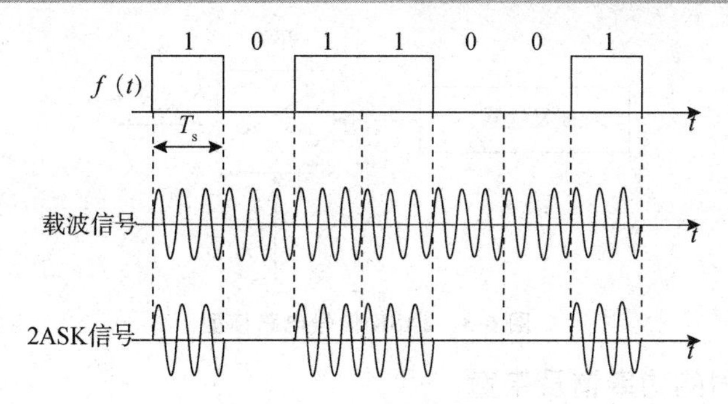

图 6-1　2ASK 信号波形

可见，数字信号为 1 时，调制的结果为原载波正弦波，数字信号为 0 时调制结果为 0，如同开关键一样，具有通断键控的效果。这种调制称之为幅移键控（amplitude shift keying，ASK）。

2. 二进制幅度键控的方法

根据线性调制的原理，一个二进制幅度键控信号可以表示成一个单极性矩形脉冲序列与一个正弦载波的乘积，即

$$e_o(t)=\left[\sum_n a_n g(t-nT_s)\right]\cos\omega_c t \tag{6-1}$$

式中，$g(t)$ 是时间为 T_s 的矩形脉冲；ω_c 为载波角频率；a_n 为二进制数字，

$$a_n=\begin{cases}1, & \text{出现概率为 } P\\ 0, & \text{出现概率为 } 1-P\end{cases} \tag{6-2}$$

若令

$$f(t)=\sum_n a_n g(t-nT_s) \tag{6-3}$$

则式（6-1）为

$$e_o(t)=f(t)\cos\omega_c t \tag{6-4}$$

实现 2ASK 的一般原理框图如图 6-2 所示。

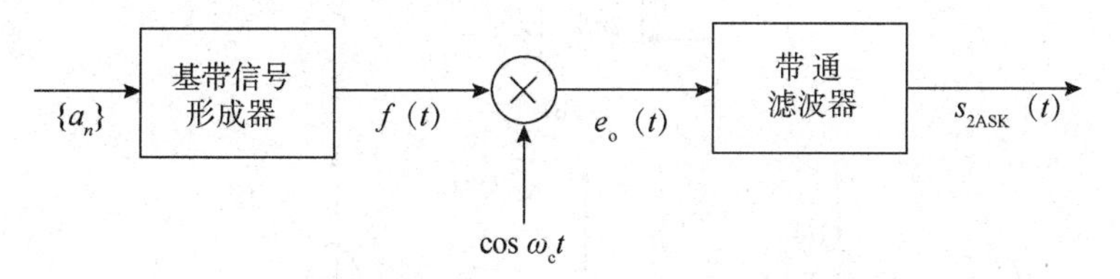

图 6-2　实现 2ASK 的一般原理框图

图 6-2 中，基带信号形成器把数字序列 $\{a_n\}$ 转换成所需的单极性基带矩形脉冲序列 $f(t)$，$f(t)$ 与载波相乘后即把 $f(t)$ 的频谱搬移到载频 f_c 处，从而实现了 2ASK。带通滤波器滤出所需的已调信号，防止带外辐射影响邻近电台。

2ASK 信号之所以也称为 OOK（on off keying）信号，是因为幅移键控的实现可以用开关电路来完成。开关电路以数字信号为门脉冲来选通载波信号，以在开关电路输出端获得 2ASK 信号。2ASK 信号电路模型如图 6-3 所示。

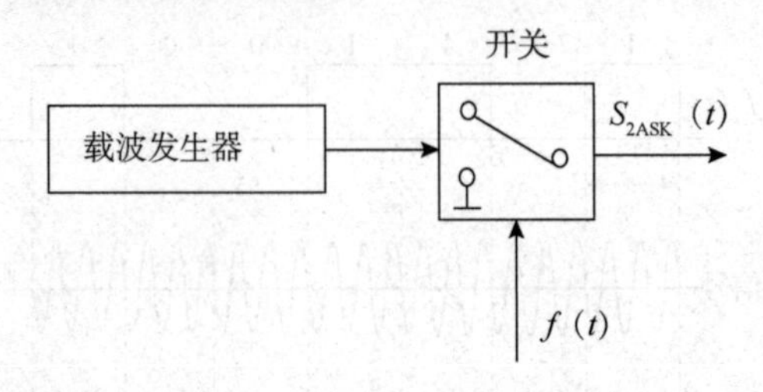

图 6-3　2ASK 信号电路模型

3. 2ASK 信号的功率谱及带宽

若用 $G(\omega)$ 表示二进制序列中一个宽度为 T_s、高度为 1 的门函数 $g(t)$ 所对应的频谱函数，$P_f(\omega)$ 为 $f(t)$ 的功率谱，$P_{2ASK}(\omega)$ 为已调信号 $S_{2ASK}(t)$ 的功率谱，则有

$$P_{2ASK}(\omega)=\frac{1}{4}\left[P_f(\omega+\omega_c)+P_f(\omega-\omega_c)\right] \tag{6-5}$$

2ASK 信号的功率谱如图 6-4 所示。

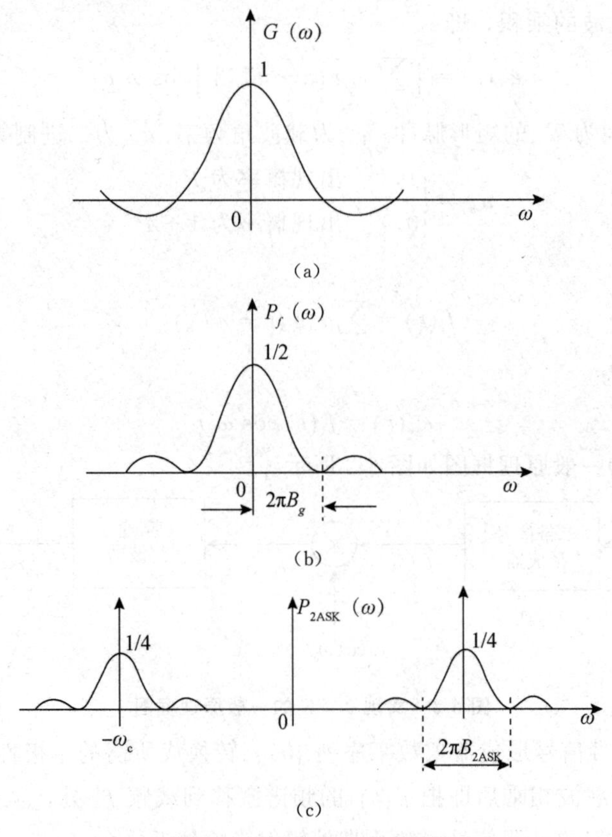

图 6-4　2ASK 信号的功率谱

由图 6-4 可知以下结论。

(1) 因为 2ASK 信号的功率谱 $P_{2ASK}(\omega)$ 是相应单极性数字基带信号的功率谱 $P_f(\omega)$ 形状不变地平移至 $\pm\omega_c$ 处形成的，所以 2ASK 信号的功率谱密度由连续和离散

谱两部分组成。它的连续谱取决于数字基带信号脉冲的频谱 $G(\omega)$ ；它的离散谱是位于 $\pm\omega_c$ 处一对频域冲激函数。这意味着 2ASK 信号中包含有可作载波同步的载波频率 ω_c 的成分。

（2）基于同样的原因可以知道，2ASK 信号实际上相当于双边带调幅（DSB）信号。因此，2ASK 信号的带宽 B_{2ASK} 是单极性基带信号带宽 B_g 的两倍。当数字基带信号的基本脉冲是矩形不归零脉冲时，$B_g=1/T_s$ 。于是 2ASK 信号的带宽为

$$B_{2ASK}=2B_g=\frac{2}{T_s}=2R_s \tag{6-6}$$

因为系统的码元速率 $R_s=1/T_s$ ，所以 2ASK 系统的频带利用率为

$$\mu=\frac{\frac{1}{T_s}}{\frac{2}{T_s}}=\frac{R_s}{2R_s}=\frac{1}{2} \tag{6-7}$$

这意味着用 2ASK 方式传送码元速率为 R_s 的数字信号时，要求该系统的带宽至少为 $2R_s$。

由此可见，2ASK 的频带利用率低，即在给定信道带宽的条件下，它的单位频带内所能传送的数码率较低。为了提高频带利用率，可以用单边带调幅。从理论上说，单边带调幅的频带利用率可以比双边带调幅的提高一倍，即其每单位带宽所能传输的数码率可达 1 Baud/Hz。

2ASK 信号的主要的优点是易于实现，其缺点是抗干扰能力较差，主要应用在低速数据传输中。

6.1.2　二进制幅移键控信号的解调

2ASK 信号的解调由振幅检波器完成，具体方法主要有两种：包络解调法和相干解调法。包络解调的原理框图如图 6-5（a）所示。带通滤波器恰好使 2ASK 信号完整通过，经过包络检波后，输出其包络。低通滤波器的作用是滤除高频杂波，使基带包络信号通过。抽样判决器包括抽样、判决及码元形成，有时又称译码器。定时抽样脉冲是很窄的脉冲，通常位于每个码元的中央位置，其重复周期等于码元宽度。

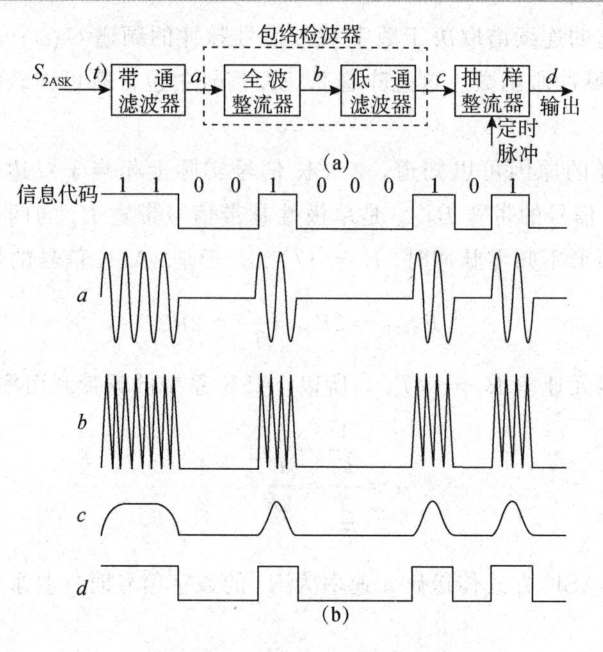

图 6-5　2ASK 信号的包络解调

图 6-5 中，a 为不计噪声影响时带通滤波器输出的 2ASK 信号，即 $a = f(t)\cos\omega_c t$，整流后的信号为 b，低通滤波器输出为 c，经抽样、判决后将码元再生，即可恢复出数字序列 $d = \{a_n\}$ 。

相干解调的原理框图如图 6-6（a）所示。相干解调又称为同步解调。同步解调时，接收机要产生一个与发送载波同频同相的本地载波信号，称其为同步载波或相干载波。利用此载波与接收到的已调波相乘，可得

$$
\begin{aligned}
e_o(t) &= f(t)\cos\omega_c t = f(t)\cos^2\omega_c t \\
&= f(t)\cdot\frac{1}{2}[1+\cos 2\omega_c t] \\
&= \frac{1}{2}f(t) + \frac{1}{2}f(t)\cos 2\omega_c t \qquad (6\text{-}8)
\end{aligned}
$$

式中，第一项是基带信号，第二项是以 2ω 为载波的成分，两者频谱相差很远。经低通滤波后，即可输出 $f(t)/2$。低通滤波器的截止频率取得与基带数字信号的最大频率相等。由于噪声影响及传输特性的不理想，低通滤波器输出波形有失真，经抽样判决、整形后可再生数字基带脉冲。

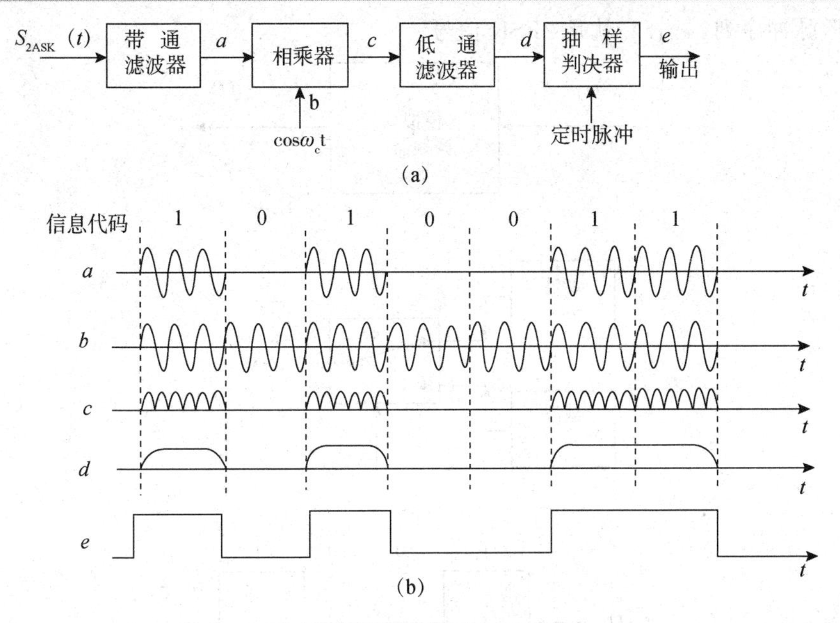

图 6-6 2ASK 信号的相干解调

图 6-6 中，a 为 2ASK 信号，b 为同步载波波形，c 为 a、b 相乘的波形，d 为低通滤波器输出的低频信号波形，e 为抽样判决器输出的基带数字信号的波形。

虽然 2ASK 信号含有载波分量，原则上讲可以通过窄带滤波器或锁相环来提取同步载波，但是从 2ASK 信号中提取载波需要相应的电路，会增加设备的复杂性。因此，目前在实际设备中，为了简化设备，很少采用同步检波来解调 2ASK 信号。

6.2 频移键控系统

6.2.1 频移键控

设信源的有关特性相同，则二进制频移键控（2FSK）信号便是输入 $s(t)$ 中的 0 对应于载频 ω_1，而 1 对应于载频 $\omega_2\,(\omega_1 \neq \omega_1)$ 的已调波形，且 ω_1 与 ω_2 两种频率之间的改变是瞬间完成的。由这一描述可以很容易地想到利用矩形脉冲序列对一个正弦载波信号进行调频而获得 2FSK 信号，而这正是频移键控通信方式早期所使用的调制方法，这是一种利用模拟调频来实现数字调频的方法。2FSK 信号的另一产生方法就是键控法，即利用受矩形脉冲序列控制的开关电路对两个不同且彼此独立的频率源分别进行选通。

以上两种 2FSK 信号的产生电路及输出波形如图 6-7 所示，其中 $s(t)$ 是信息的二进制矩形脉冲序列，$e_0(t)$ 就是 2FSK 信号。

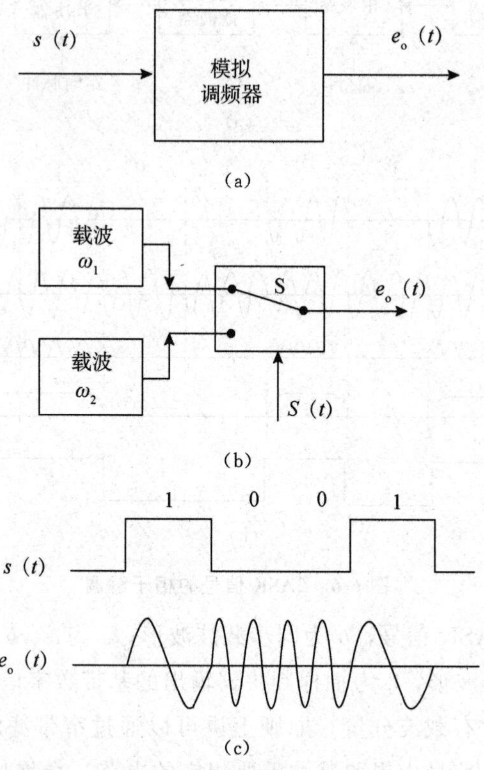

图 6-7　2FSK 信号的产生电路及输出波形

根据上述 2FSK 信号产生的原理，不难写出 2FSK 信号的数学表达式为

$$e_0(t)=\sum_n a_n g(t-nT_s)\cos(\omega_1 t+\varphi_n)+\sum_n \bar{a}_n g(t-nT_s)\cos(\omega_2 t+\theta_n) \quad (6\text{-}9)$$

式中，$g(t)$ 为脉宽 T_s 的单个矩形脉冲；φ_n、θ_n 分别是第 n 个信号码元的初相位；$\bar{a}_n$ 是 a_n 的反码，即

$$a_n=\begin{cases}0, & 概率为\ P\\ 1, & 概率为\ 1-P\end{cases} \qquad \bar{a}_n=\begin{cases}0, & 概率为\ 1-P\\ 1, & 概率为\ P\end{cases}$$

一般说来，键控法得到的 φ_n、θ_n 与序列 n 无关，反映在 $e_0(t)$ 上 $e_0(t)$ 也仅仅表现出 ω_1 与 ω_2 之间发生改变时其相位是不连续的，而在模拟调频调制中，当 ω_1 与 ω_2 改变时 $e_0(t)$ 的相位是连续的，故 φ_n、θ_n 不仅与第几个信号码元相关，且 φ_n 与 θ_n 之间还应保持一定的关系。

6.2.2　频移键控的解调

2FSK 信号的常用解调方法是采用如图 6-8 所示的非相干检测法和相干检测法。这里的抽样判决器是判定哪一个输入样值大，此时可以不专门设置门限电平。

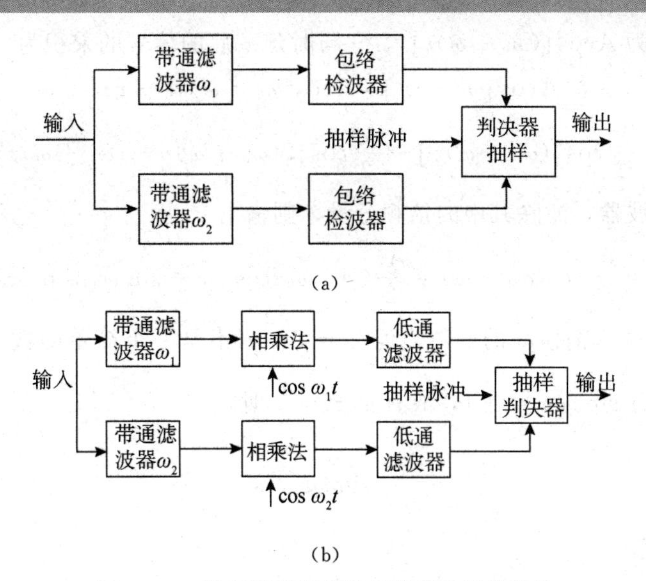

图 6-8　二进制频移键控信号常用的接收系统

2FSK 信号还有其他解调方法，比如鉴频法、过零检测法及差分检波法等。数字调频波的过零点数随不同载频而不同，故检出过零点数可以得到关于频率的差异。这就是过零检测法的基本思想，其原理如图 6-9 所示。输入信号经限幅后产生矩形波序列，经微分整流形成与频率变化相应的脉冲序列代表着调频波的过零点。将其变换成具有一定宽度的矩形波，并经低通滤波器滤除高次谐波，便能得到对应于原数字信号的基带脉冲信号。

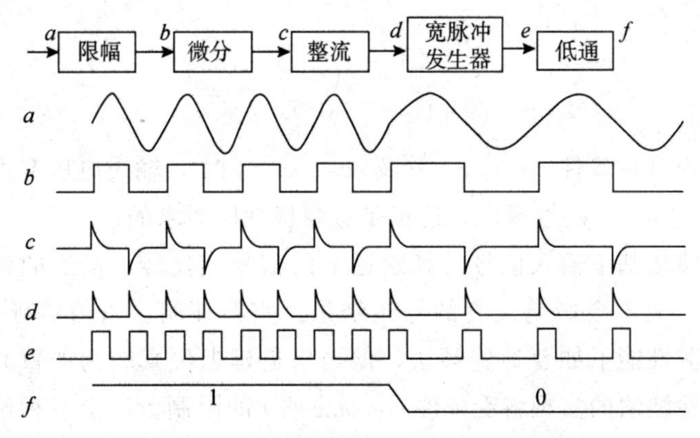

图 6-9　过零检测法的方框图及各点的波形

差分检波法原理框图如图 6-10 所示，输入信号经接收滤波器滤除带外无用信号后被分成两路，一路直接送到乘法器（平衡调制器），另一路经时延 τ 后送到乘法器与直接送入的调制信号相乘后，再经低通滤波器便可提取出解调信号。

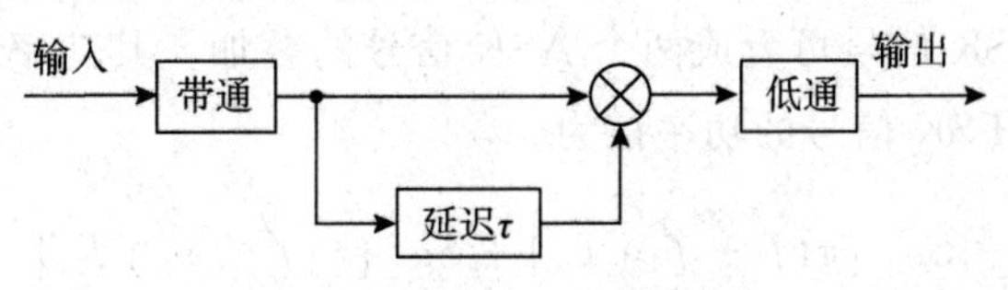

图 6-10　差分检波法原理框图

设输入信号为 $A\cos[(\omega_0+\omega)t]$ ，它与时延 τ 后的信号的乘积为

$$A\cos[\omega_0+\omega t]\cdot A\cos(\omega_0+\omega)(t-\tau)$$

$$=\frac{A^2}{2}\cos[(\omega_0+\omega)\tau]+\frac{A^2}{2}\cos[2(\omega_0+\omega)t-(\omega_0+\omega)\tau]$$

经过低通滤波器，滤除其中的倍频分量，则输出 V 为

$$V=\frac{A^2}{2}\cos(\omega_0+\omega)=\frac{A^2}{2}(\cos\omega_0\tau\cos\omega\tau-\sin\omega_0\tau\sin\omega\tau)$$

可见 V 是角频率偏移 ω 的函数，但 $V=f(\omega)$ 不是一个简单函数。适当选择 τ 使 $\cos\omega_0\tau=0$，则有 $\sin\omega_0\tau=\pm1$，故有 $\omega_0\tau=\frac{\pi}{2}$ 时，

$$V=-\frac{A^2}{2}\sin\omega\tau\ ,\ \omega_0\tau=\frac{\pi}{2}$$

或 $\omega_0\tau=\frac{\pi}{2}$ 时，

$$V=\frac{A^2}{2}\sin\omega\tau\ ,\ \omega_0\tau=-\frac{\pi}{2}$$

当角频偏很小，即 $\omega\tau\ll1$ 时，有 $\omega_0\tau=\frac{\pi}{2}$ 时，

$$V=-\frac{A^2}{2}\omega\tau$$

或 $\omega_0\tau=-\frac{\pi}{2}$ 时

$$V=-\frac{A^2}{2}\omega\tau$$

由此可见，当满足条件 $\cos\omega_0\tau=0$ 及 $\cos\omega_0\tau=1$ 时，输出电压 V 与角频偏 ω 呈线性关系，即 $V=f(\omega)$ 是线性函数，这正是鉴频特性所要求的。

由于差分检波法基于输入信号与其延迟 τ 的信号相比较，信道的延迟失真同时也将影响相邻信号，故不会影响最终的鉴频结果。实践证明，当信道延迟失真为零时，差分检波法的检测性能不如普通鉴频法，但当信道延迟失真较为严重时，其性能优于鉴频法。但差分检波法的实现将受条件 $\cos\omega_0\tau=0$ 的限制。以上三种解调方法都要对低通滤波器的输出波形进行抽样判决，才能最后还原出原始调制信码。

频移键控调制方式在数字通信中使用较广，尤其是在衰落信道中传输数据时。在语音频带内进行数据传输时，国际电话咨询委员会（CCITT）建议当数据传输速率低于 1 200 bit/s 时使用 FSK 方式。

相位不连续的 FSK 信号可看成两个 ASK 信号的叠加，其功率谱是两个 ASK 信号功率谱之和。因此，FSK 信号的功率谱为

$$P_E(f)=\frac{T_s}{16}\{Sa^2[\pi(f+f_1)T_s]+Sa^2[\pi(f-f_2)T_s]$$

$$+Sa^2[\pi(f+f_2)T_s]+Sa^2[\pi(f-f_2)T]$$

$$+\frac{1}{16}[\delta(f+f_1)+\delta(f-f_1)+\delta(f+f_2)+\delta(f-f_2)] \tag{6-10}$$

根据式（6-10）可画出 FSK 信号的功率谱，如图 6-11 所示。FSK 信号的带宽为

$$B=|f_2-f_1|=2f_s \tag{6-11}$$

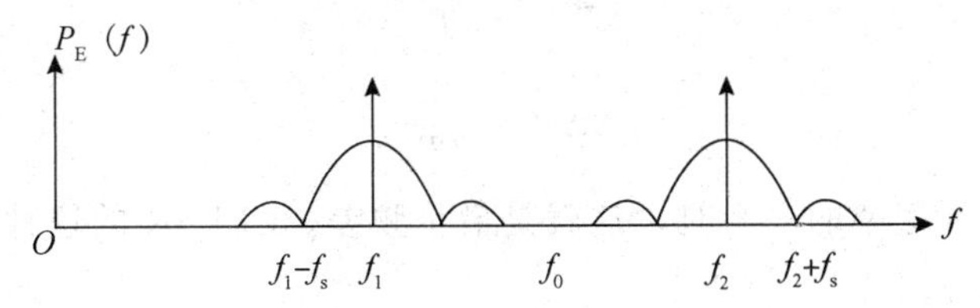

图 6-11　FSK 信号的功率谱

6.2.3　相位连续的频移键控

前面讨论的 FSK 信号是利用两个独立的振荡源产生的相位不连续的 FSK 信号。而频率转换点上相位的不连续一般会使功率谱产生大的旁瓣分量，经带限后会引起包络的起伏。为了克服这个缺点，必须控制相位的连续性，这种形式的数字频率调制就称为相位连续的频移键控（CPFSK）。

在一个码元周期 T_s 内，CPFSK 信号可表示为

$$e_{\text{CPFSK}}(t)=A\cos[\omega_0 t+\theta(t)] \tag{6-12}$$

当 $\theta(t)$ 为时间的连续函数时，该 CPFSK 已调信号的相位在所在的时间段内是连续的。设传“0”“1”码时的对应载频分别为 ω_1、ω_2，它们相对于未调载波 ω_0 的偏移为 $\Delta\omega$，式（6-12）可写为

$$e_{\text{CPFSK}}(t)=A\cos[\omega_0 t\pm\Delta\omega t+\theta(0)] \tag{6-13}$$

其中，

$$\omega_0=\frac{\omega_1+\omega_2}{2}\text{，}\Delta\omega=\frac{\omega_2-\omega_1}{2} \tag{6-14}$$

比较式（6-12）和式（6-13）可以看出，在一个码元时间内，相角 $\theta(t)$ 为

$$\theta(t)=\pm\Delta\omega t+\theta(0) \tag{6-15}$$

式中的 $\theta(t)$ 为初相角，取决于过去码元调制的结果，它的选择要注意防止相位的任何不连续性。

对于 CPFSK 信号，当 $2\Delta\omega T_s=n\pi$（n 为整数）时，就认为它是正交的。为了提高频带利用率，$\Delta\omega$ 应当小一些。当 $n=1$ 时，$\Delta\omega$ 取最小值，有

$$\Delta\omega T_s=\frac{\pi}{2}$$

或

$$2\Delta fT_s=\frac{1}{2}=\beta_f \tag{6-16}$$

通常称 β_f 为调制指数。

由式（6-18）得到频偏 Δf 和频差 $2\Delta f$ 分别为

$$\Delta f=\frac{1}{4T_s} \tag{6-17}$$

$$2\Delta f=\frac{1}{2T_s} \tag{6-18}$$

当 Δf 等于码元速率的一半时，这就是最小频差。CPFSK 的这种特殊选择称为最小频移键控（MSK）。

6.3 二进制相移键控系统

数字相位调制又称相移键控（phase shift keying，PSK）。二进制相移键控记作 2PSK，多进制相移键控记作 MPSK。它们是利用载波相位的变化来传送数字信息的，通常又把它们分为绝对相移（CPSK）和相对相移（DPSK）。

6.3.1 二进制绝对相移键控信号的调制

1. 2PSK 信号的时域表达和波形

2PSK 利用二进制数字信号控制载波的两个相位，这两个相位通常相隔 π，例如用相位 0 和 π 分别表示 1 和 0，所以这种调制又称为二相相移键控。二进制相移键控信号的时域表达式为

$$s_{2PSK}(t)=\left[\sum_n a_n g(t-nT_s)\right]\cos\omega_c t \tag{6-19}$$

式中，a_n 为双极性信号，即

$$a_n=\begin{cases}+1 & \text{出现概率为 } P\\ -1 & \text{出现概率为 } 1\text{-}P\end{cases} \tag{6-20}$$

如果 $g(t)$ 是周期为 T_s、宽度为 1 的矩形脉冲，则 2PSK 信号可以表示为

$$s_{2PSK}(t)=\pm\cos\omega_c t \tag{6-21}$$

当数字信号的传输速率 $R_s=1/T_s$ 与载波频率间有整数倍关系时，2PSK 信号的典型波形如图 6-12 所示。

2PSK 信号是双极性非归零码的双边带调幅，而 2ASK 信号是单极性非归零码的双边带调幅。由于双极性非归零码没有直流分量，所以 2PSK 信号是抑制载波的双边带调制。这样，2PSK 信号的功率谱与 2ASK 信号的功率谱相同，只是少了离散的载波分量。

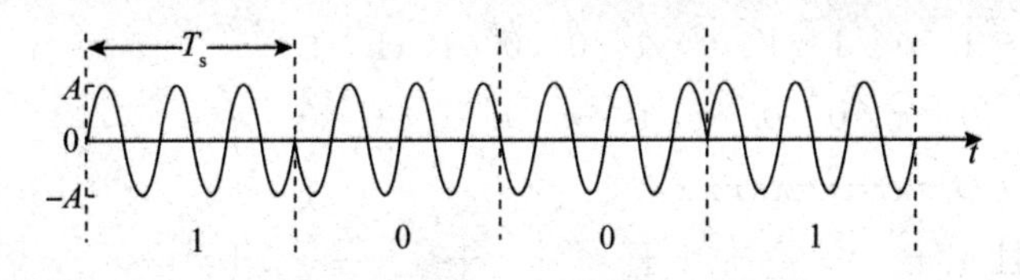

图 6-12　2PSK 信号的典型波形

2. 2PSK 调制的实现方法

2PSK 调制可以利用相乘器或选相开关来实现，如图 6-13 所示。

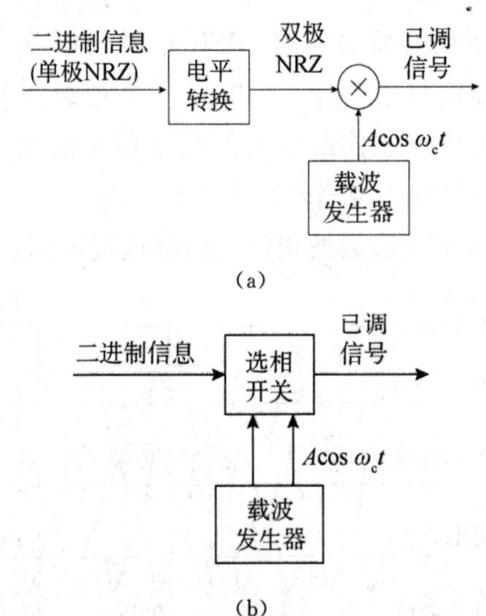

图 6-13　2PSK 调制的实现

（a）相乘器；（b）选相开关

6.3.2　二进制绝对相移键控信号的解调

由于 2PSK 信号的功率谱中无载波分量，可以采用相干解调的方式进行解调。2PSK 信号是以一个固定初相的未调载波为参考的，因此解调时必须有与其同频同相的同步载波。如果同步不完善，存在相位偏差，就容易造成错误判决，这称为相位模糊。

如果本地参考载波的相位与其反相，则输出相位正好完全相反，这种相位关系的不确定性也称为“倒π现象”或“相位模糊”。

2PSK 相干解调器如图 6-14 所示。

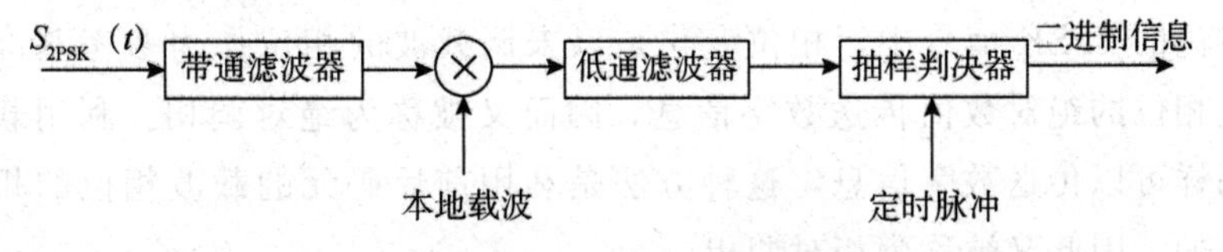

图 6-14　2PSK 相干解调器

2PSK 信号的调制和解调过程如下。

信码 a_n　　1 0 1 1 0 1 0 0 1 1 1

码元相位 φ　0 π 0 0 π 0 π π 0 0 0

本地载波相位 φ_1 πππππππππππ

$[\varphi \cdot \varphi_1]$ 极性 + − + + − + −− + + +

$[\varphi \cdot \varphi_2]$ 极性 − + −− + − + + −−−

$\hat{a}_{n1}$　　1 0 1 1 0 1 0 0 1 1 1

$\hat{a}_{n2}$　　0 1 0 0 1 0 1 1 0 0 0

其中，码元相位 φ 表示码元所对应的 2PSK 信号的相位，$[\varphi \cdot \varphi_1]$ 和 $[\varphi \cdot \varphi_2]$ 表示相位为 φ 的 2PSK 信号分别与相位为 φ_1 和 φ_2 的本地载波相乘。从以上过程可以看到，本地载波相位的不确定性可能使解调后的数字信号的极性完全相反，形成 1 和 0 的倒置。这对于数字信号的传输来说当然是不能允许的。

图 6-15 所示为 2PSK 在不同的载波相位下的解调波形图。

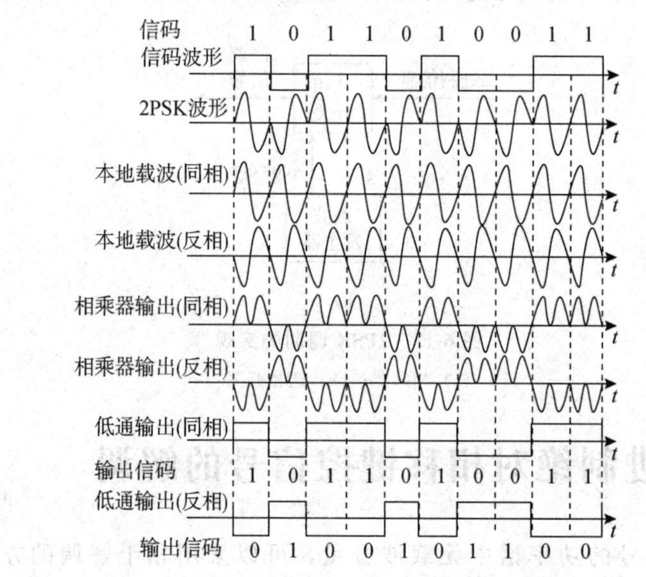

图 6-15　2PSK 在不同的载波相位下的解调波形图

为了克服“倒 π 现象”对相干解调的影响，通常要采用差分相移键控的方法。

6.3.3　二进制相对相移键控信号的调制

前面讨论的 2PSK 信号中，相位变化是以未调载波的相位作为参考基准的。由于它利用载波相位的绝对数值传送数字信息，因而又被称为绝对调相。利用载波相位的相对数值同样可以传送数字信息，这种方法是利用前后码元的载波相位的相对变化传输数字信息的，因此又被称为相对调相。

相对调相信号的产生过程是：首先对数字基带信号进行差分编码，即由绝对码变为相对码（差分码），然后再进行绝对调相。基于这种形成过程，二相相对调相信号称为二进制差分相移键控信号，记为 2DPSK。2DPSK 调制器的框图及波形如图 6-16 所示。

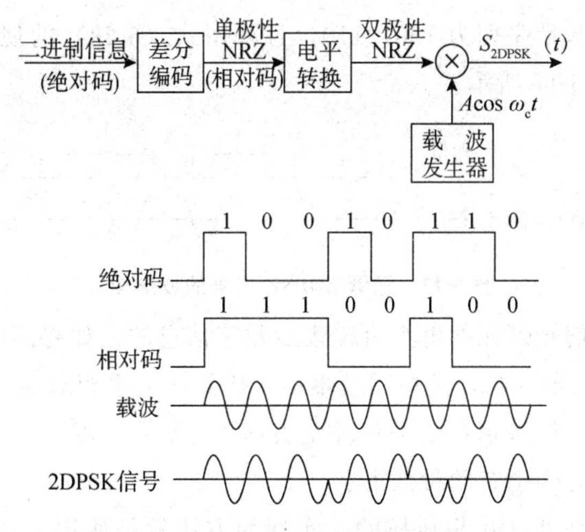

图 6-16　2DPSK 调制器的框图及波形图

差分码可取传号差分或空号差分码。传号差分码的编码规则为

$$b_n = a_n \oplus b_{n-1} \tag{6-22}$$

式中，$\oplus$ 为模 2 和，b_{n-1}，为 b_n 以的前一个码元。最初的 b_{n-1} 可任意设定。由已调信号的波形可知，若使用传号差分码，则载波相位遇 1 变而遇 0 不变，载波相位的这种相对变化便携带了数字信息。

6.3.4　二进制相对相移键控信号的解调

1. 2DPSK 调制的基本原理

相对相移是利用载波的相对相位变化来表示数字信号的相移方式。所谓相对相位是指码元初相遇前一码元末相的相位差（即向量偏移）。为了讨论问题方便，也可用相位偏移来描述。在这里，相位偏移指的是本码元的初相与前一码元（参考码元）的初相相位差。在实际系统设计时，一般均保证载波频率是码元速率的整数倍，因此向量偏移与相位偏移是等效的。

为了解决 2PSK 信号解调过程的“倒 π 现象”，提出了二进制相对相位调制，通常称为二进制差分相位键控（2DPSK）。所谓 2DPSK 信号就是用前后相邻码元的载波相对相位变化来表示的数字信息，其数学表达式与 2PSK 信号的表达式完全相同，所不同的只是式中的 $s(t)$ 信号表示的是差分码数字序列。假设前后相邻码元的载波相位差为 $\Delta\varphi$，可定义一种数字信息与 $\Delta\varphi$ 之间的关系为

$$\Delta\varphi = \begin{cases} 0, & \text{表示数字信息 0} \\ \pi, & \text{表示数字信息 1} \end{cases} \tag{6-23}$$

同样的，数字基带信息与 $\Delta\varphi$ 之间的关系也可表示为

$$\Delta\varphi=\begin{cases}0, & \text{表示数字信息 0}\\ \pi, & \text{表示数字信息 1}\end{cases} \tag{6-24}$$

假设输入的数字基带序列为 10010110，且采用式（6-23）的规律，则已调 2DPSK 信号的波形图，如图 6-17 所示。

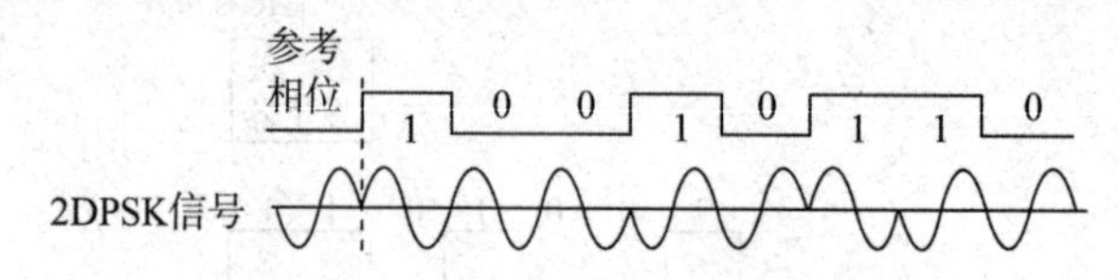

图 6-17　已调 2DPSK 信号的波形图

绝对码是以基带信号码元的电平直接表示数字信息的，如将高电平代表 1，低电平代表 0。相对码又称为差分码，是指用基带信号码元的电平相对前一码元的电平有无变化来表示数字信息的，如将相对电平有跳变表示 1，无跳变表示 0。由于初始参考电平有两种可能，因此相对码也有两种波形。

绝对码和相对码是可以互相转换的。实现的方法就是使用二加法器和延迟器（延迟一个码元宽度 T_b），如图 6-18 所示。图 6-18（a）是把绝对码变成相对码的方法，称为差分编码器，完成的功能是 $b_n=a_n\oplus b_{n-1}$（$n-1$ 表示 n 的前一个码元）。图 6-18（b）是把相对码变成绝对码的方法，称其为差分译码器，完成的功能是 $a_n=b_n\oplus b_{n-1}$。

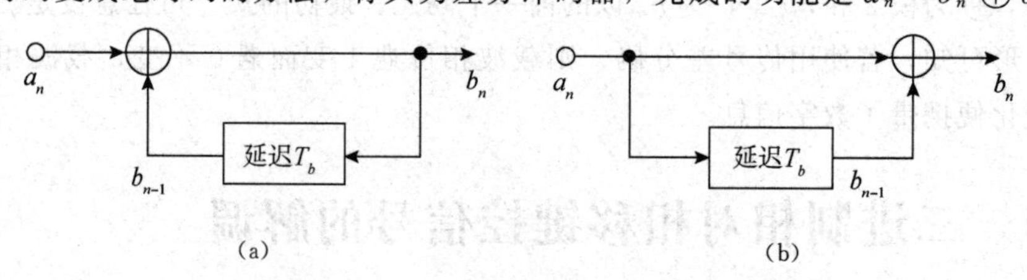

图 6-18　绝对码与相对码的互相转换原理框图

（a）差分编码器；（b）差分译码器

2. 2DPSK 信号的功率谱密度与带宽

由前面讨论可知，2DPSK 信号与 2PSK 信号就波形本身而言，都可以等效成双极性基带信号作用下的调幅信号，且是一对倒相信号的序列。因此，2DPSK 信号和 2PSK 信号具有相同形式的表达式，所不同的是 2PSK 信号表达式中的 $s(t)$ 是数字基带信号，而 2DPSK 信号表达式中的 $s(t)$ 是由数字基带信号变换而来的差分码数字信号，即相对码。

2DPSK 信号的带宽与 2PSK 信号的带宽相同，即 $B_{2DPSK}=2B_{基}=2f_s=2R_B$。

3. 2DPSK 信号的解调与系统误码率

2DPSK 信号的解调方法基本上与 2PSK 信号相同，但解调后的信号为相对码，需进行码型变换，将相对码变换成绝对码。

2DPSK 信号的解调通常采用相位比较法和极性比较法两种方法。相位比较法又称差分检测法或差分相干解调，其原形框图如图 6-19 所示。此方法不需要恢复本地载波，只需将 2DPSK 信号延迟一个码元间隔 T_b，然后与 2DPSK 信号本身相乘。相乘结果反映了码元的相对相位关系，经过低通滤波器后可直接进行采样判决恢复出原始数字信息，而不需要差分译码。图 6-19 中各点波形如图 6-20 所示。

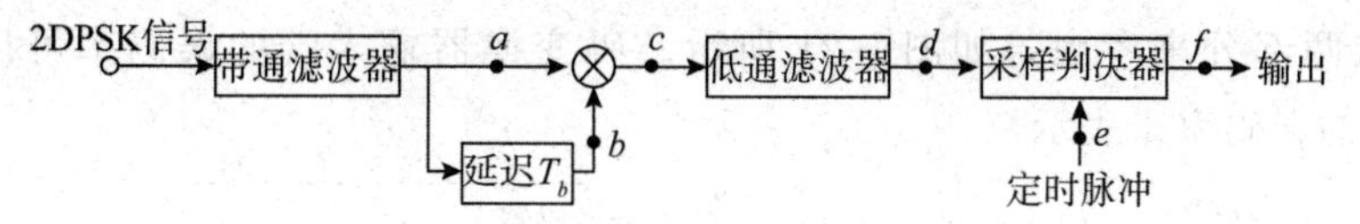

图 6-19 相位比较法（差分检测法）原理框图

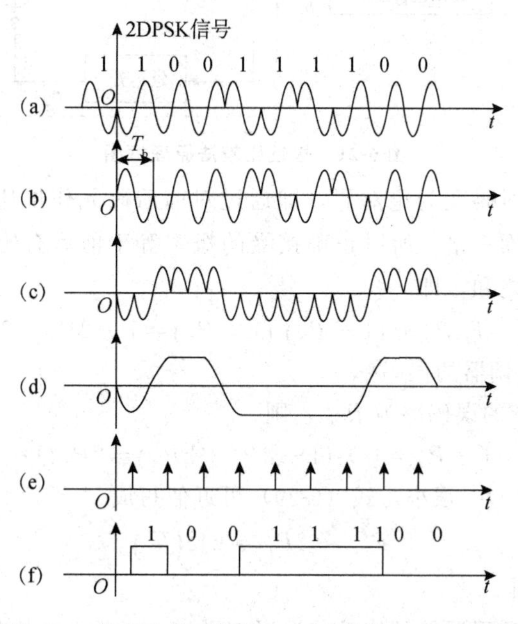

图 6-20 相位比较法解调 2DPSK 信号各点波形图

由图 6-19 可知，采用差分检测法解调 2DPSK 信号时，由于存在信号延迟 T_b 及相乘的问题，因此其误码率分析需要同时考虑两个相邻的码元。经过低通滤波器后可以得到混有窄带高斯噪声的有用信号，判决器对这一信号进行采样判决。判决准则为：采样值大于 0 时判 0，采样值不大于 0 时判 1，0 是最佳判决电平。

发 0 时（前后码元同相）错判为 1 的概率为

$$P(1/0)=P(x>0)=\frac{1}{2}e^{-r} \tag{6-25}$$

发 1 时（前后码元反相）错判为 0 的概率为

$$P(0/1)=P(x<0)=\frac{1}{2}e^{-r} \tag{6-26}$$

则差分检测时，2DPSK 系统的误码率为

$$P_e=P(1)P(0/1)+P(0)P(1/0)=\frac{1}{2}e^{-r} \tag{6-27}$$

2DPSK 信号的另一种解调方法——极性比较法，采用 2PSK 解调加差分译码，其原理框图如图 6-20 所示。2DPSK 解调器通过 2PSK 解调器将输入的 2DPSK 信号还原

成相对码 $\{b_n\}$ ，再由差分译码器把相对码转换成绝对码，输出 $\{a_n\}$ 。

极性比较法解调 2DPSK 信号时，先对 2DPSK 信号用相干检测 2PSK 信号办法解调，得到相对码 b_n，然后将相对码通过码变换器转换为绝对码 a_n。显然，此时的系统误码率可从两部分来考虑，如图 6-21 所示。码变换器输入端的误码率可用相干解调 2PSK 系统的误码率来表示。

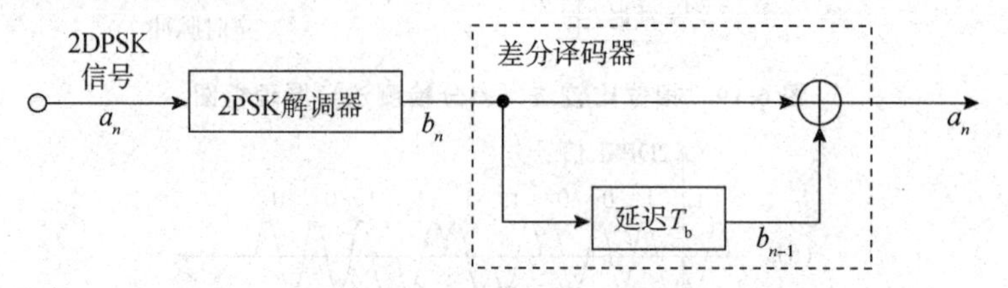

图 6-21　极性比较法原理框图

差分译码器将相对码变为绝对码，即通过对前后码元作出比较来判决，如果前后码元都错了，判决反而不错。所以正确接受的概率等于前后有码元都错的概率与前后有码元都不错的概率之和，即

$$P_s = P_e P_e + (1 - P_e)(1 - P_e) = 1 - 2P_e + 2P_e^2 \tag{6-28}$$

式中，P_e 为 2PSK 解调器的误码率。

假设 2DPSK 系统的误码率为 P'_e ，则

$$P'_e = 1 - P_s = 1 - (1 - 2P_e + 2P_e^2) = 2P_e(1 - P_e) \tag{6-29}$$

在信噪比很大时，P_e 很小，式（6-29）可近似写成

$$P'_e \approx 2P_e = \mathrm{erfc}(\sqrt{r}) \tag{6-30}$$

式中，r 为输入信噪比。

由此可见，差分译码器总是使系统误码率增加，通常认为增加 1 倍。

比较这两种解调方案，它们的解调波形虽然一致，都不存在相位倒置问题，但相位比较法解调电路中不需本地参考载波和差分译码，是一种经济可靠的解调方案，得到了广泛的应用。要注意的是，调制段的载波频率应设置成码元速率的整数倍。

6.4　二进制数字调制系统性能比较

基于前面的讨论，下面将针对二进制数字调制系统的误码率性能、频带宽压及频带利用率、对信道的适应能力等方面的性能作简要的比较。通过比较，可以为在不同的应用场合选择什么样的调制和解调方式提供一定的参考依据。

6.4.1　误码率

误码率是衡量一个数字通信系统性能的重要指标。表 6-1 列出了各种二进制数字调

制系统误码率及信号带宽。

表 6-1　各种二进制数字调制系统误码率及信号带宽

名称	2DPSK	2PSK	2FSK	2ASK
相干检测	$\mathrm{erfc}\,(\sqrt{r})$	$\frac{1}{2}\,erfc(\sqrt{r})$	$\frac{1}{2}\,erfc(\sqrt{\frac{r}{2}})$	$\frac{1}{2}\,erfc(\sqrt{\frac{r}{4}})$
相干检测 $r=1$	$\frac{1}{\sqrt{\pi r}}\mathrm{e}^{-r}$	$\frac{1}{2\sqrt{\pi r}}\mathrm{e}^{-r}$	$\frac{1}{\sqrt{2\pi r}}\mathrm{e}^{-\frac{r}{2}}$	$\frac{1}{\sqrt{2\pi r}}\mathrm{e}^{-\frac{r}{4}}$
非相干检测	$\frac{1}{2}\mathrm{e}^{-r}$	×	$\frac{1}{2}\mathrm{e}^{-\frac{r}{2}}$	$\frac{1}{2}\mathrm{e}^{-\frac{r}{4}}$
带宽	$\frac{2}{T_{\mathrm{b}}}$	$\frac{2}{T_{\mathrm{b}}}$	$\lvert f_2-f_1\rvert+\frac{2}{T_{\mathrm{b}}}$	$\frac{2}{T_{\mathrm{b}}}$

在表 6-1 中，所有计算误码率的公式都仅是 r 的函数。式中，$r=a^2/(2\sigma_{\mathrm{n}}^2)$ 是解调器输入端的信号噪声功率比。

6.4.2　频带宽度

各种二进制数字调制系统的频带宽度也显示于表 6-1 中，其中 T_{b} 为传输码元的时间宽度。

从表 6-1 中可以看出，2ASK 系统与 2DPSK 系统频带宽度相同，均为 $2/T_{\mathrm{b}}$，是码元传输速率 $R_{\mathrm{B}}=1/T_{\mathrm{b}}$ 的 2 倍；2FSK 系统的频带宽度近似为 $\lvert f_2-f_1\rvert+2/T_{\mathrm{b}}$，大于 2ASK 系统、2PSK 系统和 2DPSK 系统的频带宽度。因此，从频带利用率上看，2FSK 调制系统最差。

6.4.3　对信道特性变化的敏感性

信道特性变化的灵敏度对最佳判决门限有一定的影响。在 2FSK 系统中，是比较两路解调输出的大小来作出判决的，不需人为设置的判决门限。在 2PSK 系统中，判决器的最佳判决门限为 0，与接收机输入信号的幅度无关。因此，判决门限不随信道特性的变化而变化，接收机总能工作在最佳判决门限状态。对于 2ASK 系统，判决器的最佳判决门限为 $A/2$，当 $P(1)=P(0)$ 时，它与接收机输入信号的幅度 A 有关。当信道特性发生变化时，接收机输入信号的幅度将随之发生变化，从而导致最佳判决门限随之变化。这时，接收机不容易保持在最佳判决门限状态，误码率将会增大。因此，从对信道特性变化的敏感程度上看，2ASK 调制系统最差。

通过以上几个方面对各种二进制数字调制系统进行比较可以看出，在选择调制和解调方式时，要考虑比较多的因素。只有对系统要求做全面的考虑，并且抓住其中最主要的因素才能做出比较正确的选择。如果抗噪声性能是主要的，就应考虑相干 2PSK 和 2DPSK，而 2ASK 最不可取；如果带宽是主要的因素，就应考虑 2PSK、相干 2PSK、2DPSK 和 2ASK，而 2FSK 是不可取的。目前，在高速数据传输中，相干 2PSK 和 2DPSK 用得较多，而在中、低速数据传输中，特别是衰落信道中，相干 2FSK 用得较为广泛。

6.5 多进制数字调制系统

为更有效地利用通信资源，提高信息传输效率，现代通信往往采用多进制数字调制。多进制数字调制是利用多进制数字基带信号去控制载波的幅度、频率或相位。因此，相应地有多进制数字幅移键控、多进制数字频移键控和多进制数字相移键控等三种基本方式。与二进制调制方式相比，多进制调制方式的特点是：①在相同码元速率下，多进制数字调制系统的信息传输速率高于二进制数字调制系统；②在相同的信息速率下，多进制数字调制系统的码元传输速率低于二进制调制系统；③采用多进制数字调制的缺点是设备复杂、判决电平增多，误码率高于二进制数字调制系统。

下面分别介绍这三种多进制数字调制方式的基本原理。

6.5.1 多进制数字幅移键控

多进制数字幅移键控又称为多电平调制，在原理上是 2ASK 方式的推广。由于每个时隙传输多个比特，所以 MASK 比 2ASK 的频带利用率高。但 MASK 的抗噪声性能更差、包络起伏大、综合性能不好，因此在实际应用中较少采用。

1. MASK 的时域表达

M 进制幅移键控信号中，载波幅度有 M 种，而在每一码元间隔 T_s 内发送一种幅度的载波信号，MASK 的时域表达式为

$$S_{\mathrm{MASK}}(t)=\left[\sum_n a_n g(t-nT_s)\right]\cos\omega_c t=s(t)\cos\omega_c t \tag{6-31}$$

式中

$$a_n=\begin{cases}0, & \text{概率为 } P_1\\ 1, & \text{概率为 } P_2\\ 2, & \text{概率为 } P_3\text{，且有 } P_1+P_2+\cdots+P_M=1\\ \vdots & \\ M-1 & \text{概率为 } P_M\end{cases}$$

4ASK 的波形如图 6-22（a）为四进制基带信号，图 6-22（b）为

4ASK 的时间波形。

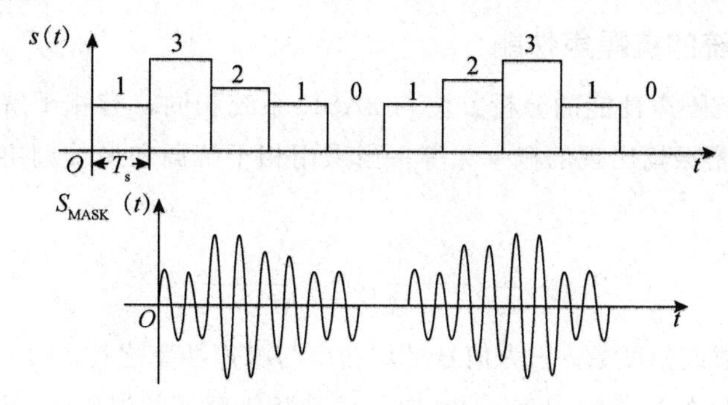

（a）四进制基带信号　（b）4ASK 的时间波形

图 6-22　4ASK 的波形

由于基带信号的频谱宽度与其脉冲宽度有关，而与其脉冲幅度无关，所以 MASK 信号的功率谱的分析与 2ASK 一样，其带宽仍为基带信号带宽的两倍，即

$$B_{\mathrm{MASK}}=2B_{\mathrm{s}} \tag{6-32}$$

特别需要注意如下内容。

（1）若数字基带信号 $s(t)$ 用不归零矩形脉冲波形表示且占空比为 1，$B_s=\frac{1}{\tau}=R_B$，则

$$B_{\mathrm{MASK}}=2B_{\mathrm{s}}=2R_{\mathrm{B}}$$

式中，R_{B} 是多进制码元速率。

所以，系统的码元频带利用率为

$$\eta=\frac{R_{\mathrm{B}}}{B_{\mathrm{MASK}}}=\frac{1}{2}(\mathrm{Baud/Hz}) \tag{6-33}$$

系统的信息频带利用率为

$$\eta=\frac{R_{\mathrm{b}}}{B_{\mathrm{MASK}}}=\frac{R_{\mathrm{B}}}{B_{\mathrm{MASK}}}\log_2 M=\frac{1}{2}\log_2 M\,[\mathrm{bit/(s\cdot Hz)}] \tag{6-34}$$

（2）若考虑基带成形滤波器具有滚降系数为 α 的升余弦特性，则无码间串扰时基带信号的带宽为

$$B_{\mathrm{s}}=(1+\alpha)B_{\mathrm{N}}=(1+\alpha)\frac{R_{\mathrm{B}}}{2} \tag{6-35}$$

此时，$B_{\mathrm{MASK}}=2B_{\mathrm{s}}=(1+\alpha)R_{\mathrm{B}}$。

对应的数字调制系统的码元频带利用率为

$$\eta=\frac{R_{\mathrm{B}}}{B_{\mathrm{MASK}}}=\frac{1}{(1+\alpha)}(\mathrm{Baud/Hz}) \tag{6-36}$$

系统的信息频带利用率为

$$\eta=\frac{R_{\mathrm{B}}}{B_{\mathrm{MASK}}}=\frac{1}{1+\alpha}\log_2 M\,[\mathrm{bit/(s\cdot Hz)}] \tag{6-37}$$

MASK 系统的信息频带利用率是 2ASK 系统的 $\log_2 M$ 倍，且频带利用率随着进制

M 的提高而增加。

2. MASK 系统的抗噪声性能

MASK 系统抗噪声性能的分析方法与 2ASK 系统相同，有相干解调和非相干解调两种方式。若 M 个振幅出现的概率相等，当采用相干解调和最佳判决门限电平时，系统总的误码率为

$$P_{\mathrm{eMASK}}=\left(1-\frac{1}{M}\right)\mathrm{erfc}\left(\frac{3}{M^2-1}r\right)^{1/2} \tag{6-38}$$

式中，M 为进制数或幅度数；r 为信号平均功率与噪声功率之比。

图 6-23 所示为在 $M=2$、4、8、16 时，系统相干解调的误码率 P_e 与信噪比 r 的关系曲线。由图 6-23 可见，为了得到相同的误码率 P_e，M 进制数越大，需要的有效信噪比 r 就越高，其抗噪声性能也越差；并且当 M 过大时，$M-1$ 个判决门限也随之增加，导致 MASK 系统的误码性能下降很多。

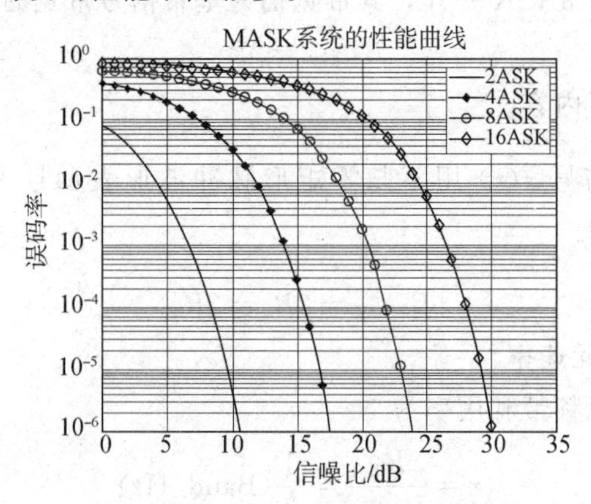

图 6-23　MASK 系统的性能曲线

6.5.2　多进制数字频移键控

多进制数字频移键控（MFSK）是用多个频率的正弦振荡分别代表不同的数字信息，是 2FSK 方式的直接推广。它的每个信号是正交的，属于 M 元正交调制的典型代表。MFSK 调制方式具有恒定的包络，其抗噪声性能好，但频带利用率较低。MFSK 的系统框图如图 6-24 所示。

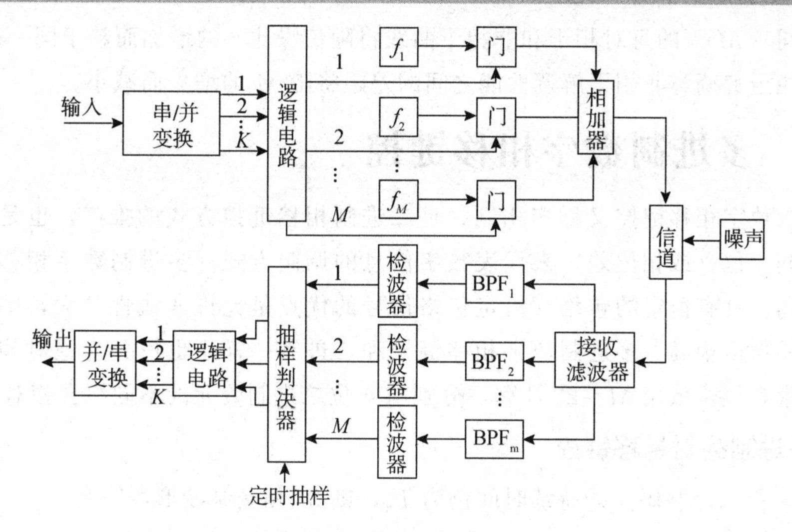

图 6-24　MFSK 的系统框图

图 6-25 给出了一个典型的 4FSK 信号波形。

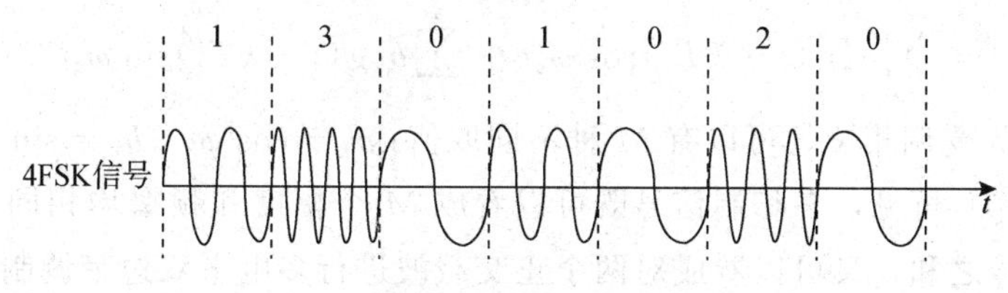

图 6-25　4FSK 信号波形

MFSK 系统可看成 M 个振幅相同、载波频率不同、时间上互不相容的 2ASK 信号的叠加，故带宽为

$$B_{\mathrm{MASK}}=f_{\mathrm{H}}-f_{\mathrm{L}}+2B_{\mathrm{s}} \tag{6-39}$$

式中，f_{H} 为最高载频，f_{L} 为最低载频，B_{s} 为基带信号带宽。

MFSK 抗噪声性能的分析方法与 2FSK 系统相同，有相干解调和非相干解调两种方式。

图 6-26 所示为 MFSK 系统的误码性能曲线。

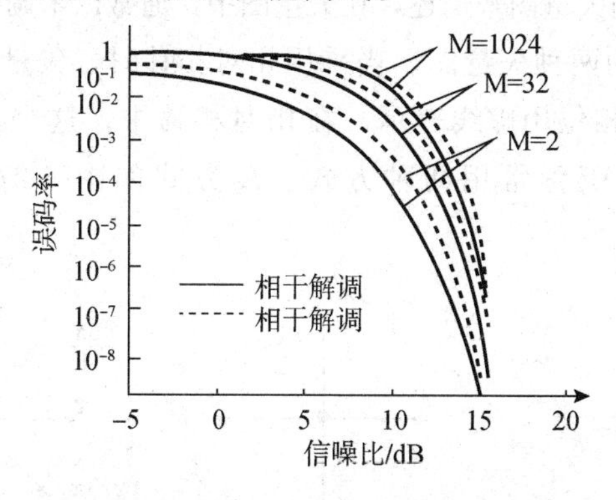

图 6-26　MFSK 系统的误码性能曲线

由图 6-26 可以得出如下结论。

（1）M 一定时，r 越大，P_{e} 越小；r 一定时，M 越大，P_{e} 越大。

(2) 同一 M 下的每对相干和非相干曲线将随信噪比 r 的增加而趋于同一极限值。

(3) 相干解调与非相干解调性能之间的差距将随 M 的增大而减小。

6.5.3 多进制数字相移键控

多进制数字相移键控又称多相制，是二进制相移键控方式的推广，也是利用载波的多个不同相位（或相位差）来代表数字信息的调制方式。多进制数字相移键控的频带利用率高，具有恒定的包络。恒定包络信号的优点是允许非线性放大，因此放大器的效率容易做得很高。多进制数字相移键控和二进制一样，也可分为绝对相移和相对相移。通常，相位数用 $M=2^k$ 计算，分别与 k 位二进制码元的不同组合相对应。

1. 多进制绝对相移键控

假设 k 位二进制码元的持续时间仍为 T_s，则 M 相调制波形可写为

$$
\begin{aligned}
S_{\mathrm{MASK}}(t) &= \sum_{k=-\infty}^{\infty} g(t-kT_s)\cos(\omega_c t+\varphi_k) \\
&= \sum_{-\infty}^{\infty} a_k g(t-kT_s)\cos\omega_c t + \sum_{-\infty}^{\infty} b_k g(t-kT_s)\sin\omega_c t
\end{aligned}
\tag{6-40}
$$

式中，φ_k 为受调相位，可以有 M 种不同取值；$a_k=\cos\varphi_k$；$b_k=\sin\varphi_k$。

从式（6-40）可见，多相制信号既可以看成 M 个幅度和频率均相同、初相不同的 2ASK 系统信号之和，又可以看成对两个正交载波进行多电平双边带调制所得的信号之和。其带宽与 MASK 带宽相同，即

$$
B_{\mathrm{MASK}}=2B_s \tag{6-41}
$$

多进制数字相位调制（multiple phase shift keying，MPSK）系统的信息频带利用率是 2PSK 系统的 $\log_2 M$ 倍，且频带利用率随进制 M 的提高而提高。

可见，多相制是一种信息频带利用率高的高效率传输方式。另外，其也有较好的抗噪声性能，因而得到广泛的应用。目前最常用的是四相制和八相制。

MPSK 信号还可以用矢量图来描述，在矢量图中，通常以未调载波相位作为参考矢量。

图 6-27 为 MPSK 的两种矢量图。当采用相对相移时，矢量图所表示的相位为相对相位差，因此，将基准相位用虚线表示，在相对相移中，这个基准相位也就是前一个调制码元的相位。相位配置常用两种方式：A 方式如图 6-27（a）所示；B 方式如图 6-27（b）所示。

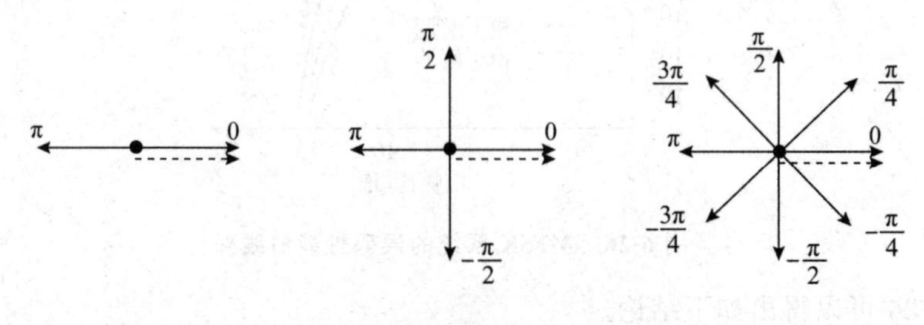

(a) A 方式

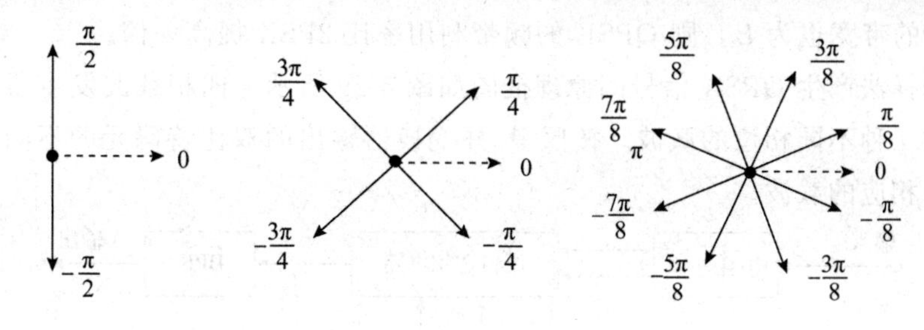

（b）B 方式

图 6-27　MPSK 的两种矢量图（M=2，4，8）

下面以 4PSK 为例来说明多相制的原理。

4PSK 信号又称为正交相移键控（QPSK）信号，可看成由两个正交 2PSK 信号相加而成。QPSK 四相制是用载波的 4 种不同相位来表征数字信息。在 QPSK 调制中，要发送的比特序列，每两个相连的比特分为一组，构成一个双比特码元。双比特码元的 4 种状态（00，10，11，01）用载波的 4 个不同相位 φ_k 来表示。

表 6-2 是双比特码元与载波相位的对应关系。

表 6-2　双比特码元与载波相位的关系

双比特码元	载波相应 φ_k	
	A 方式	B 方式
0	0	5π/4
10	π/2	7π/4
11	π	π/4
1	3π/2	3π/4

QPSK 的产生方法可采用调相法和相位选择法。图 6-28 所示为调相法产生 B 方式 4PSK 信号的原理框图，它实质是将两个正交的 2PSK 信号相加。

图 6-28 中输入的二进制串行码元经串/并转换器变为并行的双比特码流，经极性变换后，将单极性码变为双极性码，然后分别与正交载波相乘，完成二进制相位调制。两路信号叠加后，即得到 B 方式 QPSK 信号。若需要产生 A 方式 QPSK 信号，只需要把载波相移 π/4 后再与调制信号相乘即可。

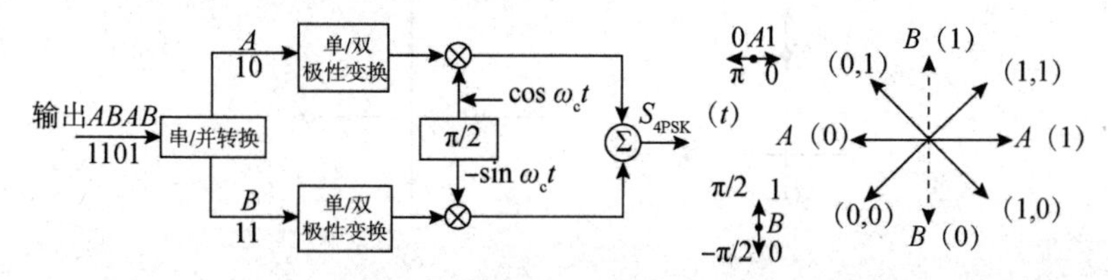

图 6-28　调相法产生 B 方式 4PSK 信号的原理框图

由于每个 2PSK 支路的码元长度是原序列比特长度的 2 倍，即码元速率为原比特速率的一半，另外每支路有相同的功率谱和相同的带宽 B，而两个支路信号叠加得到的

QPSK 信号的带宽也为 B，则 QPSK 的频带利用率比 2PSK 提高一倍。

相位选择法产生 QPSK 信号的原理框图如图 6-29 所示。四相载波发生器分别输出调相所需的 4 种不同相位的载波。按照串/并变换器输出的双比特码元的不同，逻辑选相电路输出相应的载波。

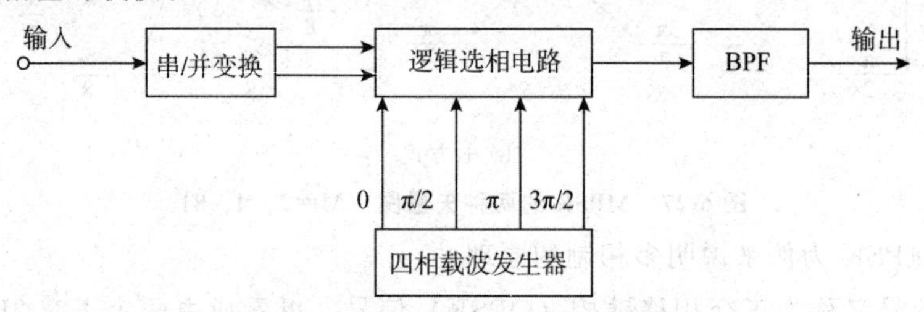

图 6-29　相位选择法产生 QPSK 信号的原理框图

由于四相绝对相移信号可以看成两个正交 2PSK 信号的合成，对应如图 6-28 所示的 B 方式 QPSK 信号的解调，可采用与 2PSK 信号类似的解调方法进行解调。B 方式 QPSK 信号相干解调原理框图如图 6-30 所示，用两个正交的相干载波分别对两路 2PSK 信号进行相干解调，再经并/串变换器将解调后的并行数据恢复成串行数据。

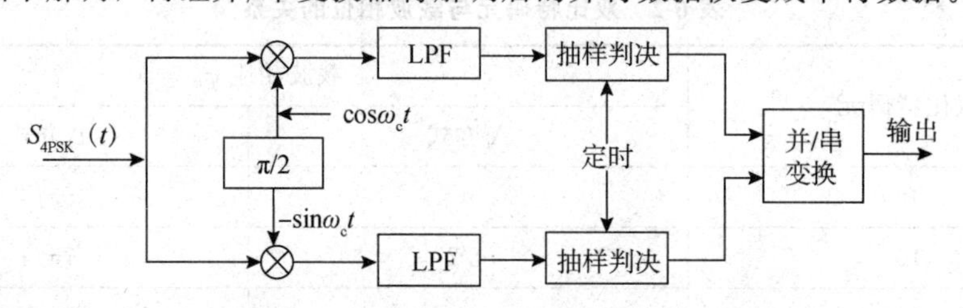

图 6-30　B 方式 QPSK 信号相干解调原理框图

各种系统相应的信号点集可用几何图形直观地表示出来，即矢量端点的分布图。信号点集的图形宛如天空中的星座，所以常被称为信号星座图。几种数字传输系统的信号星座图如图 6-31 所示。

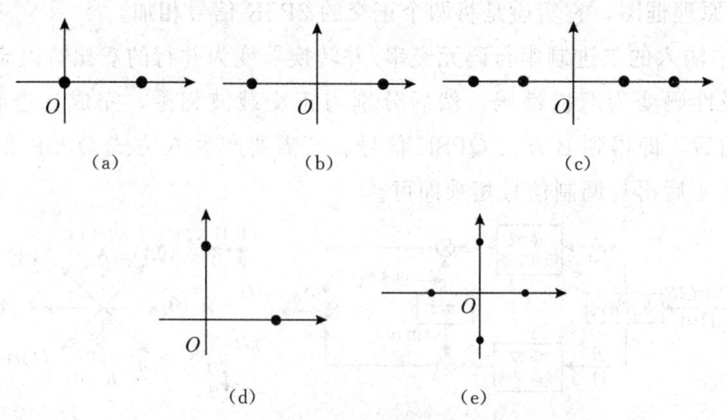

图 6-31　几种数字传输系统的信号星座图

(a) 2ASK 系统；(b) 2PSK 系统；(c) 4ASK 系统；(d) 2FSK 系统；(e) QPSK 系统

在信号传输过程中，发射端的映射操作将待传输的符号对应于星座图中的某个特

定的信号点 s_i，该信号点通过信道传输后，由接收端的分析器输出为接收点 r。如果信号是“干净”的，既没有噪声又没有畸变，那么所有的 r 应该落在信号空间中的各个 s_i 点处。由于噪声的存在或接收机不理想或码间干扰的影响，它将偏离 s_i 点，随机地落在其附近。r 点的各种可能位置围绕 s_i 点形成云状图形，称为云图。云图将各种因素对接收点位置的综合影响集中体现，可以通过通信测试设备实际测得。

几种数字调制信号的云图如图 6-32 所示。

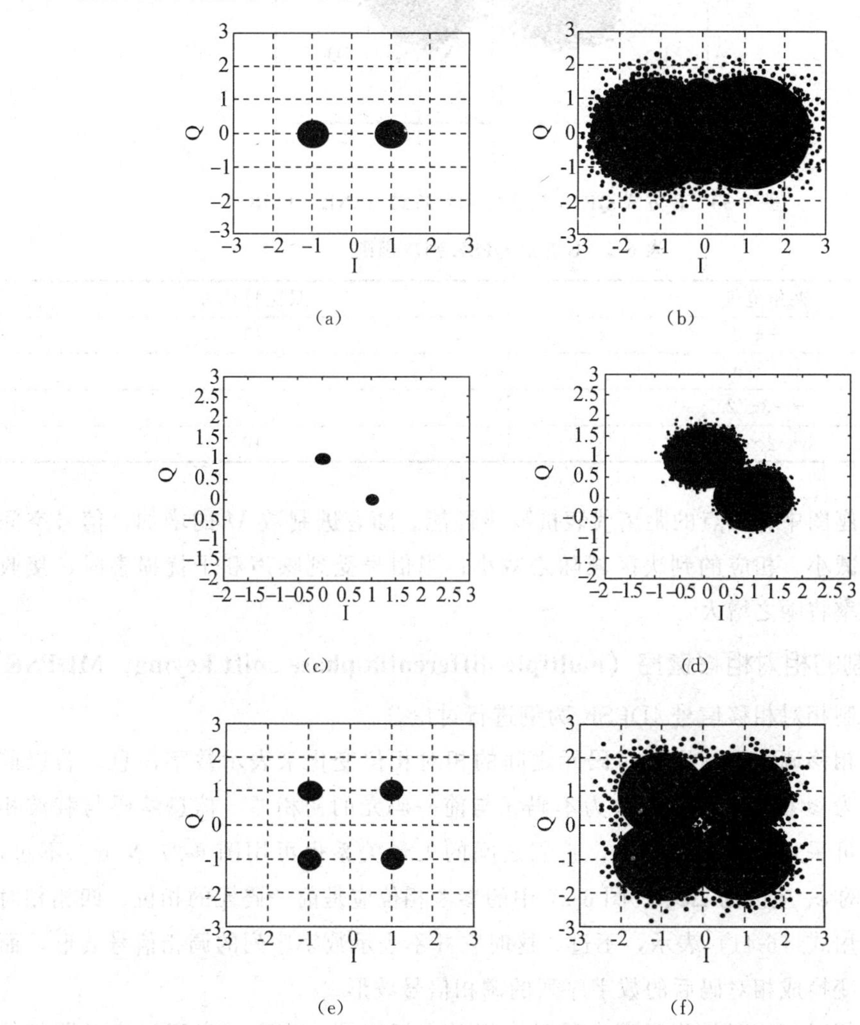

图 6-32　几种数字调制信号的云图

(a) 2PSK（SNR=20 dB）；(b) 2PSK（SNR=5 dB）；(c) 2FSK（SNR=30 dB）；(d) 2FSK（SNR=10 dB）；(e) QPSK（SNR=20 dB）；(f) QPSK（SNR=5 dB）

接收点的云图与基带波形的眼图相似。云图是观察传输信号与系统质量的一种定性而方便的实验数据。云图收缩得越小，信号的质量越好；反之，云图越散，信号中的噪声与畸变越大。当各信号点的云图扩散到彼此混叠以后，传输系统的错码会明显增加。

B 方式 QPSK 的云图和判决域如图 6-33 所示，其具体判决规则见表 6-3。

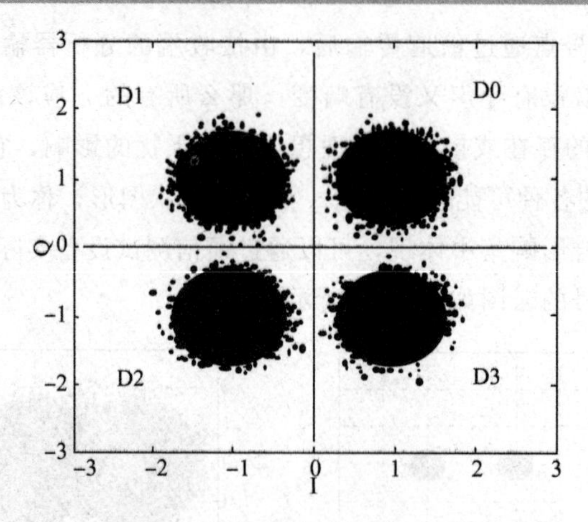

图 6-33　B 方式 QPSK 的云图和判决域（SNR＝10dB）

表 6-3　B 方式 QPSK 判决规则

夹角范围	双比特码元
0～π/2	11
π/2～π	1
π～3π/2	0
3π/2～2π	10

可见，星座图中相邻点的距离代表抗噪声性能。随着进制数 M 的增加，信号空间中各点的距离减小，相应的判决区域随之减小；当信号受到噪声和干扰损害时，接收信号的错误概率将随之增大。

2. 多进制的相对相移键控（multiple differentia phase shift keying，MDPSK）

仍以四进制相对相移信号 4DPSK 为例进行讨论。

四相相对相移调制是利用前后码元之间的相对相位变化来表示数字信息。若以前一码元相位作为参考，并令 $\Delta\varphi_k$ 作为本码元与前一码元的初相差，信息编码与载波相位变化关系仍可采用表 6-2 来表示，它们之间的矢量关系也可用图 6-27 表示。不过，这时表 6-2 中的 φ_k 应改为 $\Delta\varphi_k$；图 6-27 中的参考相位应是前一码元的相位。四相相对相移键控仍可用式（6-41）表示，不过，这时它并不表示数字序列的调相信号波形，而是表示绝对码变换成相对码后的数字序列的调相信号波形。

另外，当相对相位变化等概率出现时，相对调相信号的功率谱密度与绝对调相信号的功率谱密度相同，其带宽也与绝对调相信号带宽相同。

3. 多进制相移键控的抗噪声性能

对 MPSK 相干解调时，当信噪比 r 足够大时，误码率可近似为

$$P_e = e^{-r\sin^2(\pi/M)} \tag{6-42}$$

对 MDPSK 差分相干解调时，当信噪比 r 足够大时，误码率可近似为

$$P_e = e^{-2r\sin^2(\pi/2M)} \tag{6-43}$$

比较式（6-42）和式（6-43）可见，在相同误码率下，将有下式成立

$$\frac{r\text{ 右下角标}}{r\text{ 右下角标}}=\frac{\sin^2(\pi/M)}{2\sin^2(\pi/2M)} \tag{6-44}$$

MPSK 和 MDPSK 系统的误码性能曲线如图 6-34 所示。为了获得高的频带利用率，有时要增大 M，但随着 M 值的增大，当具有相同信噪比时，其误码率会急剧增加，抗噪声性能会恶化，当 M 过大时，MPSK 系统的误码性能下降很多；差分解调与相干解调相比约损失 3 dB 的功率，在四相时，大约损失 2.3 dB 的功率。因此，实际上常用的 MPSK 系统为 QPSK 系统和 8PSK 系统。

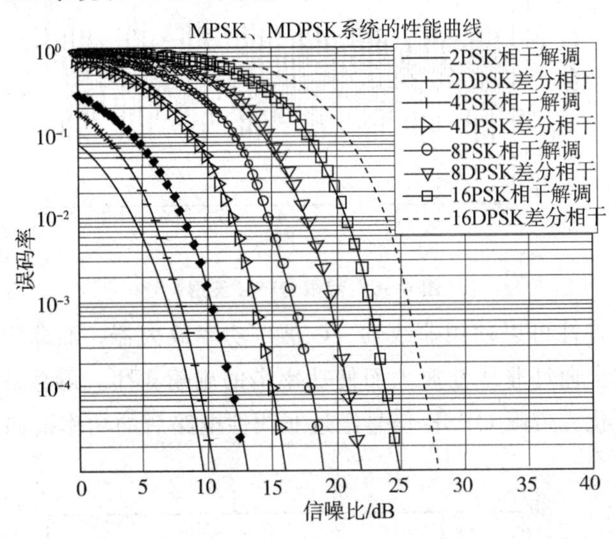

图 6-34　MPSK 和 MDPSK 系统的误码性能曲线

4. QPSK 的相位跳变

计算机分析表明，QPSK 波形的包络恒定，但在各个时隙边界处经常出现间断，QPSK 波形和功率普如图 6-35 所示，这种间断使得信号的功率谱有很高的旁瓣。当基带信号为方波时，它含有较丰富的高频分量，主瓣的功率占 90%，而 99%的功率带宽约为 $10R_B$ 。

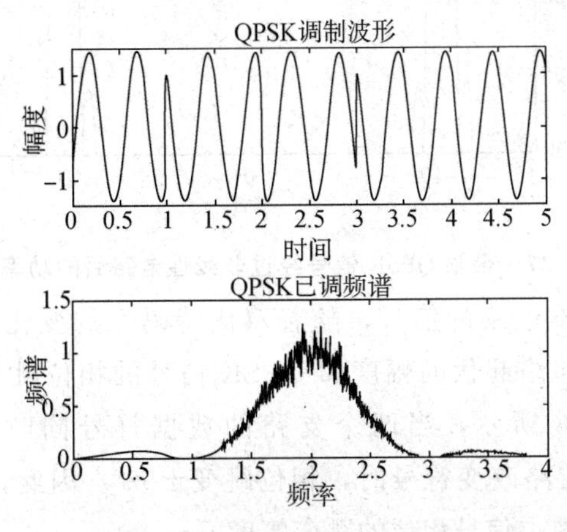

图 6-35　QPSK 波形和功率谱

为了在实际有限带宽的信道上传输，必须限制 QPSK 信号的带宽。在两个支路加入符合带限信道无码间干扰设计的升余弦特性滤波器，对形成的基带信号实现限带，衰减其部分高频分量，就可以减小已调信号的副瓣。由升余弦滤波器形成的基带信号是连续的波形，它以有限的斜率通过零点，因此各支路的 2PSK 信号的包络有起伏且最小值为零，即带限 QPSK 信号的包络不再恒定，带限 QPSK 波形如图 6-36 所示，计算机仿真发现，带限 QPSK 信号的包络可以低至零，起伏大致为 0～1.25。

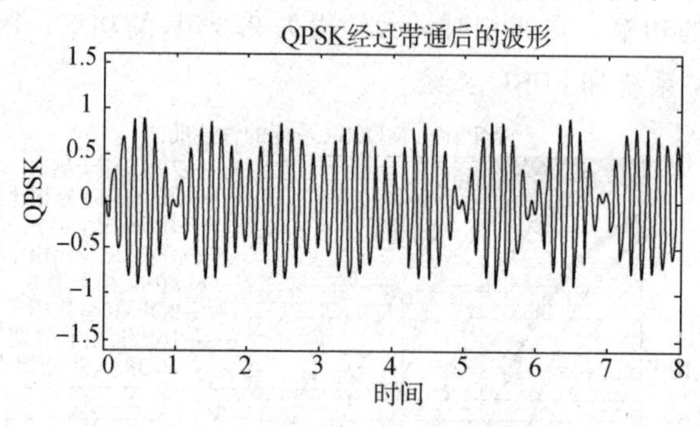

图 6-36　带限 QPSK 波形

信号的恒包络特性可以使用非线性（C 类）功率放大器，而非恒包络信号对非线性放大很敏感，它会通过非线性放大而使功率谱的副瓣再生，导致频谱扩展，从而造成对相邻信道的干扰。带限 QPSK 信号经过非线性电路后的功率谱如图 6-37 所示，可见旁瓣增大了。

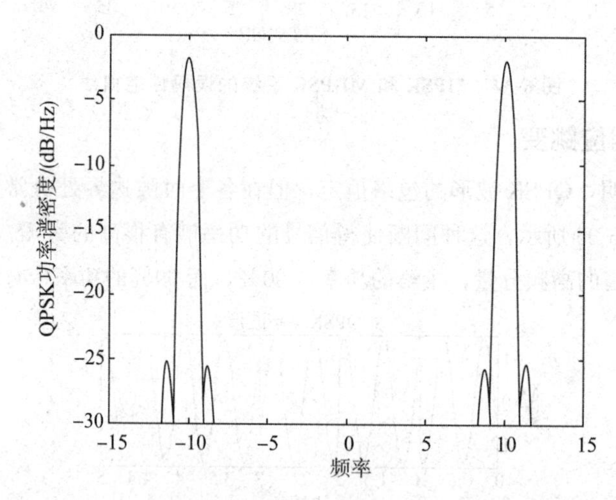

图 6-37　带限 QPSK 信号经过非线性电路后的功率谱

QPSK 是一种相位不连续的信号，随着双比特码元的变化，在码元转换的时刻，信号的相位发生跳变。包络起伏的幅度和 QPSK 信号的相位跳变幅度有关。QPSK 信号的相位跳变如图 6-38 所示，当两个支路的数据符号同时发生变化时，相位跳变±180°；当只有一个支路改变符号时，相位跳变±90°。因此，减小信号包络的波动幅度，采取的措施就是减小信号相位的跳变幅度。

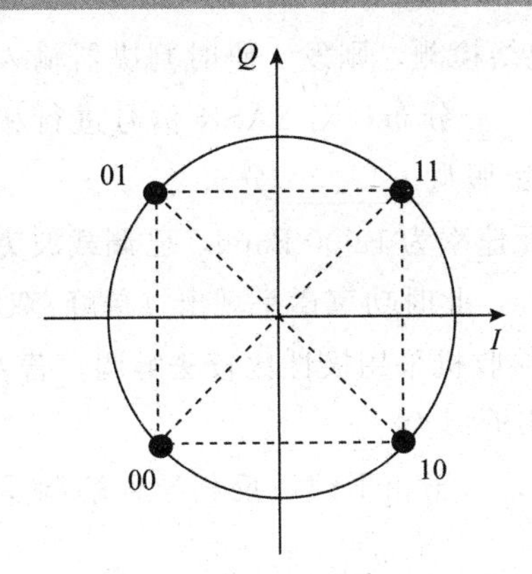

图 6-38　QPSK 信号的相位跳变

本章小结

数字调制是用基带信号对高频载波的一个参量进行控制，使高频载波的振幅、频率或相位随数字基带信号而变化的过程。数字调制分为数字调幅（ASK）、数字调频（FSK）和数字调相（PSK）。数字调幅（ASK）可以通过乘法器和键控法来实现。ASK 信号的解调分相干解调（同步解调）和包络解调（非相干解调）。

数字调频也称为频移键控（FSK）。FSK 信号可由调频法和频率键控法产生。同步解调使 FSK 信号通过两个带通滤波器将其分为上下两路 ASK 信号，再对两路信号进行比较判决，以实现 FSK 信号的解调。FSK 信号的包络解调相当于两路 ASK 信号的包络解调。

数字相位调制也称为相位键控（PSK）。数字相位键控可分为绝对相移（CPSK）和相对相移（DPSK）两种。调相信号的解调方法主要有极性比较法（也称为相干解调法）和相位比较法（也称为非相干解调法）两种。

通过二进制数字调制系统的性能比较，可知 ASK 及 PSK 系统的带宽相当，而 FSK 系统的带宽较宽，FSK 系统的频率利用率最差。

多进制调制分多进制数字振幅调制（MASK）、多进制数字频率调制（MFSK）、多进制数字相位调制（MPSK）等方法。

习　题

一、填空题

1. 用二进制数字基带信号分别控制载波的振幅、频率和相位，由此得到的 3 种基本调制方式分别是 2ASK、________和________。

2. 对 2ASK 信号进行包络检测，则发 1 码时判决器输入端的取样值服从________分布，发 0 码时则服从________分布，对 2ASK 信号进行相干解调，判决器输入端的取样值在发送 1 码及 0 码时都服从________分布 。

3. 2FSK 调制系统的码元速率为 1 000 Baud，已调载波为 2 000 Hz 或 3 000 Hz，则 2FSK 信号的带宽为________，此时功率谱呈现出（单峰/双峰）特性。

4. 在 2DPSK 系统中，接收机采用极性比较法解调，若差分译码器输入端的误码率为 P'_e，则输出信息的误码率近似为________。

5. 在 2PSK 解调过程中，由于相干载波反相导致解调器输出信息与原信息完全相反，这种现象称为________。

6. 当二进制数字信息的速率为 1 000 bit/s 时，2ASK 信号的带宽为________，2DPSK 信号的带宽为________，4PSK 信号的带宽为________。由此可见，这 3 种调制方式中，频带利用率最高的是________。

7. “1”“0”等概，解调器中取样判决器输入端信号的峰-峰值为 8 mV，若接收信号为 2ASK 信号，则判决器的最佳判决门限电平为________，若接收信号是 2PSK 信号，则判决然的最佳判决门限电平为________，设取样时刻平均值高斯噪声的功率为 2×10^{-6} W，则 2PSK 解调器的误码率为________。（已知 erfc(0.5) ＝0.479 5，erfc(1) ＝0.1573，erfc(1.5) ＝0.033 9，erfc(2) ＝0.0046 8）

二、选择题

1. 在二进制调制系统中，抗噪声性能最好的是（　　）。

A. 2DPSK　　B .2FSK　　C. 2ASK　　D. 2PSK

2. 对 2PSK 信号进行解调，可采用（　　）。

A. 包络解调　　B. 相干解调

C. 极性比较－码变换　　D. 非相干解调

3. 关于 2PSK 和 2DPSK 调制信号的带宽，下列说法正确的是（　　）。

A. 相同　　B. 不同

C. 2PSK 的带宽小　　D. 2DPSK 的带宽小

4. 当“1”“0”等概时，下列调制方式中，对信道特性变化最为敏感的是（　　）。

A. 2PSK　　B. 2DPSK　　C. 2FSK　　D. 2ASK

5. 对于 2PSK 和 2DPSK 信号，码元速率相同，信道噪声为加性高斯白噪声。若要求误码率相同，则所需的信号功率（　　）。

A. 2PSK 比 2DPSK 高　　B. 2DPSK 比 2PSK 高

C. 2PSK 和 2DPSK 一样高　　D. 不能确定

6. 4DPSK 与 4PSK 调制的不同点是（　　）。

A. 4DPSK 是恒包络调制，4PSK 不是恒包络调制

B. 4DPSK 信号相邻码元的相位跳变值比 4PSK 信号小

C. 4DPSK 的频带利用率比 4PSK 高

D. 4DPSK 调制的信息携带在相邻码元的载波相位差上，而 4PSK 调制的信息则携带在已调波与参考载波之间的相位差上。

7. 相同码元速率的情况下，关于 4PSK、4DPSK、16FSK、16QAM 信号的频带利用率，下面说法正确的是（　　）。

A. 4PSK 最小　　B. 16 FSK 最大

C. 4DPSK 最小　　D. 16QAM 最大

8. 解调 2PSK 信号时，如果“1”“0”不等概，则判决门限应（　　）。

A. 大于 0　　B. 小于 0　　C. 等于 0　　D. 不能确定

三、简答题

1. 什么是数字调制？它与模拟调制有什么区别？
2. 什么是相干解调？什么是非相干解凋？各有什么特点？
3. 什么是绝对调相？什么是相对调相？它们有何区别？
4. 二进制数字调制系统的误码率主要与哪些因素有关？如何降低误码率？

四、综合题

1. 已知某 2ASK 系统，码元速率 1 000 Baud，载波信号为 $\cos 2\pi f_c t$ ，设数字基带信息为 10110。

（1）画出 2ASK 调制器框图及其输出的 2ASK 信号波形（设 $T_b=5T$）。

（2）画出 2ASK 信号功率谱示意图。

（3）求 2ASK 信号的宽带。

（4）画出 2ASK 相干解调器框图及各点波形示意图。

（5）画出 2ASK 包络解调器框图及各点波形示意图。

2. 某 2FSK 调制系统，码元速率 1 000 Baud，载波频率分别为 2 000 Hz 及 4 000 Hz。

（1）当二进制数字信息为 1100101 时，画出其对应 2FSK 信号波形。

（2）画出 2FSK 信号的功率谱示意图。

（3）求传输此 2FSK 信号所需的最小信道宽带。

（4）画出此 2FSK 信号相干解调框图及当输入波形为（1）时解调器各点的波形示意图。

3. 已知数字信息 $\{a_n\}$ =1011010，分别以下列两种情况画出 2PSK、2DPSK 信号的波形。

（1）码元速率为 1 200 Baud，载波频率为 1 200 Hz。

（2）码元速率为 1 200 Baud，载波频率为 2 400 Hz。

4. 已知数字信息为 $\{a_n\}$ =1100101，码元速率为 1 200 Baud，载波频率为 2 400 Hz。

（1）画出相对码 $\{b_n\}$ 的波形（采用单极性全占空矩形脉冲）。

（2）画出相对码 $\{b_n\}$ 的 2PSK 波形。

（3）求此 2DPSK 信号的宽带。

5. 假设在某 2DPSK 系统中，载波频率为 2 400 Hz，码元速率为 2 400 Baud。已知信息序列为 $\{a_n\}$ =1010011。

（1）试画出 2DPSK 波形。

（2）若采用差分相干解调法（相位比较法）接收该信号，试画出解调器框图及各点波形。

第 7 章　差错控制编码

本章导读

差错控制编码，又称信道编码、纠错码、抗干扰编码或可靠性编码，是提高数字信号传输可靠性的有效方法之一。本章主要讲述差错控制编码的基本方法及纠错编码的基本原理，线性分组码、卷积码、信道编码的构造原理及其应用。

本章目标

◎掌握信道编码的目的、纠检错原理

◎掌握差错控制编码的几种方式

◎掌握线性分组码、循环码，了解汉明码的编码过程及检纠错能力的关系

◎了解卷积码的基本概念

◎了解信道编码在 LTE 中的应用

7.1　差错控制编码的基本知识

7.1.1　信源编码与信道编码的基本概念

设计通信系统的目的就是把信源产生的信息有效可靠地传送到目的地。在数字通信系统中，为了提高数字信号传输的有效性而采取的编码称为信源编码；为了提高数字通信的可靠性而采取的编码称为信道编码。

1. 信源编码

信源可以有各种不同的形式，例如在无线广播中，信源一般是一个语音源（语音或音乐）；在电视广播中，信源主要是活动图像的视频信号源。这些信源的输出都是模拟信号，故称之为模拟源。数字通信系统传送数字形式的信息，因此，这些模拟源如果想利用数字通信系统进行传输，就需要将模拟信息源的输出转化为数字信号，这个转化过程就称为信源编码。

在移动通信系统中，信源编码（语音编码）决定了接收到的语音的质量和系统容

量，其目的就是在保持一定算法复杂程度和通信时延的前提下，运用尽可能少的信道容量，传送尽可能高的语音质量。目前较为常用的语音编码形式有：脉冲编码调制（PCM）、差分脉冲编码调制（DPCM）、自适应差分脉冲编码调制（ADPCM）、增量调制（ΔM）等。

2. 信道编码（差错控制编码）

在实际信道传输数字信号的过程中，引起传输差错的根本原因在于信道内存在的噪声以及信道传输特性不理想所造成的码间串扰。为了提高数字传输系统的可靠性，降低信息传输的差错率，可以利用均衡技术消除码间串扰，利用增大发射功率、降低接收设备本身的噪声、选择好的调制与解调方法、加大天线的方向性等措施，提高数字传输系统的抗噪性能，但是上述措施也只能将差错减少至一定程度。要进一步提高数字传输系统的可靠性，就需要采用差错控制编码，对可能或已经产生的差错进行控制。差错控制编码是在信息序列上附加一些监督码元，利用这些冗余的码元，使原来不规律的或规律性不强的原始数字信号变为有规律的数字信号，差错控制译码则利用这些规律性来鉴别传输过程是否发生错误，或进而纠正错误。

7.1.2 信道编码的分类

在差错控制系统中，信道编码存在着多种实现方式，同时信道编码也有多种分类方法。

（1）按照信道编码的不同功能，可以将信道编码分为检错码和纠错码。纠正码可以纠正误码，当然同时具有检错的能力，当发现不可纠正的错误时可以发出错误提示。

（2）按照信息码元和监督码元之间的检验关系，可以将信道编码分为线性码和非线性码。若信息码元与监督码元之间的关系为线性关系，即满足一组线性方程式，称为线性码；否则，称为非线性码。

（3）按照信息码元和监督码元之间的约束方式不同，可以将信道编码分为分组码和卷积码。在分组码中，编码后的码元序列每 n 位分为一组，其中 k 位信息码元，r 个监督位，$r=n-k$ 。监督码元仅与本码字中的信息码元有关。卷积码则不同，监督码元不但与本信息码元有关，而且与前面码字的信息码元也有约束关系。

（4）按照信息码元在编码后是否保持原来的形式，可以将信道编码分为系统码和非系统码。在系统编码中，编码后的信息码元保持原样不变，而非系统码中的信息码元则发生了变化。

（5）按照纠正错误的类型不同，可以将信道编码分为纠正随机错误码和纠正突发错误码。前者主要用于发生零星独立错误的信道，而后者用于对付以突发错误为主的信道。

（6）按照所采用的数学方法不同，可以将信道编码分为代数码、几何码和算术码。随着数字通信系统的发展，可以将信道编码器和调制器统一起来综合设计，这就是所谓的网格编码调制。同时将卷积码和随机交织器结合在一起，实现了随机编码的思想，并利用多次迭代方案进行译码，设计出了 Turbo 编码技术。

7.1.3　差错控制方式

在差错控制系统中，常用的差错控制方式主要有三种：前向纠错（forward error correction，FEC）、自动检错重发（automatic mrror request，ARQ）和混合纠错（HEC），如图 7-1 所示，有斜线的方框图表示在该端进行错误的检测。

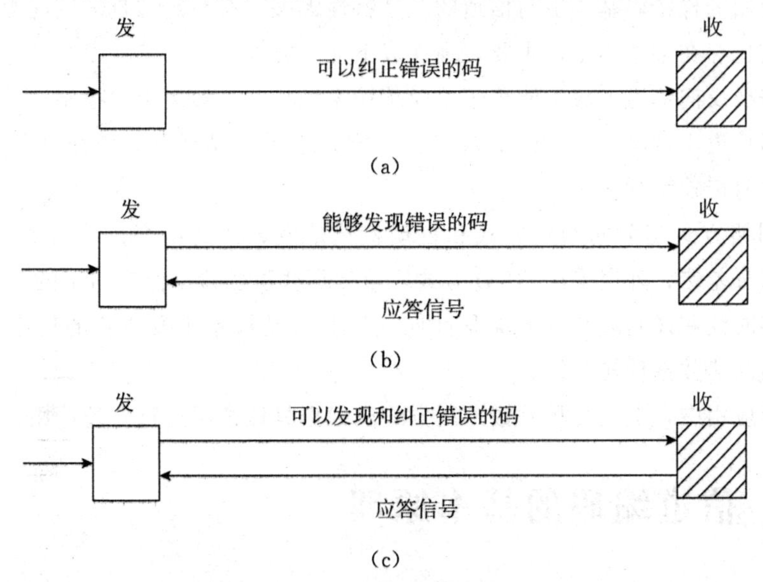

图 7-1　差错控制方式

(a) 前向纠错；(b) 自动检错重发；(c) 混合纠错

前向纠错系统中，发送端经编码发出能够纠正错误的码组，接收端收到这些码组后，通过译码能自动发现并纠正传输中的错误。前向纠错方式只要求正向信道，因此特别适合只能提供单向信道的场合，同时也适合一点发送多点接收的同播方式。由于能自动纠错，不要求检错重发，因此接收信号的延时小，实时性好。为了使纠错后获得低差错率，纠错码应具有较强的纠错能力，但纠错能力愈强，编译码设备愈复杂。

自动检错重发系统中，发送端经编码后发出能够检错的码，接收端收到后进行检验，再通过反向信道反馈给发送端一个应答信号。发送端在收到应答信号后进行分析，如果是接收端认为有错，发送端就将储存在缓冲存储器中的原有码组复本读出后重新传输，直到接收端认为已正确收到信息为止。ARQ 系统的原理框图如图 7-2 所示。

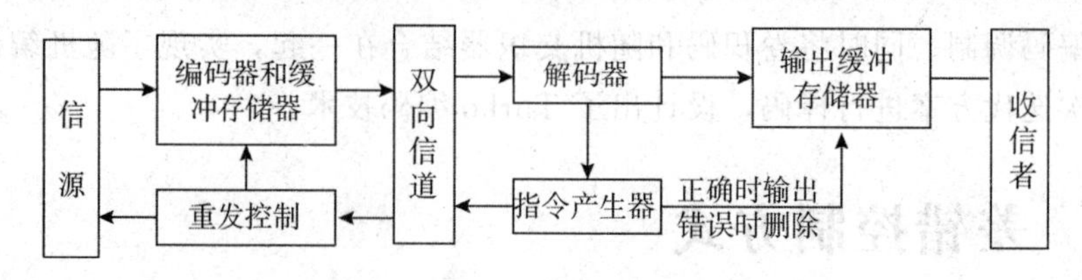

图 7-2　ARQ 系统的原理方框图

基于上述分析，自动检错重发的优点主要表现在以下几个方面。

(1) 只需要少量的冗余码，就可以得到极低的输出误码率。

(2) 使用的检错码基本上与信道的统计特性无关，有一定的自适应能力。

同时它也存在某些不足，主要表现在以下几个方面。

(1) 需要反向信道，故不能用于单向传输系统，并且实现重发控制比较复杂。

(2) 当信道干扰增大时，整个系统有可能处于重发循环中，因而通信效率低，不适合严格实时传输系统。

混合纠错方式是前向纠错方式和自动检错重发方式的结合，其内层采用 FEC 方式，纠正部分差错；外层采用 ARQ 方式，重传那些虽已检出但未纠正的差错。混合纠错方式在实时性和译码复杂性方面是前向纠错和自动检错重发方式的折中，较适合环路延迟大的高速数据传输系统。

在实际应用中，上述几种差错控制方式应根据具体情况进行合理选用。

7.1.4　信道编码的基本原理

前已提及，信道编码的基本思想是在被传送的信息中附加一些监督码元，在两者之间建立某种校验关系，当这种校验关系因传输错误而受到破坏时，可以被发现并予以纠正。这种检错和纠错能力是用信息量的冗余度来换取的。

下面我们以三位二进制码组为例，说明检错纠错的基本原理。三位二进制码元共有 8 种可能的组合：000、001、010、011、100、101、110、111。如果这 8 种码组都可传递消息，若在传输过程中发生一个误码，则一种码组会错误地变成另一种码组。由于每一种码组都可能出现，没有多余的信息量，因此接收端不可能发现错误，以为发送的就是另一种码组。但若只选其中 000、011、101、110 这 4 种码组（这些码组称为许用码组）来传送消息，这相当于只传递 00、01、10、11 四种信息，而第 3 位是附加的。这位附加的监督码元与前面两位码元一起，保证码组中 1 码的个数为偶数。除上述 4 种许用码组以外的另外 4 种码组不满足这种校验关系，称为禁用码组，在编码后的发送码元中是不可能出现的。接收时一旦发现这些禁用码组，就表明传输过程中发生了错误。用这种简单的校验关系可以发现一个和三个错误，但不能纠正错误。例如，当接收到的码组为 010 时，可以断定这是禁用码组，但无法判断原来是哪个误组。虽然原发送码组为 101 的可能性很小（因为发生三个误码的情况极少），但不能绝对排除，即使传输过程中只发生一个误码，也有三种可能的发送码组：000、011和110。如果进一步将许用码组限制为000和111两种，则不难看出，用这种方法可以发现所有两个以下的误码，如用来纠错，则可纠正一位错误。

在信道编码中，定义码组（码字）中编码码元的总位数称为码组长度，简称码长。例如110的码长为3，10101的码长为5。码组中非零码元的数目为码组的重量，简称码重。例如010码组的码重为1，011码组的码重为2。把两个码组中对应码位上具有不同二进制码元的位数定义为两码组的距离，称为汉明（Hamming）距，简称码距。在一个码长相同的码组集合中，并不是所有的码组之间的码距都是一样的，一般将码距中的最小值称为最小码距 d_{min} 。在上述三位码组例子中，8种码组均为许用码组时，两码组间的最小距离为1，称这种编码的最小码距为1，常记作 $d_{min}=1$。

一种编码的最小码距直接关系到这种码的检错和纠错能力，因此最小码距是信道编码的一个重要参数。在一般情况下，对于分组码有以下结论。

（1）在一个码组内检测 e 个误码。要求最小码距

$$d_{min} \geqslant e+1 \tag{7-1}$$

（2）在一个码组内纠正 t 个误码，要求最小码距

$$d_{min} \geqslant 2t+1 \tag{7-2}$$

（3）在一个码组内纠正 t 个误码．同时检测 e（$e \geqslant t$）个误码，要求最小码距

$$d_{min} \geqslant t+e+1 \tag{7-3}$$

7.2　线性分组码

7.2.1　线性分组码的原理

差错控制码可分为信息码元和监督码元，信息码元与监督码元之间存在一定的关系，如00、01、10、11添加1位监督码元后使其成为偶监督码

00　0

01　1

10　1

11　0

依据它们的顺序，可用系数将其表示为 $[a_2a_1a_0]$ 。其中，a_2a_1 为信息码元，a_0 为监督码元。在此可以看出

$$a_0=a_1 \oplus a_2 \tag{7-4}$$

式（7-4）是模2相加的线性关系，而且监督码元只与本码组的信息码元有关，而

与其他码组的信息码元无关，这种码组称为线性分组码。

上述码组的码长为3，而信息码元的个数为2，则可将此线性分组码写成（3，2）码。以此类推，若线性分组码的码长为行，信息码的个数为列，则此线性分组码可表示为（n，k）形式，监督码元的数目为 $n-k$ 。其编码效率为 $\eta=k/n$ 。如（7，3）分组码，其码长为7，信息码元的个数为3，编码效率为 $\eta=k/n=3/7$。

【例7-1】 某（7，3）线性分组码，码组用 $A=[a_6a_5a_4a_3a_2a_1a_0]$ 表示，前3位 $a_6a_5a_4$ 为信息码元，后四位 $a_3a_2a_1a_0$ 为监督码。已知监督码元与信息码元之间满足以下关系

$$\begin{cases} a_3=a_6 \oplus a_4 \\ a_2=a_6 \oplus a_5 \oplus a_4 \\ a_1=a_6 \oplus a_5 \\ a_0=a_5 \oplus a_4 \end{cases} \tag{7-5}$$

试求其所有的码组。

解：一旦 $a_6a_5a_4$ 给定，$a_3a_2a_1a_0$ 的值也就确定，$a_6a_5a_4$ 从000到111变化时，其监督码可由式7-5模2相加得到，整个码组计算结果如表7-1所示。

表7-1　（7，3）码组表

码组						
信息码元			监督码元			
0	0	0	0	0	0	0
0	0	1	1	1	0	1
0	1	0	0	1	1	1
0	1	1	1	0	1	0
1	0	0	1	1	1	0
1	0	1	0	0	1	1
1	1	0	1	0	0	1
1	1	1	0	1	0	0

由表7-1可见，线性分组码有以下两个重要的特点。

（1）封闭性，即任意两个码组的和必为另一个码组。

（2）任意两个码组之间的码距必等于其中某一个码组的码重。

7.2.2　循环码

1. 循环码的特点

循环码最大的特点就是码组的循环特性。所谓循环特性是指循环码中任一许用码

组经过循环移位后，所得到的码组仍然是许用码组。若 $[a_{n-1}\ a_{n-2}\ \cdots\ a_1\ a_0]$ 为循环码，则去除 0000000 码组，其余任一码组左循环一位（或右循环一位）仍是此循环码中的某一许用码组。全 0 码、全 1 码自成一循环码。循环码是线性分组码，它具有线性分组码封闭性的特点；任意两个码组的码距一定等于其中一个码组的码重。

2. 循环码的生成多项式

（1）多项式的表达

在讨论循环码时，利用多项式来表达循环码的码组。具体方法是：

用 $a_6a_5a_4a_3a_2a_1a_0$ 表示多项式的系数；用 $x^6x^5x^4x^3x^2x^1x^0$ 表示元素的位置。

循环码的码组多项式为

$$A(x)=a_6x^6+a_5x^5+a_4x^4+a_3x^3+a_2x^2+a_1x^1+a_0x^0 \tag{7-6}$$

对于例 7-1 列举的循环码中的某一码组 0011101，其多项式为

$$A(x)=0\cdot x^6+0\cdot x^5+1\cdot x^4+1\cdot x^3+1\cdot x^2+0\cdot x^1+1\cdot x^0= x^4+x^3+x^2+1$$

码组 1110100 的多项式表达式为

$$A(x)=1\cdot x^6+1\cdot x^5+1\cdot x^4+0\cdot x^3+1\cdot x^2+0\cdot x^1+0\cdot x^0= x^6+x^5+x^4+x^2$$

对于有 n 位码元的码组，其多项式的系数用 $[a_{n-1}a_{n-2}\cdots a_1a_0]$ 表示，码元的位置用 $x^{n-1}x^{n-2}\cdots x^1x^0$ 表示，则该码的多项式为

$$A(x)=a_{n-1}\cdot x^{n-1}+a_{n-2}\cdot x^{n-2}+\cdots+a_1\cdot x_1+a_0\cdot x^0$$

它的幂次对应码元的位置，系数对应码元的取值，系数之间的加法和乘法服从模 2 规则。码的最高次幂应为 $n-1$ 次。

根据循环码的循环特性，若码组 $A=[a_{n-1}a_{n-2}\cdots a_1a_0]$ 为一循环码，则它经过一次循环后仍为循环码的许用码组，对应的码组为 $A^{(1)}=[a_{n-2}a_{n-3}\cdots a_1a_0a_{n-1}]$，经过 i 次循环后，码组为 $A^{(i)}=[a_{n-i-1}a_{n-i-2}\cdots a_0\cdots a_{n-i+1}a_{n-i}]$。

（2）生成多项式

假如一个 k 位信息码组 $D=[d_{k-1},\ d_{k-2},\ \cdots,\ d_1,\ d_0]$，用信息多项式 $d(x)$ 表示为

$$d(x)=d_{k-1}x^{k-1}+d_{k-2}x^{k-2}+\cdots+d_1x+1 \tag{7-7}$$

如果已知 $d(x)$，求解相应的码组多项式 $c(x)$，这就构成了编码问题。

假设码组多项式可表示为

$$c(x)=d(x)g(x) \tag{7-8}$$

式中 $g(x)$ 是 x^n+1 的 $n-k$ 次因子，称为生成多项式，它是（x^n+1）的分解因子，表 7-2 列出了 $n=7$ 和 $n=15$ 时 x^n+1 的因式分解。

表 7-2　$n=7$ 和 $n=15$ 时 x^n+1 的因式分解

$n=7$			$n=15$		
（7，k）码	d_{min}	g（x）	（15，k）码	d_{min}	g（x）
（7，6）	2	（1，0）	（15，14）	2	（1，0）
（7，4）	3	（3，1，0）	（15，11）	3	（4，1，0）
（7，3）	4	（3，1，0） （1，0）	（15，10）	4	（1，0） （4，1，0）
（7，1）	7	（3，1，0） （3，2，0）	（15，7）	5	（4，1，0） （4，3，2，1，0）
			（15，6）	6	（1，0） （4，1，0） （4，3，2，1，0）
			（15，5）	7	（4，1，0） （4，3，2，1，0） （2，1，0）
			（15，4）	8	（1，0） （4，1，0） （4，3，2，1，0） （2，1，0）
			（15，2）	10	（1，0） （4，1，0） （4，3，2，1，0） （4，3，0）
			（15，1）	15	（4，1，0） （4，3，2，1，0） （4，3，0） （2，1，0）

在表 7-2 中，（3，1，0）代表因式 x^3+x^1+1，其余类推。数字代表 x 的幂次，以代数和的形式相叠加。

3. 循环码的编码过程

【例 7-2】 若（7，4）信息码 $D=[0111]$，循环码的生成多项式 $g(x)=x^3+x+1$，求输出码组 C。

解：由（7，4）码组可知 $n=7$，$k=4$，$m=3$。

由 $D=[0111]$，可知信息码的多项式为 $d(x)=x^2+x+1$，根据

$$c(x)=d(x)g(x)=(x^2+x+1)(x^3+x+1)=x^5+x^4+1$$

得到 $C=[0110001]$

由此得到的码组中的信息码为 0110，而非 0111，即得到的信息码与原信息码不同，因此用该法算出来的循环码码组不是系统码。

所谓系统码，就是在计算出来的码组中，信息码仍与原信息码相同。若需保留原信息码，在相应的位置将信息码移位，即 $c(x)=d(x)x^{n-k}+R(x)$ ，则码组中有信息码和监督码。如例 7-2 中，将信息码左移 3 位即为循环码码组中的信息码位置，余位监督码是需要求出的内容。例 7-2 中认为循环码码组 $c(x)=d_1(x)g(x)$ 。

令两者相等，则有

$$d(x)x^{n-k}+R(x)=d_1(x)g(x) \tag{7-9}$$

两边同除以 $g(x)$ 得

$$\frac{d(x)x^{n-k}}{g(x)}+\frac{R(x)}{g(x)}=d_1(x) \tag{7-10}$$

移项后

$$\frac{R(x)}{g(x)}=d_1(x)+\frac{d(x)x^{n-k}}{g(x)} \tag{7-11}$$

即

$$R(x)=\text{rem}\left[\frac{x^{n-k}d(x)}{g(x)}\right] \tag{7-12}$$

式（7-12）说明，监督码的多项式是信息码经前移 $n-k$ 位后与生成多项式相除得到的余数，此余数的幂次一定是小于 $n-k$ 次的。

（7，4）循环码编码过程见表 7-3。

表 7-3　（7，4）循环码编码过程

	m	a	b	c	d	e	f
初始状态	0	0	0	0	0	0	0
输出信息位	1	1	1	1	0	1	1
	1	1	0	0	1	1	1
	0	1	0	1	0	1	0
输出监督位	0	0	1	0	1	0	0
	0	0	0	1	0	1	1
	0	0	0	0	1	0	0
	0	0	0	0	0	1	1

【例 7-3】若（7，4）信息码为 $D=$ [0111] ，循环码的生成多项式为 $g(x)=x^3+x+1$，求输出码组 C。

解：由（7，4）码组可知 $n=7$，$k=4$，$m=3$，由 $D=$ [0111] ，可知信息码的多项式

$$d(x)=x^2+x+1$$

$$x^{n-k}d(x)=x^3(x^2+x+1)=x^5+x^4+x^3$$

$$R(x)=\text{rem}\left[\frac{x^{n-k}d(x)}{g(x)}\right]=\text{rem}\left(\frac{x^5+x^4+x^3}{x^3+x+1}\right)=x$$

$$\begin{array}{r} x^2+x \\ x^3+x+1\overline{)x^5+x^4+x^3} \\ \underline{x^5+x^3+x^2} \\ x^4+x^2 \\ \underline{x^4+x^2+x} \\ x \end{array} \tag{7-13}$$

$R(x)=x$，对应的监督码 $R=[010]$。

从而得到 $C=[0111010]$。可见，此码组为系统码。

循环码的编码过程如下：设要产生（n，k）循环码，$d(x)$ 表示信息码多项式，则其次数必小于 k，而 $x^{n-k}\cdot d(x)$ 的次数必小于 n，用 $x^{n-k}\cdot d(x)$ 除以 $g(x)$，可得余数 $R(x)$，$R(x)$ 的次数必小于 $n-k$，将 $R(x)$ 加到信息码多项式后做监督码多项式，就得到了系统循环码的多项式。

（1）用 x^{n-k} 乘 $d(x)$。这一运算实际上是把信息码后附加上行一足个“0”。例如，信息码为 110，相当于 $d(x)=x^2+x$。当 $n-k=7-3=4$ 时，$x^{n-k}\cdot d(x)=x^6+x^5$，这相当于 1100000。而希望得到的系统循环码多项式应当是 $A(x)=x^{n-k}\cdot d(x)+R(x)$。

（2）求 $R(x)$。

（3）系统码多项式 $c(x)=x^{n-k}d(x)+R(x)$。由系统码多项式写出对应的系统码码型。

7.2.3 汉明码

1. 汉明码的特点

汉明码是一种编码效率高的纠单个错误的线性分组码。它的特点是 $d_{\min}=3$。在（n，k）线性分组码中，汉明码满足：$n=2^{n-k}-1$。当 $n=2^{n-k}-1$ 时所得到的线性分组码就是汉明码，因此，汉明码满足以下两个特性。

（1）只要给定 r，就可确定线性分组码组的码长 $n=2^r-1$，信息码元的个数 $k=n-r$；

（2）在信息码元长度相同、纠正单个错误的线性分组码中，汉明码所用的监督码元个数厂最少，相对的编码效率最高。

下面举例说明汉明码的特性。

【例 7-4】 设有一（7，4）汉明码，其监督码元与信息码元之间的关系为

$$\begin{cases} c_2=c_6+c_5+c_4 \\ c_1=c_5+c_4+c_3 \\ c_0=c_6+c_4+c_3 \end{cases}$$

根据上述关系可求得相应的（7，4）汉明码对应关系，见表7-4。

表7-4　（7，4）汉明码对应关系表

编号	信息码元	汉明码	编码	信息码元	汉明码
	$c_6\ c_5\ c_4\ c_3$	$c_6\ c_5\ c_4\ c_3\ c_2\ c_1\ c_0$		$c_6\ c_5\ c_4\ c_3$	$c_6\ c_5\ c_4\ c_3\ c_2\ c_1\ c_0$
0	0 0 0 0	0 0 0 0 0 0 0	8	1 0 0 0	1 0 0 0 1 0 1
1	0 0 0 1	0 0 0 1 0 1 1	9	1 0 0 1	1 0 0 1 1 1 0
2	0 0 1 0	0 0 1 0 1 1 1	10	1 0 1 0	1 0 1 0 0 1 0
3	0 0 1 1	0 0 1 1 1 0 0	11	1 0 1 1	1 0 1 1 0 0 1
4	0 1 0 0	0 1 0 0 1 1 0	12	1 1 0 0	1 1 0 0 0 1 1
5	0 1 0 1	0 1 0 1 1 0 1	13	1 1 0 1	1 1 0 1 0 0 0
6	0 1 1 0	0 1 1 0 0 0 1	14	1 1 1 0	1 1 1 0 1 0 0
7	0 1 1 1	0 1 1 1 0 1 0	15	1 1 1 1	1 1 1 1 1 1 1

可以发现，$d_{\min}\equiv 3$。其编码效率 $k/n=4/7$，而3位重复码的效率 $k/n=1/3$。

2. 汉明码的编、解码电路

汉明码是一种线性分组码，其编码电路如图7-3所示。

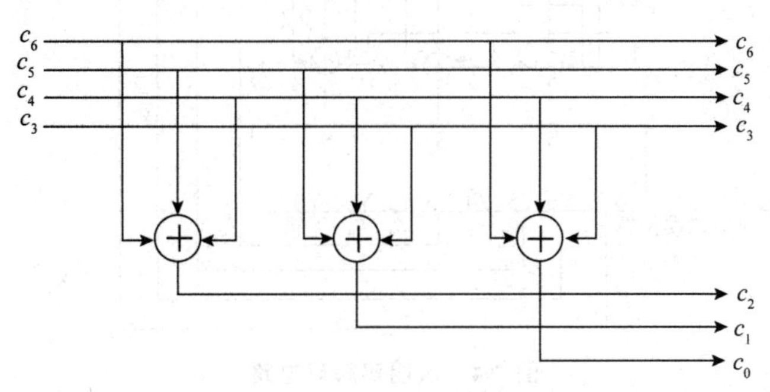

图7-3　（7，4）汉明码编码电路

接收端收到的信号为 c'_6、c'_5、c'_4、c'_3、c'_2、c'_1、c'_0，若接收端没有差错，则它们之间满足

$$\begin{cases} c'_2=c'_6+c'_5+c'_4 \\ c'_1=c'_5+c'_4+c'_3 \\ c'_0=c'_6+c'_4+c'_3 \end{cases} \tag{7-14}$$

即

$$\begin{cases} c'_2=c'_6+c'_5+c'_4=0 \\ c'_1=c'_5+c'_4+c'_3=0 \\ c'_0=c'_6+c'_4+c'_3=0 \end{cases} \tag{7-15}$$

假设效验码为

$$\begin{cases} s_3 = c'_6 = c'_5 + c'_4 + c'_3 \\ s_2 = c'_5 = c'_4 + c'_3 + c'_2 \\ s_1 = c'_6 = c'_4 + c'_3 + c'_0 \end{cases} \tag{7-16}$$

可以根据效验码 s_3、s_2、s_1 来确定出错的情况。若 s_3、s_2、s_1 均为 0，可以判断无错；若 $s_3=s_2=0$、$s_1=1$ 则可判断 c_0 出错；以此类推。表 7-5 为效验码和错误码元位置的对应关系。

表 7-5　校验码和错误码元位置的对应关系

s_3	0	0	0	0	1	1	1	1
s_2	0	0	1	1	0	0	1	1
s_1	0	1	0	1	0	1	0	1
错误位置	无错	c_0	c_1	c_3	c_2	c_6	c_5	c_4

图 7-4 为汉明码解码电路。

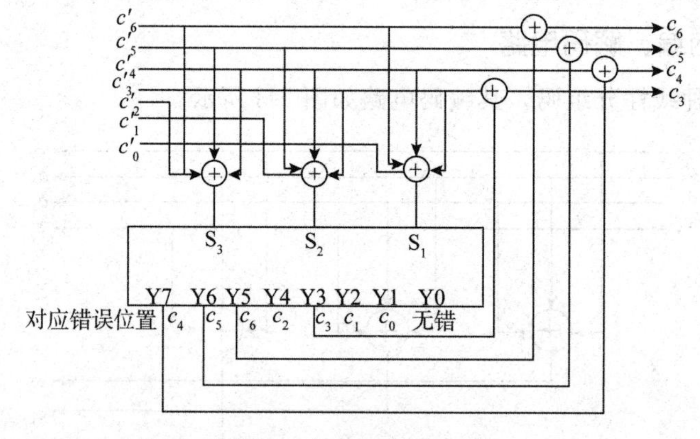

图 7-4　汉明码解码电路

在接收端，根据接收到的信号按照表 7-5 进行校验。通过三八译码器得到差错的位置，若无差错，则译出的码型与原码一致，否则有误。

不管汉明码的码长有多长，它的最小码距恒等于 3，因此只能纠 1 位错码。

7.3 卷　积　码

7.3.1　卷积码的基本概念

为了达到一定的纠错能力和编码效率，分组码的编码长度 n 比较大，但 n 增大时译码的时延也随之增大。卷积码则是另一类编码，它是非分组码。在编码过程中，卷积码充分利用了各组之间的相关性，信息码的码长 k 和卷积码的码长 n 都比较小，因此其性能在许多实际应用情况下优于分组码，而且设备也较简单。通常它更适于前向纠错，在高质量的通信设备中已得到广泛应用。

与分组码不同，卷积码中编码后的 n 个码元不仅与当前段的 k 个信息有关，还与前面的（$N-1$）段的信息有关，编码过程中相互关联的码元为 nN 个。通常把这 N 段时间内码元数目 nN 称为这种码的约束长度。卷积码的纠错能力随着 N 的增加而增大，在编码器复杂程度相同情况下，卷积码的性能优于分组码。另一点不同的是分组码有严格的代数结构，但卷积码至今尚未找到如此严密的数学手段，把纠错性能与码的结构十分有规律地联系起来，目前大多采用计算机来搜索好码。

7.3.2　卷积码的编码与译码

下面通过一个例子来简要说明卷积码的编码工作原理。正如前面已经指出的那样，卷积码编码器在一段时间内输出的 n 位码，不仅与本段时间内的 k 位信息位有关，而且还与前面 m 段规定时间内的信息位有关，这里的 $m=N-1$ 通常用（n，k，m）表示卷积码。图 7-5 就是一个卷积码编码器的实例，该卷积码的 $n=2$，$k=1$，$m=2$，因此，它的约束长度 $nN=n\times(m+1)=2\times3=6$。

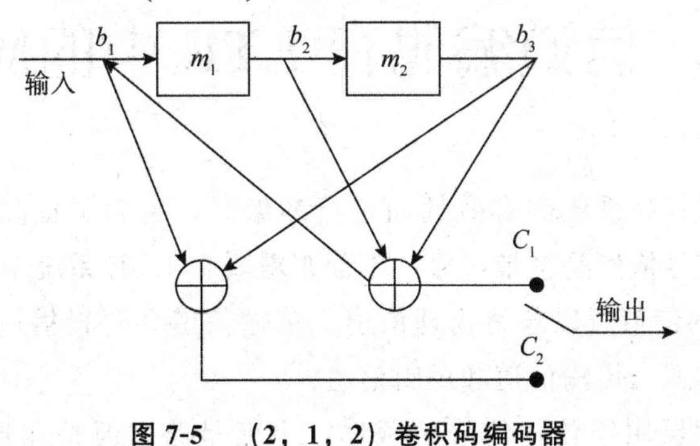

图 7-5　（2，1，2）卷积码编码器

在图 7-5 中，m_1 与 m_2 为移位寄存器，它们的起始状态均为零。C_1、C_2 与 b_1、b_2、b_3 之间的关系如下

$$\begin{aligned} C_1 &= b_1 + b_2 + b_3 \\ C_2 &= b_1 + b_3 \end{aligned} \tag{7-17}$$

假如输入的信息为 $D=[11010]$，为了使信息 D 全部通过移位寄存器，还必须在信息位后面加 3 个零。表 7-6 列出了对信息 D 进行卷积编码时的状态。

表 7-6　对信息 D 进行卷积编码时的状态

输入信息 D	1	1	0	1	0	0	0	0
b_3b_2	00	01	10	10	01	10	00	00
输出 C_1C_2	11	01	00	00	10	11	00	00

描述卷积码的方法有两类，即图解表示和解析表示。解析表示较为抽象难懂，而用图解表示法描述卷积码就简单明了。常用的图解描述法包括树状图、网格图和状态图等。

卷积码的译码方法可分为代数译码和概率译码两大类。代数译码利用编码本身的代数结构进行译码，而不考虑信道的统计特性。该方法的硬件实现简单，但性能较差。其中具有典型意义的是门限译码。它的译码方法使从线性译码的校正子出发，找到一组特殊的能够检查信息位置是否发生错误的方程组，实现纠错译码。概率译码建立在最大似然准则的基础上，在计算时用到了信道的统计特性，所以提高了译码性能，但同时增加了硬件的复杂性，常用的概率译码方法有维特比译码和序列译码。

维特比译码的基本思想是把已经接收到的序列与所有可能的发送序列相比较，选择其中汉明距离最小的一个发送序列作为译码输出。维特比译码的复杂性随发送序列的长度按指数增大，在实际应用中需要采用一些措施进行简化。目前维特比译码已经得到了广泛的应用。序列译码在硬件和性能方面介于门限译码和维特比译码之间，适用于约束长度很大的卷积码。

7.4　信道编码在 LTE 中的应用

信源编码是为了提高系统的有效性而进行的编码，是为了提高系统的可靠性而进行的编码，处理的信号依然是基带信号。下面来看看在 LTE 系统中信道编码的形式。

宏观上，LTE 的信道可以分为物理信道、传输信道和逻辑信道。在空中接口的协议中，定义了物理信道、传输信道和逻辑信道。

物理信道是物理层用于传输信号的载体，也就是路，但是在这条路（物理信道）上传什么样的信息以及怎样传信息，是需要上层来确定的，因此就有了逻辑信道（传

什么样的信息）以及传输信道（怎样传信息）。另外，对于这些不同类型的信道的加密方式也是需要定义的，这就需要引入 RLC（radio link control，无线链路控制协议）层的概念。同理，对于传输信道的传输格式选择以及优先级队列的调度也是需要的，因此也就有了 MAC（medium access control，介质方向控制）层。这样做的目的就是更加高效地进行多资源调度、分配和管理，尽可能提高系统的处理效率。针对不同的信道，行使的权利不同，编码方式也不同，图 7-6 展示了信道不同层之间的关系。通常把从基站到终端称为下行，从终端到基站称为上行，与之对应的信道也称为下行信道和上行信道。下面对 LTE 的逻辑信道、传输信道和物理信道功能逐一作介绍。

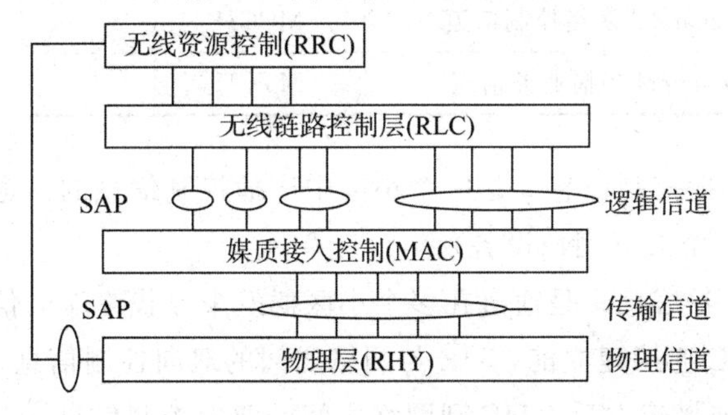

图 7-6　信道关系图

图 7-7 中展示了下行信道和上行信道中，逻辑信道、传输信道、物理信道各子信道之间的关系。

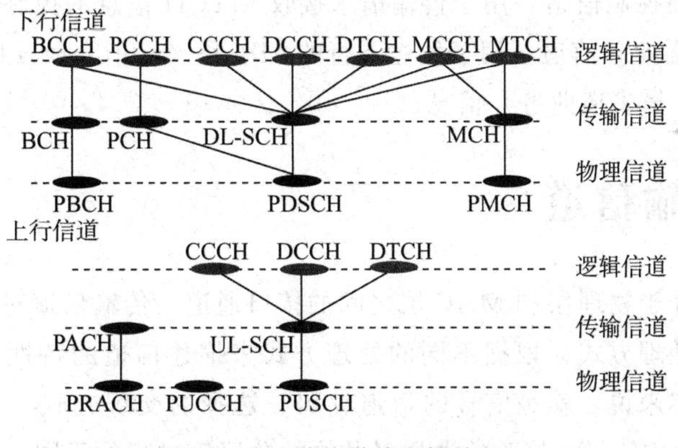

图 7-7　三种信道的逻辑关系

7.4.1　逻辑信道

逻辑信道就是介于 MAC 层和 RLC 层之间的接口通道。逻辑信道按照消息的类别不同，将业务和信令消息进行分类，获得相应的信道称为逻辑信道，这种信道的定义只是逻辑上人为的定义。

按内容本身区分，MAC 通过逻辑信道为上层提供数据传送服务，MAC 支持的逻辑信道及其对应关系见表 7-7。

表 7-7　MAC 支持的逻辑信道及其对应关系

逻辑信道名	缩写	控制信道	业务信道
broadcast control channel 广播控制信道	BCCH	√	—
paging control channel 呼叫控制信道	PCCH	√	—
common control channel 公共控制信道	CCCH	√	—
dedicated control channel 专用控制信道	DCCH	√	—
dedicated traffic channel 专用数据信道	DTCH	—	√
multicast control channel 多播控制信道	MCCH	√	—
multicast traffic channel 多播业务信道	MTCH	—	√

BCCH：下行广播控制信息．是一个小区中广播控制信息的信道，同生活中的广播一样，面对的是每一个人（用户设备）。

PCCH：下行寻呼信息，是通过在多个小区群发来寻找终端的信道。

CCCH：在 RRC 连接建立前，UE 与网络之间的双向控制信息。

DCCH：RRC 连接建立后，UE 到网络之间的双向控制信息。

DTCH：点到点的双向业务信息，用来承载 DRB（dedicated radio bearer，专用无线承载）信息，也就是 IP 数据包。

MCCH：多播控制信道，用于传输请求接收 MTCH 信息的控制信息。

MTCH：多播业务信道，用于发送下行的 MBMS（multimedia broadcast multicast service，多媒体广播多播业务）信息。

7.4.2　传输信道

传输信道是介于物理层和 MAC 层之间的接口通道。传输信道对应的是空中接口上不同信号的基带处理方式，根据不同的处理方式来描述信道的特性参数，构成了传输信道的概念。具体来说，就是信号的信道编码、选择的交织方式（交织周期、块内块间交织方式等）、CRC 冗余校验的选择以及块的分段等过程的不同，而定义了不同类别的传输信道。简单的说就是定义 MCS（modulation and coding scheme）调制与编码方案、编码方式等，也就是告诉物理层如何去传递这些消息。

按怎样传、传什么特征的数据区分，物理层通过传输信道为上层提供数据传送服务。物理层支持的传输信道及其对应关系见表 7-8。

表 7-8　物理层支持的传输信道及其对应关系

逻辑信道名	缩写	下行	上行
broadcast channel 广播信道	BCH	√	—

表7-8(续)

逻辑信道名	缩写	下行	上行
downlink shared channel 下行共享信道	DL-SCH	√	—
paging channel 呼叫信道	PCH	√	—
uplink shared channel 上行共享信道	UL-SCH	—	√
random access channel 随机接入信道	RACH	—	√
multicast channel 多播信道	MCH	√	—

BCH：用于发送逻辑信道中 BCCH 中的信息，有单独的传送格式，广播面向整个小区发送。

PCH：用于发送逻辑信道中的 PCCH 中的信息，支持 DRX（Discontinuous Reception，不连续接收）省电模式，在整个小区中寻呼。

MCH：广播，支持 SFN（sytem frame number，系统帧号）合并，支持半静态资源分配（如分配长 CP 帧）。

RACH：随机接入信道是一种上行信道，用于 PAGING 回答和 MS 主叫/登录的接入等，不承载传输数据，存在竞争。

DL-SCH：下行共享信道（downlink shared channel，DL-SCH），用于发送下行数据，支持 HARQ（Hybrid Automatic Repeat Request，混合自动重传请求），AMC（Adaptive Modulation and Coding，自适应调制编码）可以广播，可以波束赋形，也可以动态或半静态资源分配，支持 DTX，支持 MBMS（Multimedia Broadcast Multicast Service，多媒体广播多播业务）。

UL-SCH：上行共享信道，与下行共享信道类似。支持 HARQ 与 AMC，可以波束赋形（可能不需要标准化），也可以动态或半静态资源分配：

7.4.3　物理信道

物理信道位于物理层，用于信号在空中传输的承载，是在特定的频域与时域乃至于码域上采用特定的调制编码等方式发送数据的通道，物理信道就是空中接口的承载媒体，根据它所承载的上层信息的不同定义了不同类的物理信道，如上行物理信道和下行物理信道。

7.4.4　LTE 中的信道编码

广义来说，信道编码是指信道整体编码情况，狭义上也可以表示信道编码的某个步骤。通常，LTE 信道编码主要针对某个传输块（transport block，TB）。TB 是上层 MAC 提供的信息块，由物理层进行典型传输的信道（下行共享信道）的处理流程如图

7-8 所示。不同的信道，其处理方式也不同。

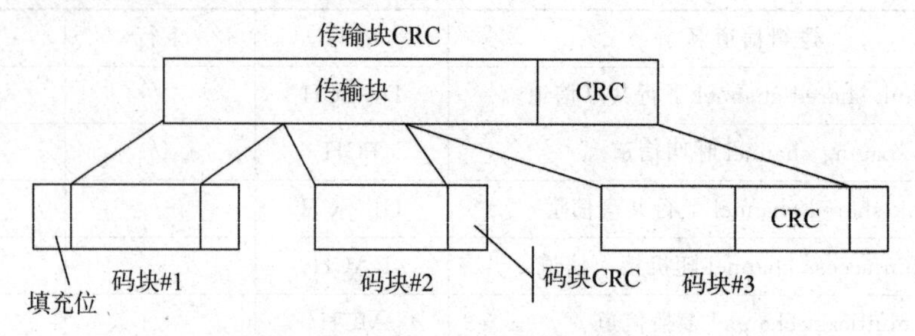

图 7-8 码块分段及 CRC 添加

例如：总长为 8 000 bit 的传输块，初始分段大小为 4 200 bit（包括 24 bit 传输块 CRC）+3 800 bit，分段后每块可得到 24 bit CRC，在传输块前要加 16 bit 的填充位。也就是分段后的总长度为 4 200+3 800+24+24+16=8 064 bit，比原来多发送了 64 bit。如图 7-9 所示。

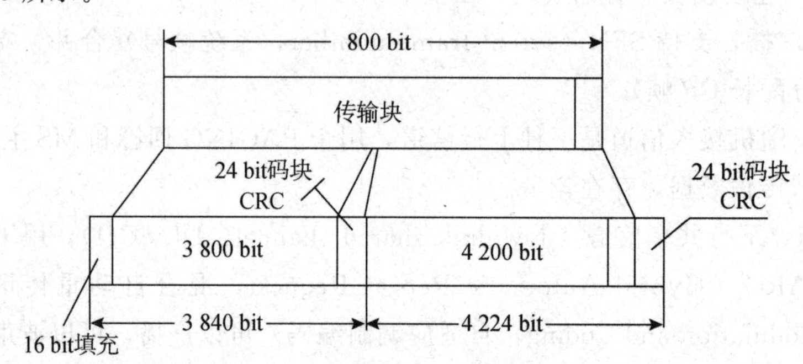

图 7-9 码块分段及 CRC 添加案例

LTE 信道编码的功能为前向纠错，主要有 4 种类型：重复码、块编码、咬尾卷积码和 Turbo 编码。

在传输信道中，DL-SCH、UL-SCH、PCH、MCH 信道编码用 Turbo 编码，BCH 用咬尾卷积码。

在控制信息中，DCI 用咬尾卷积码，CFI 用块编码，HI 用 3 位的重复编码，UCI 用块编码和咬尾卷积码。

LTE TDD 系统采用了 4 种格式的 CRC：CRC24A、CRC24B、CRCl6、CRC8。其声称多项式如下。

CRC-24A：$g(x)=x^{24}+x^{23}+x^{18}+x^{17}+x^{14}+x^{11}+x^{10}+x^{7}+x^{6}+x^{5}+x^{4}+x^{3}+x+1$

CRC-24B：$g(x)=x^{24}+x^{23}+x^{6}+x^{5}+x+1$

CRC-16：$g(x)=x^{16}+x^{12}+x^{6}+1$

CRC-8：$g(x)=x^{8}+x^{7}+x^{4}+x^{3}+x+1$

其中长度为 24 的 CRC24A 和 CRC24B 主要用于共享信道数据传输，长度为 16 的 CRC 主要用于下行控制信道和广播信道数据传输，长度为 8 的 CRC8 主要用于 CQI (control quality information) 信息的传输。不同长度 CRC 的应用见表 7-9。

表 7-9　不同长度 CRC 的应用

校验多项式	使用信道
CRC-24A	PDSCH/PUSCH/PMCH/PCH
CRC-24B	PDSCH/PUSCH/PMCH/PCH
CRC-16	PBCH
CRC-8	控制指令

具体的编码方式可以参见移动通信中的内容，在此不做过多叙述。

本章小结

本章介绍了差错控制的基本知识以及几种常见的差错控制编码，分析了纠错编码的基本原理，最小码距与纠检错能力之间的关系。差错控制码可分为信息码元和监督码元，按照信息码元和监督码元之间的约束关系可分为分组码和卷积码。线性分组码的监督码元只与本码组的信息码元成线性关系。本章介绍了循环码和汉明码两种线性分组码。卷积码的监督码元不仅与本码组的信息码元有关，还与其他信息码组有关。本章还介绍了信道编码在 LTE 中的应用。

习　题

一、填空题

1. 信道编码的目的是提高，其代价是__________。

2. 线性分组码 (n, k) 中共有个______码字，编码效率 $\eta=$________。若编码器输入信息速率为 R_{bi}，则编码器输出信息速率 $R_{bo}=$__________。

3. (7，1) 重复码的最小码距 $d_0=$________。若用于检错，则最多能检出______位错误；若用于纠错，则最多能纠正______位错误 。

4. (5，4) 奇偶监督码实行偶监督，则信息组 1011 对应的监督码元为______。若信息为 $a_4a_3a_2a_1$，则监督码元 $a_0=$______。

5. 已知 (7，3) 循环码的生成多项式 $g(x)=x^4+x^3+x^2+1$，若信息 $M=[110]$，则其系统码字为______。

6. 已知某线性分组码的监督地 $H=\begin{pmatrix}1&1&1&0&1&0&0\\1&0&1&1&0&1&0\\0&1&1&1&0&0&1\end{pmatrix}$，则该线性分组码码字长度 $n=$________，监督元个数 $r=$________，信息元个数 $k=$________。

7. 汉明码的码字长度 n 与监督码元个数 r 之间的关系为________，故码字长度为 31 的汉明码码字中信息码元个数为________。此码能纠正发生在一个码字中的________位错误 。

8. 某线性分组码的全部码字为｛0000000、0010111、0101110、0111001、1001011、1011100、1100101、1110010｝，则其码字长度 $n=$________，监督码元个数 $r=$________。

二、选择题

1. 已知某线性分组码共有 8 个码字｛000000、001110、010101、011011、100011、101101、110110、111000｝，此码的最小码距为（　　）。

A. 0　　B. 1　　C. 2　　D. 3

2. 卷积码（2，1，2）的编码效率为（　　）。

A. 1/3　　B. 1/2　　C. 2/3　　D. 3/2

3. 用（7，4）汉明码构成交织度为 10 的交织码，则此交织码最多可纠正（　　）位突发错误。

A. 7　　B. 8　　C. 9　　D. 10

4. 已知码字长度为 7 的循环码，其生成多项式为 $g(x)=x^4+x^3+x^2+1$，则码字中的监督元个数为（　　）。

A. 3　　B. 4　　C. 5　　D. 6

5. （2，1，2）卷积码的编码约束长度为（　　）。

A. 2　　B. 3　　C. 4　　D. 6

6. 汉明码是一种线性分组码，其最小码距为（　　）。

A. 2　　B. 3　　C. 4　　D. 1

7. 在一个码组内要想纠正 t 位错误，同时检出 e 位错误（$e>t$），要求最小码距为（　　）。

A. $d_0 \geqslant t+e+1$　　B. $d_0 \geqslant 2t+e+1$

C. $d_0 \geqslant t+2e+1$　　D. $d_0 \geqslant 2t+2e+1$

8. 一个码长 $n=15$ 的汉明码，其监督码元数 r 是（　　）。

A. 15　　B. 5　　C. 4　　D. 10

9. 不需要反馈信道的差错控制方式是（　　）。

A. 前向纠错（FEC）　　B. 自动检错重发（ARQ）

C. 混合纠错（HEC）　　　　D. 信息反馈（IF）

三、简答题

1. 信道编码与信源编码有什么不同？

2. 差错控制的基本工作方式有哪几种？各有什么特点？

3. 分组码的检、纠错能力与最小码距有什么关系？

4. 汉明码的编码规律是什么？

四、综合题

1. 若某（7，4）线性分组码的信息码元为 $D=[1010]$，生成多项式为 $g(x)=x^3+x+1$，计算监督码多项式和所有系统码码组。

2. 已知某（7，4）汉明码的生成矩阵为

$$G=\begin{pmatrix}1&1&1&0&0&1&0\\1&0&0&0&1&1&0\\0&0&1&0&1&0&1\\1&0&1&1&0&0&0\end{pmatrix}$$

（1）将矩阵 G 转化为典型生成矩阵。

（2）写出该码中前两个比特为 11 的所有码字。

（3）写出该码的监督矩阵 H。

（4）求接收码字 $B=[1101011]$ 的伴随式。

2. 已知某循环码的生成多项式为 $g(x)=x^{10}+x^8+x^5+x^4+x^2+x+1$，编码效率是 1/3。求：

（1）该码的输入消息分组长度 k 及编码后码字的长度 n；

（2）消息 $m(x)=x^4+x+1$ 编为系统码后的码字多项式。

第8章 同步原理

本章导读

同步是数字通信技术中的一个重要问题。为了实现相干解调，必须得到和接收信号同频同相的载波，这称为载波同步。在数字通信中，无论是基带通信还是频带通信，必须提供一个频率和发端码元速率一致，相位对准匹配滤波器输出最大值时刻的位同步时钟，这称为同步。

本章重点介绍实现载波同步、位同步、群同步和网同步技术的常用的方法和性能评价指标。通过本章的学习，读者应该能够根据通信信号形式来独立选择合适的同步方式，并采用合适的方式来实现系统需要的同步。

本章目标

◎掌握同步的种类及实现方法

◎理解载波同步的实现原理

◎理解位同步的实现原理

◎理解群同步和帧同步的原理

◎了解同步技术的性能指标

8.1 同步原理基本知识

同步又称为定时，是指通信系统的收、发双方在时间上步调一致。例如，收、发两端时钟的一致；收、发两端载波频率和相位的一致；收、发两端帧和复帧的一致等。通信系统只有在收、发两端之间建立了同步后才能开始传送信息，所以同步系统是通信系统进行信息传输的必要和前提。另外，同步性能的好坏又直接影响着通信系统的性能，如果出现同步误差或失去同步就会导致通信系统性能下降或通信中断。因此，在设计通信系统时，通常都要求同步系统的可靠性高于信息传输系统的可靠性。

8.1.1 同步的分类

按同步的功能来区分，同步可分为载波同步、位同步（码元同步）、帧同步（群同步）和网同步（数字通信网中使用）四种。其中，载波同步、位同步和帧同步是基础，针对的是点到点的通信模式，网同步以前三种同步为基础，针对多点到多点之间的通信。

1. 载波同步

无论是模拟调制系统还是数字调制系统，要想实现相干解调，必须在接收端产生相干载波，这个相干载波应与发送端的载波在频率上同频，在相位上保持某种同步关系。在接收端获取这个相干载波的过程称为载波同步（或载波提取）。

2. 位同步

在数字通信系统中，不管采用何种传输方式（基带传输或者频带传输），也不管采用何种解调方式，都需要位同步。因为在数字通信中，任何消息都是通过一连串码元序列表示且传送的，这些码元一般均具有相同的持续时间（称为码元周期）。接收端接收这些码元序列时，必须知道每个码元的起止时刻，以便在恰当的时刻进行抽样判决。这就要求接收端必须提供一个码元定时脉冲序列，该序列的重复频率和相位必须与接收到的码元重复频率和相位一致，以保证在接收端的定时脉冲重复频率与发送端的码元速率相同，相位与最佳抽样判决时刻一致。通常提取这种码元定时脉冲序列的过程称为位同步。

3. 帧同步

数字通信中的信息数字流是用若干码元组成一个“字”，又用若干“字”组成一“句”。因此，在接收这些数字流时，也必须知道这些“字”“句”的起止时刻。而在接收端产生与“字”“句”起止时刻相一致的定时脉冲序列，就称为帧同步。

4. 网同步

在获得了以上讨论的载波同步、位同步、帧同步之后，两点间的数字通信就可以有序、准确而可靠地进行了。随着数字通信的发展，尤其是计算机通信的发展，多个用户之间的通信和数据交换，构成了数字通信网。在一个通信网中，往往需要把各个方向传来的信息，按不同目的进行分路、合路和交换。为了保证通信网内各用户之间可靠地进行数据交换，整个数字通信网内交换必须有一个统一的时间标准，即整个网络必须同步工作，这就是网同步需要讨论的问题。

8.1.2 同步信号的获取方式

同步也是一种信息，按照获取和传输同步信息方式的不同，可分为外同步法和自同步法。

1. 外同步法

所谓外同步法，是由发送端发送专门的同步信息（常被称为导频），接收端把这个导频提取出来作为同步信号的方法，也称插入导频法。

2. 自同步法

所谓自同步法，是指发送端不发送专门的同步信息，接收端则是设法从收到的信号中提取同步信息的方法，也称直接法。

自同步法是人们最希望的同步方法，因为采用这种方法可以把全部功率和带宽都分配给信号传输，从而提高传输效率。

在载波同步和位同步中，上述两种方法均可采用，但自同步法正得到越来越广泛的应用，而帧（群）同步一般采用外同步法。

8.2 载波同步

8.2.1 直接法

有些信号，如 DSB、2PSK 等，虽然本身不直接含有载波分量，但经过某种非线性变换后，将具有载波的谐波分量，可从中提取出载波分量，产生与载波有关的信息，从而完成载波的提取和系统的同步，这就是直接法提取同步载波的基本原理。下面介绍几种常用于直接法的变换法。

1. 平方变换法

此方法广泛用于建立抑制载波的双边带（DSB）信号和二相移相（2PSK）信号的载波同步。设调制信号 $x(t)$ 无直流分量，则抑制载波的双边带信号为

$$S_x(t)=x(t)\cos\omega_c t \tag{8-1}$$

接收端将该信号经过非线性变换——平方律部件后得到

$$e(t)=[x(t)\cos\omega_c t]^2=\frac{x^2(t)}{2}+\frac{1}{2}x^2(t)\cos 2\omega_c t \tag{8-2}$$

由式（8-2）可以看出，虽然前面假设 $x(t)$ 中无直流分量，但 $x^2(t)$ 却一定含有直流分量。这是因为 $x^2(t)$ 必为大于等于零的数，因此，$x^2(t)$ 的均值也必大于零，而这个均值就是 $x^2(t)$ 的直流分量，这样 $e(t)$ 的第二项中就只包含有载波倍频 $2\omega_c$ 的频率分量。若用一窄带滤波器将 $2\omega_c$ 频率分量滤出，再进行二分频，就可获得所需的相干载波。基于这种构思的平方变换法提取载波原理框图如图 8-1 所示。

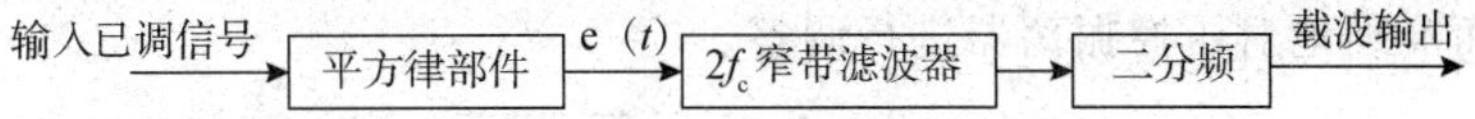

输入已调信号
平方律部件
e (t)
2f_c窄带滤波器
二分频
载波输出

图 8-1　平方变换法提取载波原理框图

若 $x(t)=\pm 1$，则抑制载波的双边带信号就称为 2PSK 信号，这时

$$e(t)=\frac{1}{2}+\frac{1}{2}\cos 2\omega_c t \tag{8-3}$$

因此，同样能通过图 8-1 所示的方法提取载波。

由于数字通信中经常使用多相移信号，可将上述方法推广以获取同步载波，即利用多次变换法从已调信号中提取载波信息。如以四相相移（4PSK）信号为例，图 8-2 就展示了从 4PSK 信号中提取同步载波的方法。

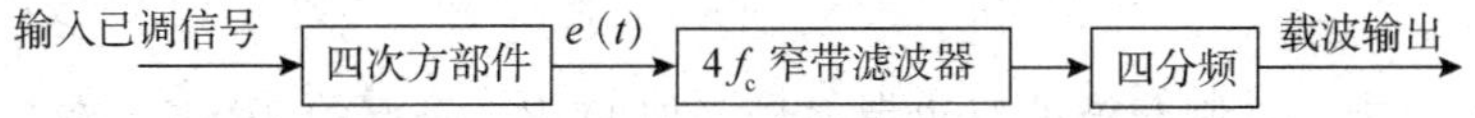

输入已调信号
四次方部件
e (t)
4f_c 窄带滤波器
四分频
载波输出

图 8-2　四次方变换法提取载波原理框图

2. 平方环法

在实际中伴随信号一起进入接收机的还有加性高斯白噪声，为了改善平方变换法的性能，使恢复的相干载波更为纯净，图 8-1 中的窄带滤波器常用锁相环（PLL）来实现，如图 8-3 所示，称为平方环法。锁相环是一个相位负反馈控制系统，即利用输入信号与输出信号的相位误差去控制输出信号的频率，具有良好的频率跟踪、窄带滤波和记忆功能。因此，平方环法比一般的平方变换法具有更好的性能，在提取载波方面得到了较广泛的应用。

锁相环
输入已调信号
平方律
部件
鉴相器
环路
滤波器
压控
振荡器
二分频
载波输出

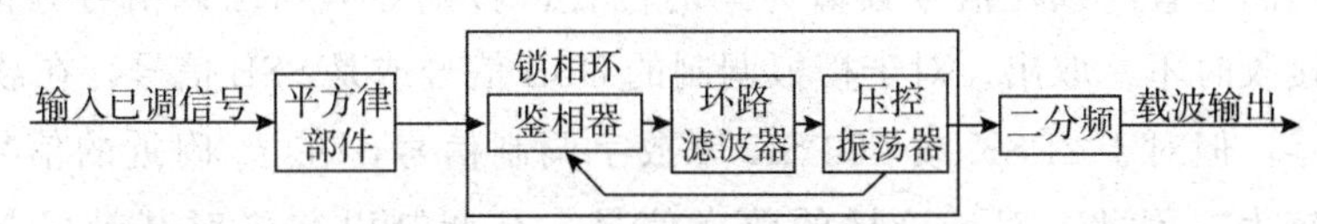

图 8-3　平方环法提取载波原理框图

应当注意的是，在上面两个提取载波的框图中都用了一个二分频电路，该电路对 $\cos(2\omega_c t+0)$ 的分频与对 $\cos(2\omega_c t+2\pi)$ 的分频是一致的，因此提取的载波可以是 $\cos\omega_c t$，也可以是 $\cos(\omega_c t+\pi)$，这样就存在 180°的相位模糊问题。相位模糊对模拟通信关系不大，因为人耳听不出相位的变化。但对数字通信的影响就不同了，它有可能使 2PSK 相干解调后出现“反向工作”的问题。为了克服相位模糊度对相干解调的影响，最常用而又有效的方法是对调制器输入的信息序列进行差分编码，即采用相对移相（2DPSK），并且在解调后进行差分译码来恢复信息。

3. 同相正交法

同相正交法又称为科斯塔斯环，其提取载波原理框图如图 8-4 所示。在此环路中，压控振荡器（voltage controlled oscillator，VCO）提供两路互为正交的载波，与输入接收信号分别在同相和正交两个鉴相器中进行鉴相，经低通滤波之后的输出均含调制信号，两者相乘后可以消除调制信号的影响，经环路滤波器得到仅与相位差有关的控

制压控，从而准确地对压控振荡器进行调整。

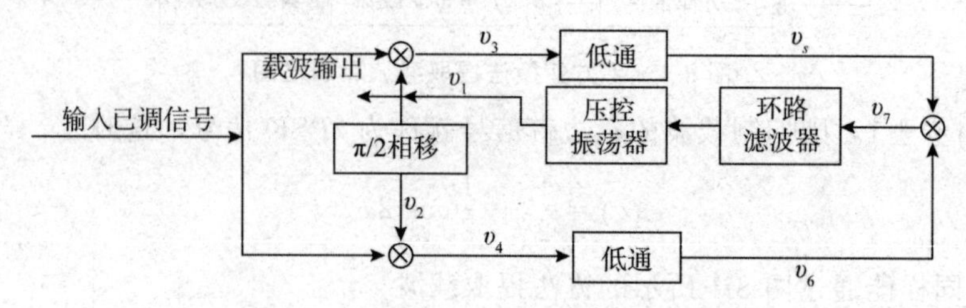

图 8-4　同相正交法提取载波原理框图

8.2.2　插入导频法

在模拟通信中，抑制载波的双边带信号（如 DSB、等概的 2PSK）本身不含有载波成分，残留边带（VSB）信号虽含有载波分量，但很难从已调信号的频谱中把它分离出来。对这些信号的载波提取，可以用插入导频法（外同步法）。尤其是单边带（SSB）信号，它既没有载波分量又不能用直接法提取载波，只能用插入导频法。

插入导频法主要用于接收信号频谱中没有离散载频分量且在载频附近频谱幅度很小的情况。下面以 DSB 信号为例，讨论如何在发送端插入导频和在接收端提取同步载波。

1. 在抑制载波的双边带信号中插入导频

插入导频的位置应该在信号频谱为零的位置，否则导频与已调信号频谱成分会重叠在一起，接收时不易取出。对于模拟调制的 DSB 信号或是 SSB 信号，在载频 f_c 附近信号频谱为零，但对于 2PSK 或 2DPSK 等数字调制信号，在 f_c 附近的信号频谱不仅有，而且比较大。因此，对于这样的数字信号，在调制以前先对基带信号进行相关编码。

插入导频法发送端框图如图 8-5 所示。设调制信号 $x(t)$ 中无直流分量，被调载波为 $a_c \sin \omega_c t$，将它经 90°移相形成插入导频 $-a_c \sin \omega_c t$，其中 a_c 是插入导频的振幅。于是输出信号为

$$v_o(t) = a_c x(t) \sin \omega_c t - a_c \cos \omega_c t \tag{8-4}$$

设接收端收到的信号与发送端输出信号相同，则接收端用一个中心频率为 f_c 窄带滤波器就可以提取导频 $-a_c \cos \omega_c t$，再将它移相 90°后得到与调制载波同频同相的相干载波 $a_c \sin \omega_c t$，插入导频法接收端框图如图 8-6 所示。

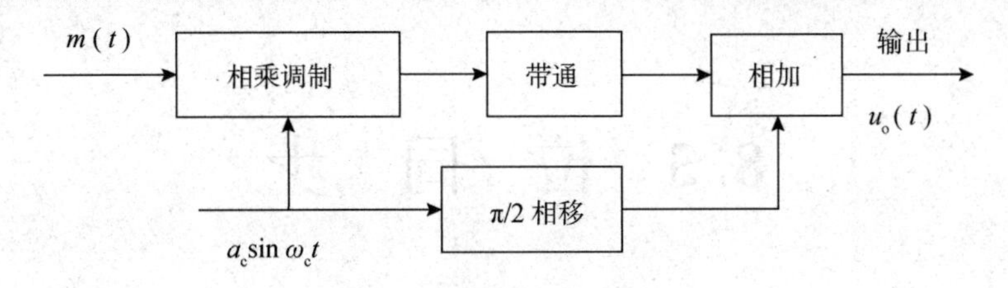

图 8-5 插入导频法发送端框图

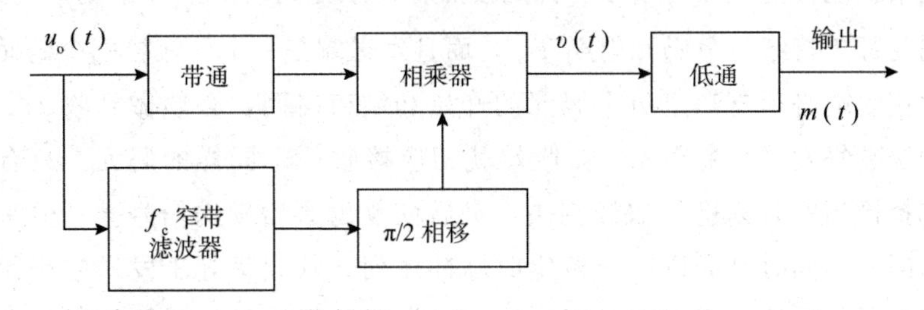

图 8-6 插入导频法接收端框图

接收端相乘器的输出为

$$v(t)=[a_c x(t)\sin\omega_c t-a_c\cos\omega_c t]a_c\cos\omega_c t$$
$$=\frac{a_c^2 x(t)}{2}-\frac{a_c^2 x(t)}{2}\cos 2\omega_c t-\frac{a_c^2}{2}\sin 2\omega_c t \tag{8-5}$$

这样，将 $v(t)$ 经过低通滤除高频成分后，就可恢复调制信号 $x(t)$ 。如果发送端加入的导频不是正交载波，而是调制载波，此时发送端的输出信号表示为

$$v_o(t)=a_c x(t)\sin\omega_c t+a_c\sin\omega_c t \tag{8-6}$$

则接收端用窄带滤波器取出 $a_c\sin\omega_c t$ 后直接作为同步载波，但此时经过相乘器和低通滤波器解调后输出为 $a_c^2 x(t)/2+a_c^2/2$。多了一个不需要的直流成分 $a_c^2/2$，而这个直流成分通过低通滤波器会对数字信号产生影响，这就是发送端采用正交插入导频的原因。

2. 直接法和插入导频法的比较

(1) 直接法的优缺点主要表现在以下几个方面。

①不占用导频功率，因此信噪功率比可以大一些。

②可防止插入导频法中导频和信号间由于滤波不好而引起的互相干扰，也可以防止因信道不理想而引起的导频相位误差。

③有的调制系统不能用直接法，如 SSB 系统。

(2) 插入导频法的优缺点主要表现在以下几个方面。

①有单独的导频信号，一方面可以提取同步载波，另一方面可以利用它作为自动增益控制。

②有些系统只能用插入导频法。

③插入导频法要多消耗一部分不带信息的功率，因此与直接法比较，在总功率相同条件下实际信噪功率比还要小一些。

8.3 位 同 步

数字通信系统传送的任何信号，都是按照各种事先约定的规则编制好的码元序列。由于每个码元都要持续一个码元周期 T_B，而且发送端是一个码元接一个码元地连续发送的，因此接收端必须要知道每个码元的开始和结束时间，必须做到收、发两端步调一致，即发送端每发送一个码元，接收端就相应接收一个同样的码元。只有这样，接收端才能选择恰当的时刻进行取样判决，最后恢复出原始发送信号。一般来说，发送端发送信息码元的同时也提供一个位定时脉冲序列，其频率等于发送的码元速率，而其相位则与信码的最佳取样判决时刻一致。接收端只要能从收到的信码中准确地将此定时脉冲系列提取出来，就可进行正确的取样判决，这个提取定时脉冲序列的过程就是位同步，有时也叫作码元同步。显然，位同步是数字通信系统所特有的，是正确取样判决的基础。

位同步与载波同步既有相似之处又有不同的地方。不论是模拟还是数字通信系统，只要采用相干解调方式，就必须要实现载波同步，但位同步则只有数字通信系统才需要。因此，进行基带传输时不存在载波同步问题，但位同步却是基带传输和频带传输系统都需要的；载波同步所提取的是与接收信号中的载波信号同频同相的正弦信号，而位同步提取的则是频率等于码速率、相位与最佳取样判决时刻一致的脉冲序列；两种同步的实现方法都可分为外同步法（即插入导频法）和自同步法（即直接提取法）两种。下面分别具体介绍位同步的这两类实现方式。

8.3.1 外同步法

位同步的外同步实现法分为插入位定时导频法和包络调制法两种。

1. 插入位定时导频法

和载波同步中的插入导频法类似，插入的位定时导频也必须选在基带信号频谱的零点插入，以免调制信号和导频信号相互干扰，影响接收端提取的导频信号准确度。除此之外，为方便在接收端提取码元重复频率 f_B 的信息，插入导频的频率通常选择为 f_B 或 $\frac{f_B}{2}$。这是因为 f_B 一般基带信号的波形都是矩形波，其频谱在 f_B 处通常都为 0，如图 8-7（a）所示全占空矩形基带信号功率谱，故此时应选择插入导频信号频率 $f_B=\frac{1}{T_B}$，f_B 为一个基带信号的码元周期。而相对调相中经过相关编码的基带信号频谱第一

个零点通常都是 $\frac{f_B}{2}$ 处，所以此时选择插入导频信号频率为 $\frac{f_B}{2}=\frac{1}{2T_B}$。实现该插入法的系统框图如图 8-8 所示。

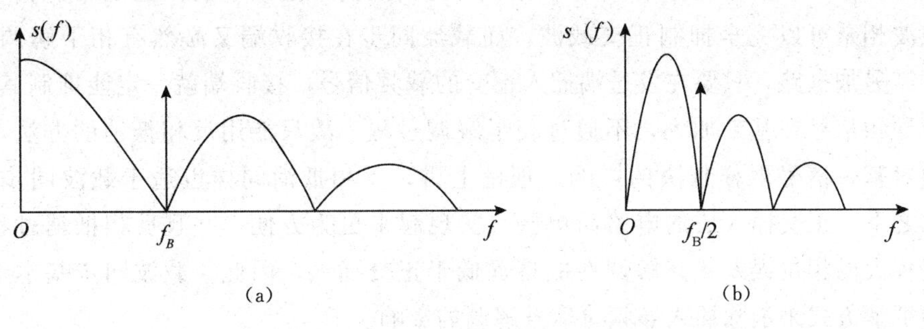

图 8-7 插入位定时导频信号的频率选择

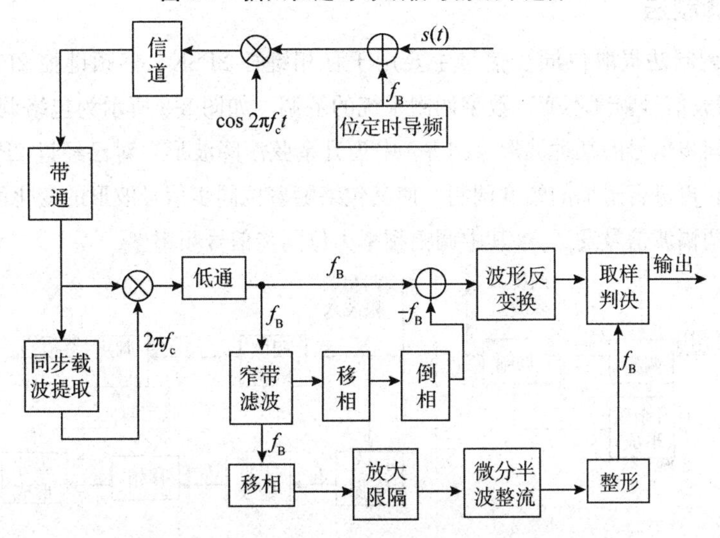

图 8-8 插入位定时导频法系统框图

该框图对应于图 8-7（a）所示的信号频谱情况。输入基带信号 $s(t)$ 经过相加电路，插入频率为 f_B 的导频信号，再通过相乘器对频率 f_c 的正弦信号进行载波调制后输出。

接收端首先用带通滤波器滤除带外噪声，通过载波同步提取电路获得与接收信号的载波完全同频同相的本地载波后，由相乘器和低通完成相干解调。低通滤波器的输出信号经过窄带滤波器滤出导频信号 f_B，通过倒相电路输出导频的反相信号 $-f_B$，送至相加电路与原低通输出的调制信号相加，消去其中的插入导频信号 f_B，使进入取样判决器的只有信息信号，避免插入导频影响信号的取样判决。图 8-8 中的两个移相器都是用来消除窄带滤波器等器件引起的相移的，有的情况下也把它们合在一起使用。由于微分全波整流电路具有倍频作用，对图 8-8 中插入的位定时导频 f_B，其最后送入取样判决电路的位同步信息将是 $2f_B$，故采用了半波整流方式。针对图 8-7（b）所示的频谱情况，由于插入导频是 $\frac{f_B}{2}$，接收机中采用微分全波整流电路，利用其倍频功能，正好使提取的位同步信息为 f_B 。

载波同步插入法与位同步插入法消除插入导频信号影响的方式是截然不同的。前者通过正交插入来消除其影响，后者则采用反相抵消来达到目的。这是因为相干解调通过载波相乘可以完全抑制正交载波，而载波同步在接收端又必然有相干解调过程，故它不需另加电路，只要在发送端插入正交的载频信号，接收端就一定能抑制其影响。位定时导频信号在基带加入，不通过相干解调过程，故只能用反相抵消的办法，来消除导频对基带信号取样判决的影响。理论上讲，反相抵消同样也适于载波同步情况。但相比之下，正交插入法的电路简单些，实现起来更为方便，并且反相抵消过程中一旦出现较大的相位误差，其解调性能将远低于正交插入。因此，载波同步基本上不采用反相抵消方式来消除插入导频对信号解调的影响。

2. 包络调制法

使用包络调制法提取位同步信号主要用于移相键控 2PSK、移频键控 2FSK 等恒包络(即调制后的载波信号幅度不变）数字调制系统的解调。如图 8-9 所示为包络调制原理框图。发送端采用位同步信号的某种波形（图 8-9 中为升余弦滚降波形）对已经过 2PSK 调制的射频信号 $s_{2PSK}(t)$ 再进行附加的幅度调制，使其包络随着位同步信号波形的变化而变化，形成双调制的调相调幅波信号发送。(其中调幅频率为位同步信号频率 f_B)

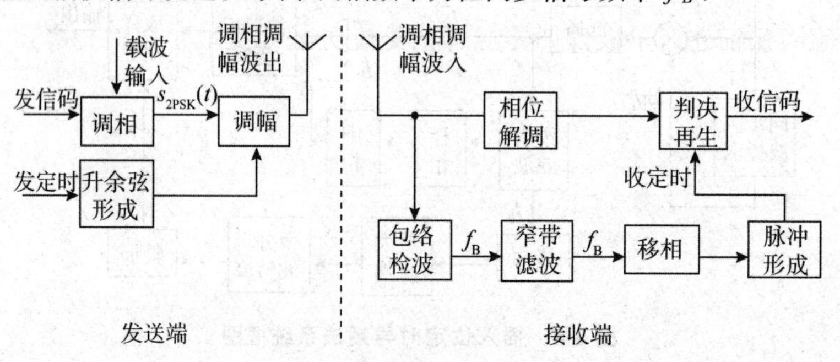

图 8-9 包络调制原理框图

接收端将收到的双调制信号分两路分别进行包络检波和相位解调。通过包络检波，得到含有位同步信息 f_B 的输出信号，再通过窄带滤波器即可取出该 f_B 信号。移相器消除窄带滤波器等引起的 f_B 相位偏移后，再经过脉冲整形电路，输出和发定时完全同步的收定时脉冲序列，对经过相位解调后送至译码器进行判决再生的信息信号提供位定时，使其准确地恢复输出原始信码。为减少位定时对信号解调产生的影响，附加调幅通常都采用浅调幅。

除了上述从频域插入位定时信号外，位同步系统也可采用时域插入方式，在基带信号中断续地传送导频 f_B 信号，接收端通过它来校正本地位定时信号，实现位同步。由于位同步的时域插入使用较少，这里不再赘述。

8.3.2　直接法

直接法在位同步系统中应用最广，属于同步中的自同步法一类。和载波同步的自同步法一样，它不在发信端单独发送导频信号或进行附加调制，仅在接收端通过适当的措施来提取位同步信息。通常使用的位同步自同步法有滤波法、包络“陷落”法和锁相法等，下面一一给予介绍。

1. 滤波法

对于单极性归零脉冲，由于它的频谱中一定含有 f_B 成分，故接收端只要把解调后的基带波形通过波形变换，如微分及全波整流，再用窄带滤波器取出该 f_B 分量，经移相调整后就可形成位定时脉冲 f_B 用于判决再生电路。

但是，对非归零脉冲信号而言，不论是单级性还是双极性，只要它的 0、1 码出现概率近似相等，即 $P(0) \approx P(1) = \frac{1}{2}$，则其信号频谱中将不再含有 f_B 或 $2f_B$ 等 nf_B 成分（n 为正整数），即频谱中没有 nf_B 谱线，因此不能直接从接收信号中提取位同步信息。但如果先对信号进行波形变换，使其变成单极性归零脉冲，则其频谱中将出现帆谱线，这时就可用前述对单极性归零脉冲的处理方法来提取位定时信息了，其原理框图如图 8-10 所示，它首先形成含有位同步信息的信号，再用滤波器将其取出。

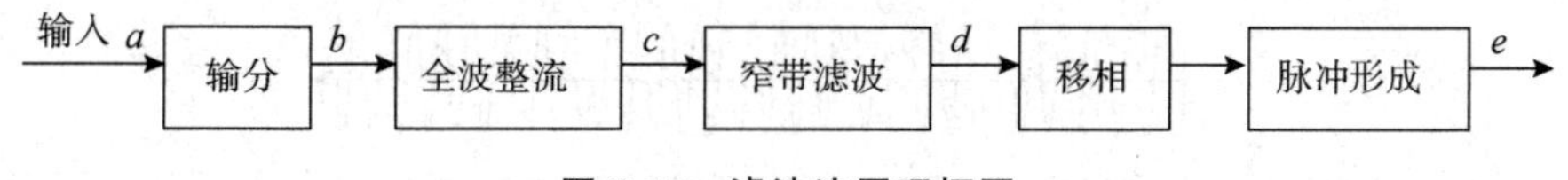

图 8-10　滤波法原理框图

如图 8-11 所示是图 8-10 中各对应点的波形图，其中图 8-11（a）表示输入基带信号波形，图 8-11（b）、图 8-11（c）分别表示输入信号依次经过微分及全波整流后的输出波形，有的把这两步合在一起称为波形变换，这是滤波法提取位同步信号过程中十分重要的两个环节。微分使输入的非归零信号变成归零信号；全波整流则保证输出信号的频谱中一定含有 nf_B 分量。由于输入信码中 $P(0) \approx P(1) = \frac{1}{2}$，如果不进行全波整流，微分电路输出的正负脉冲数目相等，则频谱中的 f_B 谱线仍将为 0，仍然不可能从中提取 f_B 信息，因此必须通过全波整流把随机序列由双极性变为单极性。由于该序列码元的最小重复周期为 T_B，它的归零脉冲中必然含有 $\frac{1}{T_B} = f_B$ 线谱，故可获得 f_B 信息。移相电路用来调整位同步脉冲的相位，即位脉冲的位置，使之适应最佳判决时刻的要求，降低误码率。

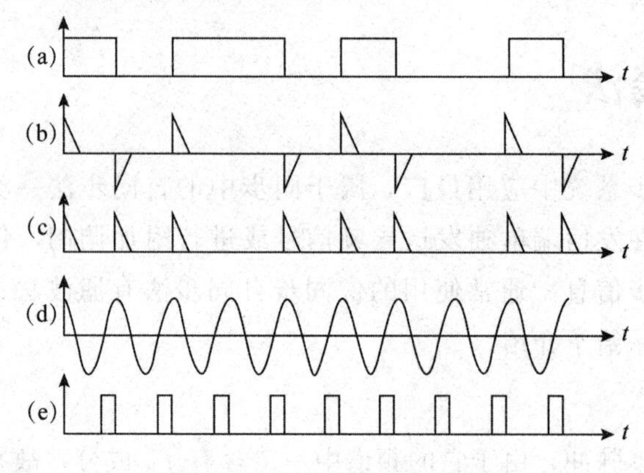

图 8-11　滤波法各点波形图

2. 包络“陷落”法

对于频带受限信号如二元数字调相信号 $s_{2PSK}(t)$ 等，可以采用包络“陷落”法来提取位同步信息。图 8-12 和图 8-13 分别为包络“陷落”法原理框图和框图中对应各点的波形变换。

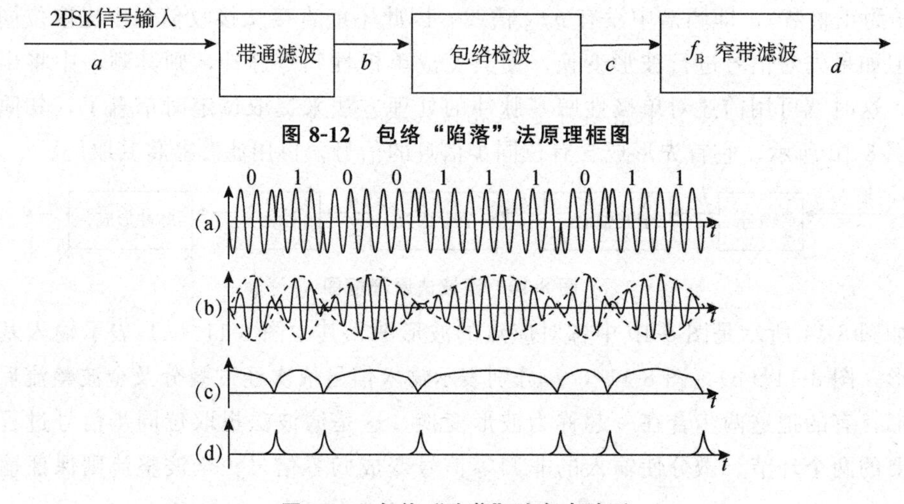

图 8-12　包络“陷落”法原理框图

图 8-13　包络“陷落”法各点波形

设频带受限的 $s_{2PSK}(t)$ 信号带宽为 $2f_B$，其波形如图 8-13（a）所示。如果接收端的输入带通滤波器带宽 $B < 2f_B$，则该带通的输出信号将在相邻码元信号的相位反转处产生一定程度的幅度陷落，如图 8-13（b）所示。这个幅度陷落的信号（b）经过包络检波后，检出的包络波形如图 8-13（c）所示。显然，这是一个具有一定归零程度的脉冲序列，而且它的归零点位置正好就是码元相位发生反转的时刻，所以它必然含有位同步信号分量，用窄带滤波器即可将它取出，如 8-13（d）所示。

用于产生幅度陷落的带通滤波器的带宽不一定取值恒定，只要 $B < 2f_B$，带通滤波器的输出就一定会产生包络陷落现象，只是带宽 B 不同，陷落的形状和深度也不同。一般来说，带宽 B 越小，包络陷落的程度就越深。

3. 锁相法

（1）锁相法的原理

位同步锁相法与载波同步的锁相法一样，都是利用锁相环的窄带滤波特性来提取位同步信号的。锁相法在接收端通过鉴相器比较接收信号和本地位同步信号的相位，输出与两个信号的相位差相应的误差信号去调整本地位同步信号的相位，直至相位差小于或等于规定的相位差标准。

位同步锁相法分为模拟锁相和数字锁相法两类。当鉴相器输出的误差信号对位同步信号相位进行连续调整时，称之为模拟锁相；当误差信号不直接调整振荡器输出信号的相位，而是通过一个控制器，对系统信号钟输出的脉冲序列增加或扣除相应若干个脉冲，从而达到调整位同步脉冲序列的相位，实现同步的目的时，称之为数字锁相。

数字锁相电路由全数字化器件构成，以一个最小的调整单位对位同步信号相位进行逐步量化调整，故有人把这种位同步锁相环叫做量化同步器。

这是一个典型的数字锁相环电路，它由信号钟、控制器、分频器和相位比较器等组成。其中，信号钟包括一个高 Q 值的晶振和整形电路，控制器则指图中处于常开状态的扣除门、常闭状态的附加门和一个或门。

（2）抗干扰性能的改善

由于噪声干扰，数字锁相环中送入相位比较器的输入信号将出现随机抖动甚至是虚假码元转换，使相位比较器的比相结果相应出现随机超前或滞后脉冲，导致锁相环立即进行相应的相位调整。但这种实际上是毫无必要的，因为一旦干扰消失，锁相环必然会重新回到原来的锁定状态。如果干扰时时存在，锁相环将常常进行这类不必要的调整，导致输出位同步信号的相位来回变化，即相位抖动，影响接收端译码判决的准确性。

用于这一目的的数字滤波器中，N 先于 M 滤波器和随机徘徊滤波器两种最为常见。图 8-14 和图 8-15 为实现上述抗干扰方案的两种滤波器原理框图。

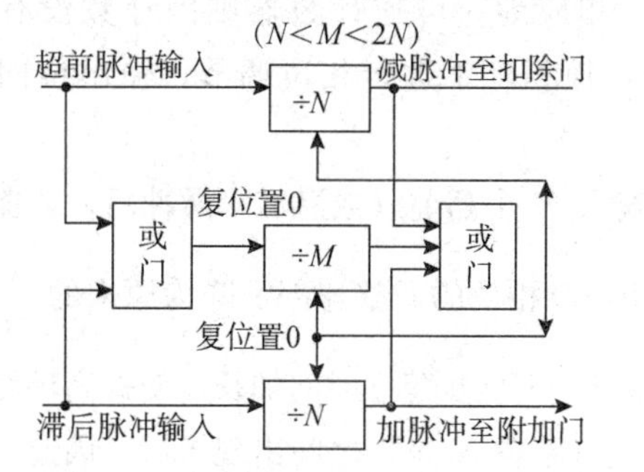

图 8-14 N 先于 M 滤波器原理框图

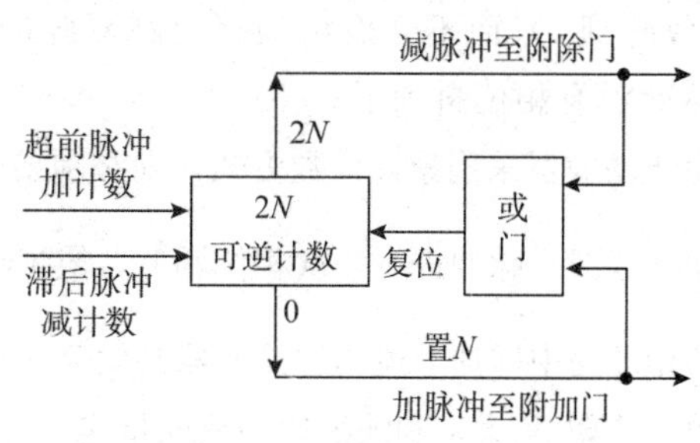

图 8-15 随机徘徊滤波器原理框图

N 先于 M 滤波器包括两个 N 计数器：一个或门和一个 M 计数器。两个 N 计数器分别用于累计超前脉冲和滞后脉冲的个数，一旦计数达到 N 个，就输出一个加或减脉冲，用于锁相环中送入分频器的 nf_B 整形电路输出脉冲的扣除或添加。无论超前还是滞后脉冲，通过或门后都将送入 M 计数器，所以 M 计数器对超前和滞后脉冲都要记数。一般选定 $N < M < 2N$ 。三个计数器中的任意一个计满都会使所有计数器复位。

当相位比较器输出超前（或滞后）脉冲时，由于该数字滤波器的插入，输出的超前或滞后脉冲不能直接加至扣除门或附加门，锁相环不会立即进行相应的相位调整。设 $N=5, M=8$，若锁相环中 n 分频器的输出信号确实相位超前（或滞后）了，则相位比较器一般都会连续输出若干个超前（或滞后）脉冲。如果输出的超前（或滞后）脉冲个数达到了 5 个，图 8-14 中上（或下）面的 N 计数器将计满，输出一个减（或加）脉冲到扣除门或（附加门）进行相应相位调整，同时三个计数都复位，重新开始刚才的计数过程。

如果不是位同步信号超前，而是由于干扰影响使相位比较器发生误判，进而输出超前（或滞后）脉冲，只要干扰不太强烈而持久，连续 5 次输出超前（或滞后）脉冲的情况将是极少的，一般都输出随机且分散的超前（或滞后）脉冲。由于 M 计数器对超前或滞后两种脉冲进行累加记数，故这种情况下，一般都是 M 计数器首先计满而使三个计数器复位，两个 N 计数器将没有输出，锁相环不进行相位调节，位同步信号的相位将保持不变，消除了随机干扰引起的相位抖动。

随机徘徊滤波器的工作原理与 N 先于 M 滤波器相似。但其中 $2N$ 可逆计数器的记数原理异于普通记数器，即它既能进行加法计数又能进行减法计数。当输入超前脉冲时，计数器做加记数；反之则做减记数。只有当相位比较器连续输出 N 个超前脉冲（或 N 个滞后脉冲）时，可逆计数器的计数值才会计满到 $2N$（或减少为 0），输出相应的减（或加）脉冲至扣除门（或附加门）用于相位调整。

当位同步信号相位正常时，可逆计数器将停在 N 处，计数器没有输出，扣除门和附加门都不工作，电路维持现状，以锁相环中 N 分频器的输出为位同步信号。受到干扰影响时，由于一般干扰引起的超前或滞后脉冲是随机而零星的，使相位比较器交替地输出超前和滞后脉冲，极少会出现连续输出多个超前或多个滞后脉冲的情况，使超前与滞后脉冲个数之差达到 N 的概率极小。相应地，可逆计数器则因计数没有加至 $2N$（或减到 0）而不会输出加（或减）脉冲，锁相环不进行相位调节，输出位同步信号当然就没有相位抖动了。

由于滤波器采用累计计数方式，即必须要输入 N 个超前（或滞后）脉冲后，才能输出一个加（或减）脉冲进行一次相位调节，使锁相环对相位的调整速率下降为原来的 $\frac{1}{N}$ 。故数字锁相环路中增加上述两种滤波器必然会导致环路的同步建立时间加长，使提高环路抗干扰能力（希望 N 大）和缩短锁相环同步建立时间（希望 N 小）之间出现矛盾。因此，在选择 N 的值时要注意两方面的要求，尽量做到两者兼顾。当然，也可以另外设计采用一些性能更为优良的电路来改善或解决这一问题，有兴趣的读者可自行查阅相关资料。

8.3.3 位同步系统的性能

与载波同步系统相似，位同步系统的性能指标主要有相位误差 $\Delta\varphi$ 、同步建立时间 t_s、同步保持时间 t_c 和同步带宽 B。由于位同步系统大多采用自同步法实现，其中又以数字锁相环法应用最为广泛，下面主要结合数字锁相环来介绍，并讨论相位误差对误码率的影响。

1. 位同步系统的性能指标

(1) 相位误差 $\Delta\varphi$

用数字锁相法提取位同步信号时，其相位调整不是连续进行而是每次都按照固定值 $\frac{2\pi}{n}$ 跳变完成的。相位误差 $\Delta\varphi$ 主要由这种按照固定值进行跳变调整引起。每调整一次，输出位同步信号的相位就相应超前或滞后 $\frac{2\pi}{n}$ ，周期提前或延后 $\frac{T}{n}$ 。其中，n 是分频器的分频次数，T 是输出位同步信号的周期。系统可能产生的最大相位误差为

$$\Delta\varphi_{\max}=\frac{2\pi}{n} \tag{8-7}$$

因此，增大 n 的值可以使每次调整的相位量更小一些，相位改变更精细一些，相应地相位误差 $\Delta\varphi$ 也就自然降低了。

(2) 同步建立时间 t_s

同步建立时间是指开机或失步以后重新建立同步所需的最长时间，记作 t_s 。分频器输出的位同步信号相位与接收的基准相位之间的最大可能相位差为 π ，此时对应的同步调整时间最长，需要进行相位调整的次数 L 也最多，即

$$L_{\max}=\frac{\pi}{\frac{2\pi}{n}}=\frac{n}{2} \tag{8-8}$$

这就是系统所需要的最多可能调整次数。由于接收码元是随机的，对二元码来说，相邻两个码元之间的代码为 0（或者为 1)、变与不变的概率相等，也就是说平均每两个码元出现一次 0、1 代码的改变。由于相位比较器只在出现 0、1 变化时才比较相位，0、1 之间无变化时则不比相，每比相一次相位最多调整一步——增加或减少 $\frac{2\pi}{n}$ 或不变。与此对应，系统的最大可能位同步建立时间为

$$t_{s\max}=2T_B\times\frac{n}{2}=nT_B \tag{8-9}$$

式中，T_B 为一个码元周期。

如考虑抗干扰电路的影响，即引入数字滤波器的影响，则最大可能位同步建立时间为

$$t_{\mathrm{smax}} = nNT_{\mathrm{B}} \tag{8-10}$$

式中，N 为抗干扰滤波器中计数器的计数次数。

可以看出，n 增大时系统的位同步精度提高，但相应的同步建立时间也增长，即这两个指标对电路的要求是相互矛盾的。

（3）同步保持时间 t_{c}

同步状态下若接收信号中断，位同步信号相位误差 $\Delta\varphi$ 仍保持在某规定值范围内的时间，即系统由同步到失步所需时间，就是同步保持时间 t_{c}。

同步建立之后，数字锁相环的相位比较器不输出调整脉冲，电路将维持现态。如果中断输入信号或输入信码中出现长连 0、连 1 码时，相位比较器不进行比相，锁相环将失去相位调整作用。接收端时钟输出信号不作任何调整，相位误差 $\Delta\varphi$ 完全依赖于双方时钟输出信号的频率稳定度。由于收、发频率之间总是会有频差存在的，所以接收端位同步信号相位将逐渐发生漂移，时间越长，漂移量越大，直至 $\Delta\varphi$ 达到或超过规定数值范围时，系统就失步了。

显然，收、发两端振荡器输出信号的频率稳定度对 t_{c} 影响极大，频稳度越高，位同步信号的相位漂移就越慢，$\Delta\varphi$ 超过规定值需要的时间就越长，t_{c} 就越大。

（4）同步带宽 B

同步带宽 B 是指系统允许收、发振荡器输出信号之间存在的最大频率差 Δf 。数字锁相环平均每两个码元周期调相一次，每次的相位调整量为 $\frac{2\pi}{n}$ 。由于收、发两端振荡频率不可能完全相同，故每两个码元周期将产生相位差为

$$\Delta\theta = 2\left(\frac{\Delta f}{f_0}\right)2\pi \tag{8-11}$$

所以，数字锁相环能够实现相位锁定的前提，就是每次调相的相位调整量必须不小于每两个码元周期内由频率误差导致的相位误差，即

$$\frac{2\pi}{\pi} \geqslant 2\left(\frac{\Delta f}{f_0}\right)2\pi$$

也即

$$\Delta f \leqslant \frac{f_0}{2n}\Delta f \tag{8-12}$$

否则，锁相环将无法锁定，电路也就不可能实现位同步。其中，f_0 为收、发两端频率 f_1、f_2 的几何中心值，即

$$f_0 = \sqrt{f_1 \cdot f_2} \tag{8-13}$$

显然，一旦频差大于 $\frac{f_0}{2n}$ ，锁相环就会失锁。故数字锁相环的同步带宽为

$$B \leqslant \frac{f_0}{2n} \tag{8-14}$$

2. 相位误差对位同步性能的影响

位同步的相位误差 $\Delta\varphi$ 主要造成位定时脉冲的位移，使抽样判决时刻偏离最佳位置。当位同步信号和接收端输入信号之间存在相位误差时，由于不能在最佳时刻进行判决取样，必然会使误码率超过原来的分析结果。这个相位误差 $\Delta\varphi$ 对接收性能的影响可从如下两种情况考虑。

（1）当输入相邻信码无 0、1 转换时，相位比较器不比相，此时由 $\Delta\varphi$ 引起的位移不会对取样判决产生影响。

（2）当输入信息出现 0、1 转换时，$\Delta\varphi$ 引起的位移将根据信号波形及取样判决方式的不同而产生不同影响。对于最佳接收系统，因为进行取样判决的参数是码元能量，而位定时的位移将影响码元能量，故此时的位移将影响系统的接收性能，使误码率上升。对基带矩形波而言，如果选择在码元周期的中间时刻进行取样判决，由于一般每两个码元比相一次，这种情况下，只要位移不超过乎就不会影响判决结果，系统误码率也不会下降；但超过 $\frac{\pi}{4}$ 就不行了。

8.4 群 同 步

数字通信时，一般总是以一定数目的码元组成一个个的“字”或“句”，即组成一个个的“群”进行传输，因此群同步信号的频率很容易由位同步信号经过分频而得出，但是每个群的开头和末尾时刻却无法由分频器的输出决定。群同步的任务就是要给出这个“开头”和“末尾”的时刻。群同步也称作帧同步。

为了实现群同步，通常有两类方法：一类是在数字信息流中插入一些特殊码组作为每个群的头尾标记，接收端根据这些特殊码组的位置就可以实现群同步；另一类方法不需要外加特殊码组，类似于载波同步和位同步中的直接法，利用数据码组本身之间彼此不同的特性来实现自同步。在此主要讨论插入特殊码组实现群同步的方法。

8.4.1 起止式同步法

起止式同步法广泛使用在电传机中。电报的一个字由 7.5 个码元组成，起止式同步的信号波形如图 8-16 所示。每个字开头，先发一个码元的起脉冲（负值），中间 5 个码元是消息，字的末尾是 1.5 码元宽度的止脉冲（正值），接收端根据正电平第一次传到负电平这一特殊规律，确定一个字的起止位置，从而实现了群同步。这种同步方式中的止脉冲宽度与码元宽度不一致，给同步数字传输带来不便。另外，7.5 个码元中只有 5 个码元用于传递消息，效率非常低。

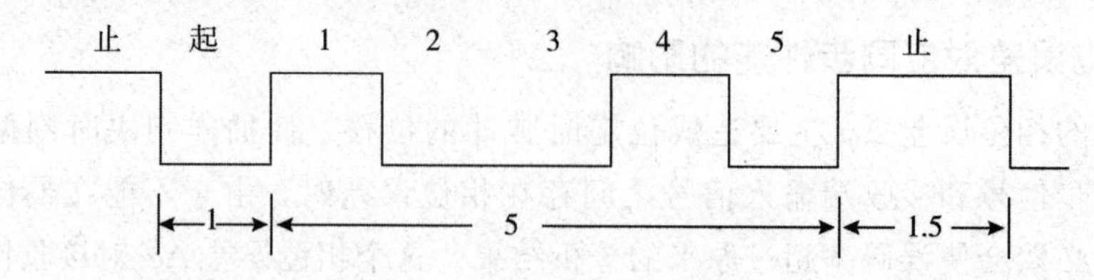

图 8-16　起止式同步的信号波形

8.4.2　连贯式插入法

连贯式插入法就是在每群的开头集中插入群同步码组的方法。作为群同步码组用的特殊码组应该是具有尖锐单峰特性的局部相关函数，它的识别器应该尽量简单。目前常用的群同步码组是巴克码。

巴克码是一种非周期序列。一个行位的巴克码组为 $\{x_1, x_2, x_3, \cdots, x_n\}$，其中 x_i 取值为+1或-1，它的局部自相关函数为

$$R(j)=\sum_{i=1}^{n-j}x_i x_{i+j}=\begin{cases}n, & j=0\\ 0 \text{ 或 } \pm 1, & 0<j<n\\ 0, & j\geqslant n\end{cases} \tag{8-15}$$

目前已找到的所有巴克码组见表 8-1，其中“+”“-”号分别拜师巴克码组第 i 位码元 a_i 的取值为+1、-1，它们分别与二进制的 1、0 对应。

表 8-1　目前已找到的所有巴克码码组

码组中的码元位数	巴克码组	对应的二进制码
2	(+ +)，(- +)	(1 1)，(0 1)
3	(+ + -)	(1 1 0)
4	(+ + + -)，(+ + - +)	(1 1 1 0)，(1 1 0 1)
5	(+ + + - +)	(1 1 1 0 1)
7	(+ + + - - + -)	(1 1 1 0 0 1 0)
11	(+ + + - - - + - - + -)	(1 1 1 0 0 0 1 0 0 1 0)
13	(+ + + + + - - + + - + - +)	(1 1 1 1 1 0 0 1 1 0 1 0 1)

以七位巴克码组（+ + + - - + -）为例，求出它的自相关函数如下。

当 $j=0$ 时，$R(j)=\sum_{i=1}^{7}x_i^2=1+1+1+1+1+1+1=7$。

当 $j=1$ 时，$R(j)=\sum_{i=1}^{6}x_i x_{i+1}=1+1-1+1-1-1=0$。

当 $j=2$ 时，$R(j)=\sum_{i=1}^{5}x_i x_{i+2}=1-1-1-1+1=-1$。

当 $j=3$ 时，$R(j)=\sum_{i=1}^{4}x_i x_{i+3}=-1-1+1+1=0$。

当 $j=4$ 时，$R(j)=\sum_{i=1}^{3} x_i x_{i+4}=-1+1-1=-1$。

当 $j=5$ 时，$R(j)=\sum_{i=1}^{2} x_i x_{i+5}=1-1=0$。

当 $j=6$ 时，$R(j)=\sum_{i=1} x_i x_{i+6}=-1$。

当 $j=7$ 时，$R(j)=\sum_{i=1} x_i x_{i+7}=0$。

此外，再求出 j 为负值时的自相关函数值，巴克码的局部自相关函数曲线图 8-17 所示。

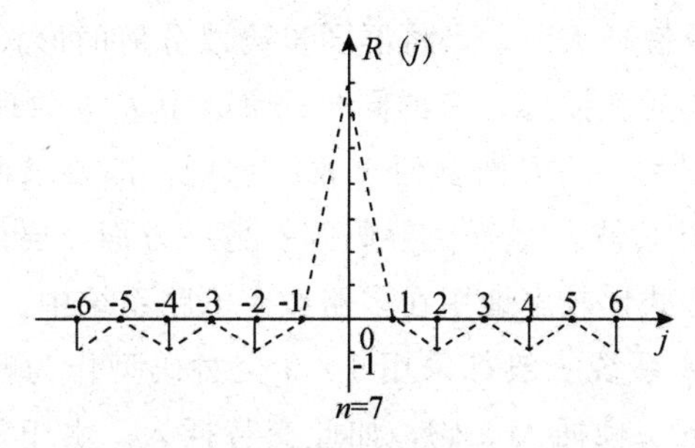

图 8-17 巴克码的局部自相关函数曲线

由图 8-17 可见，其自相关函数在 $j=0$ 时出现尖锐的单峰。

巴克码识别器是比较容易实现的，以 $n=7$ 巴克码为例。用 7 级移位寄存器、相加器和判决器就可以组成一个巴克码识别器，如图 8-18 所示。当输入码元的 1 进入某移位寄存器时，该移位寄存器的 1 端输出电平为+1，0 端输出电平为−1。反之，进入 0 码时，该移位寄存器的 0 端输出电平为+1，1 端输出电平为−1。各移位寄存器输出端的接法与巴克码的规律一致，这样识别器实际上是对输入的巴克码进行相关运算。当一帧信号到来时，首先进入识别器的是群同步码组，只有当 7 位巴克码在某一时刻［图 8-19（a）中的 t_1］正好已全部进入 7 位寄存器时，7 位移位寄存器输出端都输出+1，相加后得最大输出+7，其余情况相加结果均小于+7。若判别器的判决门限电平定为+6，那么就在 7 位巴克码的最后一位 0 进入识别器时，识别器输出一个同步脉冲表示一群的开头，如图 8-19（b）所示。

巴克码用于群同步是常见的，但并不是唯一的，具有良好特性的码组均可用于群同步，例如 PCM30/32 路电话基群的集中插入的帧同步码为 0011011。

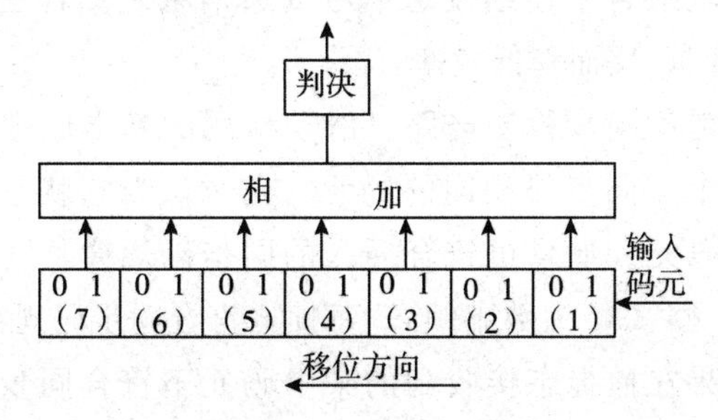

图 8-18 巴克码识别器

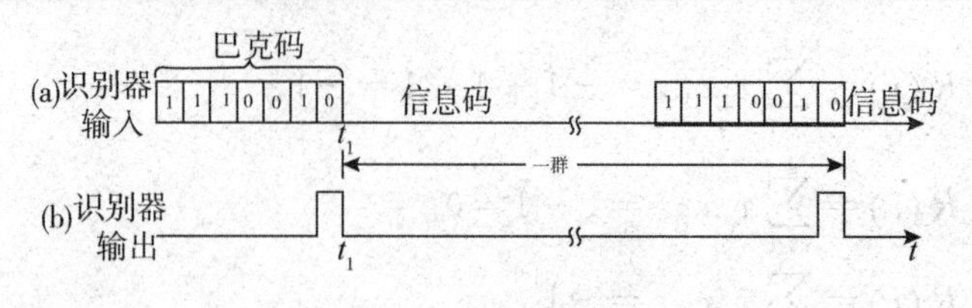

图 8-19　识别器的输出波形

8.4.3　间隔式插入法

间隔式插入法又称分散插入法，是将群同步码以分散的形式均匀插入信息码流中，即每隔一定数量的信息码元就插入一个群同步码元，其基本原理如图 8-20 所示。群同步码码型选择的主要原则是：一方面要便于收端识别，即要求群同步码具有特定的规律性，这种码型可以是全 1 码，1、0 交替码等；另一方面，要使群同步码的码型尽量和信息码相区别。这种方式比较多地用在多路数字电路系统中。例如在 PCM24 路基群设备以及一些简单的 AM 系统一般都采用 1、0 交替码型作为帧同步码间隔插入的方法。即一帧插入 1 码，下一帧插入 0 码，如此交替插入。由于每帧只插一位码，那么它与信码混淆的概率则为 1/2，这样似乎无法识别同步码，但是这种插入方式在同步捕获时我们不是检测一帧两帧，而是连续检测数十帧，每帧都符合 1、0 交替的规律才确认同步。

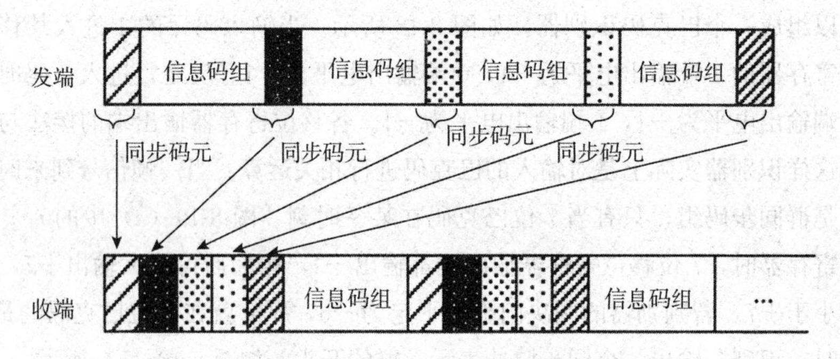

图 8-20　分散插入法基本原理

间隔式插入法的最大特点是同步码不占用信息时隙，每帧的传输效率较高，但是同步捕获时间较长，它较适合于连续发送信号的通信系统。若是断续发送信号，每次捕获同步需要较长的时间，反而降低效率。

间隔式插入法常用滑动同步检测电路。滑动检测的基本原理是接收电路开机时处于捕捉态，当收到第一个与同步码相同的码元，先暂认为它就是群同步码，按码同步周期检测下一帧相应位码元。如果也符合插入的同步码规律，则再检测第三帧相应位码元。如果连续检测 M 帧（M 为数十帧），每帧均符合同步码规律，则同步码已找到，电路进入同步状态。如果在捕捉态接收到的某个码元不符合同步码规律，则码元滑动一位，仍按上述规律周期性地检测，看它是否码规律。一旦检测不符合，又滑动一位如此反复进行下去，直到找到符合要求的码元并保持连续 M 帧都符合要求为止。若一帧共有 N 个码元，则最多滑动（$N-1$）位，一定能够找到同步码。

8.4.4 群同步系统的性能指标

群同步系统应该建立时间短，并且在群同步建立后应有较强的抗干扰能力。通常用漏同步概率 P_1、假同步概率 P_2 和群同步平均建立时间 t_s 来衡量这些性能。这里主要分析连贯式插入法的性能。

1. 漏同步概率 P_1

由于干扰的影响会引起同步码组中一些码元发生错误，从而使识别器漏识别已发出的同步码组，出现这种情况的概率就称为漏同步概率 P_1。

设码元错误概率为 P_e，同步码组的长度为 n，检验时码组中容许错误的最大码元数为 m，因此同步码组码元中所有不超过 m 个错误码元的码组都能被识别器识别，则未漏同步概率为

$$\sum_{r=0}^{m} C_n^r P_e^r (1-P_e)\, n-r \tag{8-16}$$

所以，漏同步概率为

$$P_1 = 1 - \sum_{r=0}^{m} C_n^r P_e^r (1-P_e)\, n-r \tag{8-17}$$

2. 假同步概率 P_2

在消息码元中，也可能出现所要识别的同步码组相同的码组，这时会被识别器误认为是同步码组而实现假同步。出现这种情况的可能性就被称为假同步概率 P_2。

若二进制信息码中 1、0 码等概率出现，帧同步码组长度为 n，帧同步码组中容许错误的最大码元数为 m。则可推出，假同步概率为

$$P_2 = \frac{1}{2^n} \sum_{r=0}^{m} C_n^r \tag{8-18}$$

比较式（8-17）和（8-18）可见，当 m 增大，即判决门限电平降低时，漏同步概率 P_1 减少，而假同步概率 P_2 增大。因此这两个指标之间是矛盾的，设计时判决门限的选取要兼顾二者。

3. 群平均同步建立时间 t_s

设漏同步和假同步都不发生，在最不利的情况，实现群同步最多需要一群的时间。设每群的码元数为 N，每码元的时间宽度为 T，则一帧的时间为 NT。考虑到出现一次漏同步或一次假同步大致要花费 NT 时间才能建立起群同步。因此群同步的平均建立时间为

$$t_s = (1 + P_1 + P_2)\, NT \tag{8-19}$$

8.5 网同步技术及其应用

前面讲过的载波同步、位同步和群同步都是解决点对点之间通信的同步问题，但是现代通信系统是一个庞大复杂的通信网，不管是移动通信、光纤通信还是卫星通信等通信系统，都有许多站点相互连接。为了保证网络中各站点之间能可靠地通信，让不同速率信息码在同一通信网中进行正确的传输、交换和接收，必须在网内建立一个统一的时间标准，称为网同步，即网同步就是通信网中各站点之间时钟的同步。

要想实现网同步，则同步时钟必须具备以下最基本的要求。

(1) 长期的稳定性，当一部分发生故障时，对其他部分的影响最小。

(2) 具有较高的同步质量。

(3) 适应于网络的扩展。典型的网同步方法可以分为两大类：同步法和准同步法。

8.5.1 同步法

同步法可以分为主从同步法、相互同步法和主从相互同步法 3 种。

1. 主从同步法

主从同步法是指在网内某交换节点设立一个高精度时钟作为基准时钟，然后通过树状（星状）结构的时钟分配网并利用传输线路，将时钟信号送至网内各交换节点；各节点通过一个带有变频振荡器的锁相环把本地网的时钟频率锁定在基准时钟频率上，从而实现网内节点都与主节点时钟也即全网的时钟信号同步。简单的主从同步网络节点如图 8-21 所示。

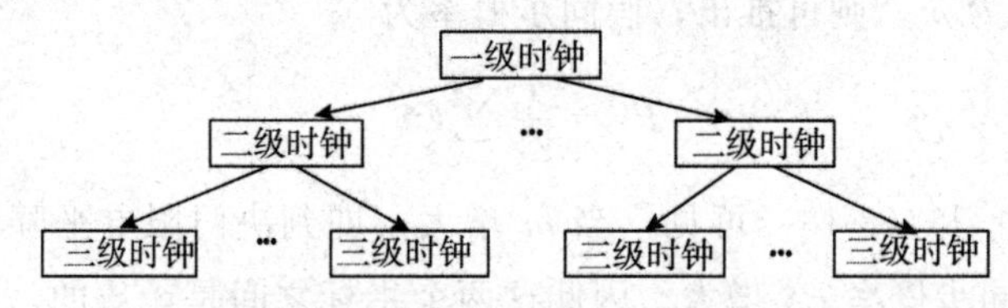

图 8-21 简单的主从同步网络节点

主从同步法的优点是主时钟精度高、设备简单、经济实用，能避免准同步网中固有的周期性滑动；只需要较低频率精度的锁相环路，降低了费用，控制简单，特别适合用于星形或树形网。

主从同步法的缺点是过分依赖主时钟，一旦主时钟发生故障，将导致整个通信网停顿。系统采用单端控制，任何传输链路中的抖动及漂移都将导致定时基准的抖动和漂移。这种抖动将沿着传输链路逐段累积，直接影响数字网定时信号的质量。一旦主节点基准时钟和传输链路发生故障，将造成从节点定时基准的丢失，导致全系统或局部系统丧失网同步能力。因此主节点基准时钟须采用多重备份以提高可靠性。

2. 相互同步法

相互同步法是指数字网中没有特定的主节点和基准时钟，网中每一个节点的本地时钟，通过锁相环路受所有接收到的外来数字链路定时信号的共同加权控制。因此，节点的锁相环路是一个具有多个输入信号的环路，而相互同步法将多输入锁相环路连接成一个复杂的多路反馈系统。简单的相互同步网络节点如图 8-22 所示。

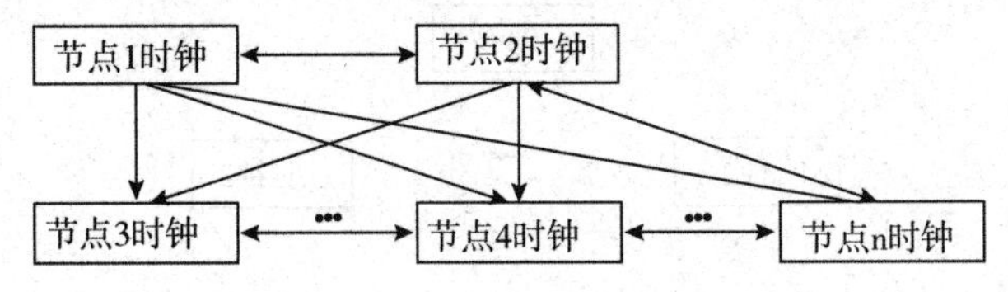

图 8-22 简单的相互同步网络节点

相互同步法的主要优点是：当某些传输链路或节点时钟发生故障时，网路仍然处于同步工作状态；可以降低对节点时钟频率稳定度的要求，使设备较便宜。

相互同步法的主要缺点是：由于系统稳定频率的不确定性，很难与其他同步方式兼容；而且，由于整个同步网构成一个闭路反馈系统，系统参数的变化容易引起系统性能变化，甚至引起系统不稳定。

3. 主从相互同步法

主从相互同步法将数字网中所有节点分级，网中设立一个主基准时钟。级与级之间的同步法采用主从同步法，同级之间的节点通过传输链路联结，采用相互同步法。全网各节点的时钟频率都锁定在主时钟频率上。主从相互同步方式具有主从法和相互同步法的优点，控制技术复杂程度和相互同步法相当。主从相互同步时钟网组成如图 8-23 所示。

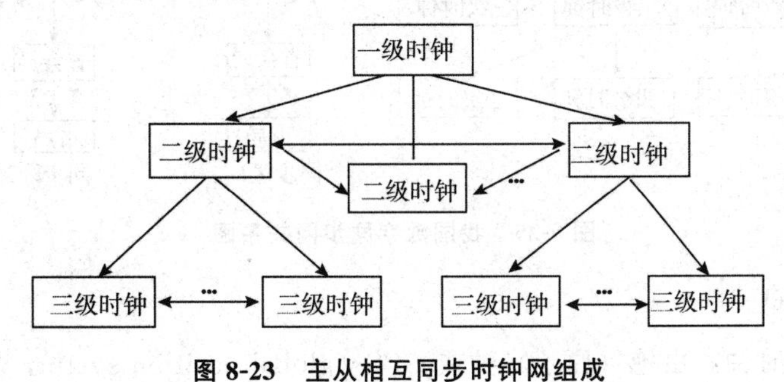

图 8-23 主从相互同步时钟网组成

8.5.2 准同步法

准同步法即各交换节点的时钟彼此是独立的，但它们的频率精度被要求保持在极窄的频率容差之中，各节点设立一个高精度的时钟（采用铯原子钟，频率精度达 10^{-12}）。这样，滑动的影响就可以忽略不计，网络接近于同步工作状态。准同步法的优点是：网路结构简单，各节点时钟相互独立工作，如图 8-24 所示，节点之间不需要有控制信号来校准时钟精度，网路的增设和改动都很灵活。

准同步法的缺点是：不论时钟的精度有多高，由于各节点是独立工作的，所以在节点入口处总是要产生周期性滑动（CCITT 规定滑动周期大于 70 天一次）；原子钟需要较大的投资和较高的维护费用。

目前，国际网路采用准同步方式，其定时准确度可达 1×10^{-12}。

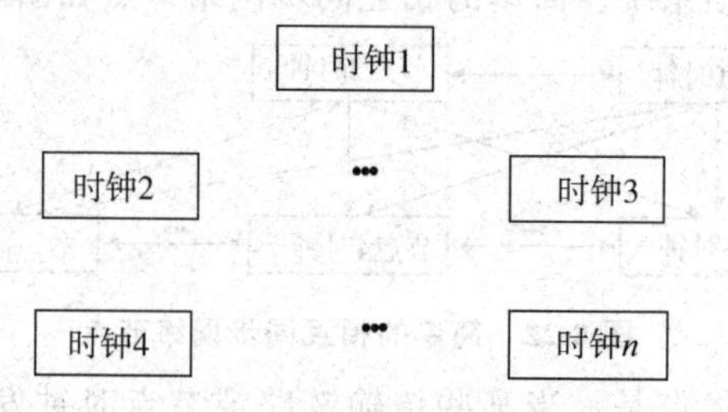

图 8-24　准同步时钟网组成

8.5.3　我国数字同步网的等级结构

我国数字同步网是一个“多基准时钟分区等级主从同步”的网络，按照时钟性能可划分为 4 级，其关系图如图 8-25 所示，具体说明如下。

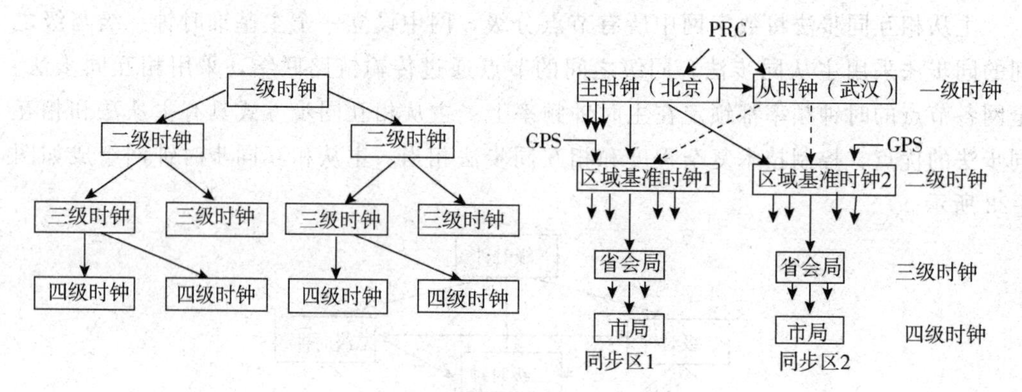

图 8-25　我国数字同步网关系图

1. 一级时钟

一级是基准时钟，由铯（原子）钟或 GPS（global position systin，全球定位系统）配铷钟组成。它是数字网中最高等级的时钟，是其他所有时钟的唯一基准。在北京、武汉各建立了一个以铯钟为主的包括 GPS 接收机的高精度基准时钟，称为 PRC（primary reference clock，基准参考时钟）。基准主时钟的精度可达到 10^{-11}。

2. 二级时钟

二级为有保持功能的高稳时钟（受控铷钟和高稳定度晶体钟），分为 A 类时钟和 B 类时钟。

上海、南京、西安、沈阳、广州、成都等6个大区中心及乌鲁木齐、拉萨、昆明、哈尔滨、海口等5个边远省会中心配置地区级基准时钟（即二级标准时钟，LPR，local primary reference，区域基准时钟），此外还增配GPS定时接收设备，它们均属于A类时钟。A类时钟通过同步链路直接与基准时钟同步。

全国各省、市、自治区中心的长途通信大楼内安装的大楼综合定时供给系统，以铷（原子）钟或高稳定度晶体钟作为二级B类标准时钟。B类时钟，应通过同步链路受A类时钟控制，向接地与基准时钟同步。

各省间的同步网划分为若干个同步区。同步区是同步网的最大子网，可作为一个独立的实体对待，也可以接收与其相邻的另一个同步区的基准作为备用。转接局时钟精度可达 5×10^{-9}

3. 三级时钟

各省内设置在汇接局（Tm）和端局（C5）的时钟是三级时钟，采用有保持功能的高稳定度晶体时钟，其频率偏移率可低于二级时钟。通过同步链路与二级时钟或同等级时钟同步，需要时可设置局内综合定时供给设备，端局时钟精度可达 1×10^{-7}。

4. 四级时钟

四级时钟是一般晶体时钟，通过同步链路与三级时钟同步，设置在远端模块、数字终端设备和数字用户交换设备当中。SDH网络单元时钟精度可达 4.6×10^{-6}。

所有数字同步网节点时钟均采用BITS设备而不采用业务设备时钟，局间定时传输链路一般采用PDH 2 Mbit/s。

8.5.4 移动通信系统中的网同步

在移动通信系统中的网同步采用的是主从同步法，主站备有一个高稳定度的时钟源，一般是一台铯原子钟，主站将主时钟源产生的时钟逐站传送至网内的各站，如图8-26所示。

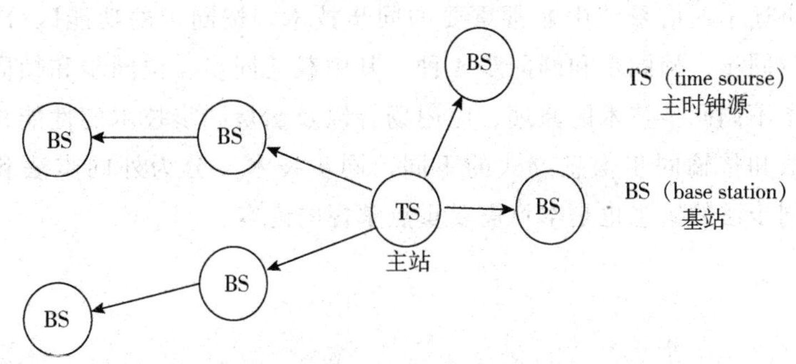

图8-26 移动通信系统中的时钟关系

各个基站的定时脉冲频率都直接或间接来自主时钟源，因此网内各站的时钟频率相同，各基站的时钟频率通过各自的锁相环来保持和主站的时钟频率一致。由于主时钟到各站的传输线路长度不等，会使各站引入不同的时延，所以各站都设置时延调整电路，以补偿不同的时延，使各站的时钟不仅频率相同，且相位也一致。

主从同步法的主要缺点是：当主时钟发生故障时会使全网无法工作；当某一中间站发生故障时，不仅该站不能工作，其后的各站都因失步而无法工作；而且铯原子钟的造价十分昂贵。

移动网络的提供者引入了 GPS，GPS 精确的定时信号用在通信网络中，可使网络完全同步。利用 GPS 同步的移动通信系统如图 8-27 所示。

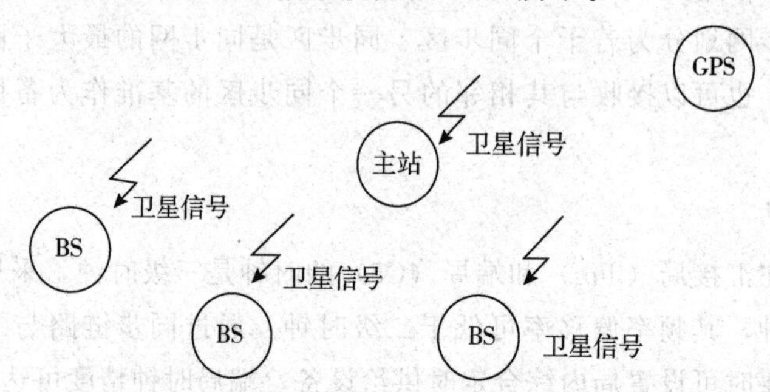

图 8-27　移动通信系统中的时钟

对比上述两种方法可以明显地看出，利用 GPS 系统同步有明显的优点。

(1) 除非 GPS 系统产生故障，否则主时钟源不会出现问题。

(2) 无论是主站还是基站，对于同步信号的接收具有同等的地位，一个单点故障不会影响其他基站。

(3) GPS 的算法本身消除了由于各个基站的位置不同引起的相位偏差，不再需要另加延时。而且，运用 GPS 信号作为同步，其成本也要比主从同步法低，这也是制造商在同步技术中引入 GPS 的主要原因。

本章小结

本章主要讲述了通信系统中非常重要的同步技术，按同步的功能区分，同步可分为载波同步、位同步、帧同步和网同步 4 种。其中载波同步、位同步和帧同步是基础。本章分别介绍了不同同步技术的原理、应用场合以及衡量同步技术的性能指标等内容。此外，按照获取和传输同步信息方式的不同，同步技术又分为外同步法和自同步法。外同步法和自同步法的概念也是本章需要重点掌握的内容。

习　题

一、填空题

1. 载波同步和位同步的实现方法可分为插入导频法（外同步法）和__________两种方法。

2. 采用平方变换法提取的同步载波（存在/不存在）________相位模糊问题，采用科斯塔斯环提取的同步载波（存在/不存在）________相位模糊问题。

3. 载波同步系统的一个重要性能指标是载波相位误差，因为载波相位误差会使模拟通信系统的下降，使数字通信系统的误码率。

4. 科斯塔斯环法与平方环法相比，其主要优点是在提取同步载波的同时________。

5. 一个模拟双边带调制系统（DSB），采用相干解调，则解调器中一定需要______同步。

6. 一个 PCM 系统，数字通信系统采用 2DPSK 调制和差分相干解调，则此系统涉及同步________同步。

二、选择题

1. 在点对点通信中不需要（　　）。

A. 位同步　　B. 群同步　　C. 帧同步　　D. 网同步

2. 在采用非相干解调的数字通信系统中，一定不需要（　　）。

A. 载波同步　　B. 位同步　　C. 码元同步　　D. 群同步

3. 控制取样判决时刻的信号是（　　）。

A. 相干载波　　B. 位定时信号

C. 群同步信号　　D. 帧同步信号

4. 一定含有位同步分量的码型是（　　）。

A 单极性全占空码　　B. 双极性全占空码

C. 双极性不归零码　　D. 单极性半占空码

5. 在数字通信系统中一定需要（　　）。

A. 载波同步系统　　B. 位同步系统

C. 群同步系统　　D. 位同步系统

6. 群同步码应具有（　　）的特点。

A. 不能在数据码中出现　　B. 良好的局部自相关特性

C. 长度为偶数　　D. 长度为奇数

三、简答题

1. 载波同步的主要性能指标是什么？它们的含义是什么？

2. 载波相位误差对 DSB 和 2PSK 信号解调的影响是什么？

3. 群同步系统的主要性能指标是什么？它们与识别器中判决门限的关系如何？

4. 在载波同步的插入导频法中，对插入导频的要求是什么？为什么？

四、综合题

1. 已知单边带信号的表达式为

$$s(t)=m(t)\cos\omega_c t+\hat{m}(t)\sin\omega_c t$$

若采用与抑制载波双边带信号导频插入完全相同的方法，试证明接收端可正确解调。若发端插入的导频是 $a_c\cos\omega_c t$ ，试证明调制输出中也包含有直流分量，并求出该值。

2. 传输速率为 1 kbit/s 的一个通信系统，设误码率为 10^{-4}，群同步采用连贯式插入的方法，同步码组的位数 $n=7$，试分别计算 $m=0$ 和 $m=1$ 时漏同步概率 P_1 和假同步概率 P_2 各为多少？若每群中的信息位为 153，估算群同步的平均建立时间。

参考文献

[1] 曹志刚，荣建．现代通信原理 [M]. 北京：清华大学出版社，2015.

[2] 樊昌信．通信原理 [M].7 版．北京：国防工业出版社，2016.

[3] 冯玉珉，郭宇春．通信系统原理 [M]. 北京：清华大学出版社，2013.

[4] 黄小虎．现代通信原理 [M]. 北京：北京理工大学出版社，2016.

[5] 黄载禄．通信原理 [M]. 北京：科学出版社，2015.

[6] 蒋青．通信原理 [M]. 北京：科学出版社，2014.

[7] 南利平．通信原理简明教程 [M].2 版．北京：清华大学出版社，2017.

[8] 强世锦，荣建．数字通信原理 [M]. 北京：清华大学出版社，2015.

[9] 孙青华．数字通信原理 [M]. 北京：人民邮电出版社，2017.

[10] 沈保锁．通信原理 [M]. 北京：人民邮电出版社，2016.

[11] 沈瑞琴．通信原理 [M]. 北京：中国铁道出版社，2017.

[12] 陶亚雄．现代通信原理 [M].3 版．北京：电子工业出版社，2015.

[13] 吴伟陵，牛凯．移动通信原理 [M]. 北京：电子工业出版社，2016.

[14] 徐文燕．通信原理 [M]. 北京：北京邮电大学出版社，2014.

[15] 朱志良．通信概论 [M]. 北京：高等教育出版社，2015.

[16] 张海君，李晓峰，黄葆华等．大话移动通信 [M]. 北京：清华大学出版社，2016.

[17] 张会生．现代通信系统原理 [M].3 版．北京：高等教育出版社，2014.

[18] 张辉，曹丽娜．现代通信原理与技术 [M]. 西安：西安电子科技大学出版社，2013.

[illegible]
[illegible] [M]. [illegible] 出版社, 20[illegible]
[illegible] [M]. 北京: [illegible] 大学出版社, 20[illegible]
[illegible] [M]. 北京: [illegible] 出版社, 20[illegible]
[illegible]
[illegible] [M]. [illegible] 出版社, 2014.
[illegible]
[illegible] [M]. [illegible] 大学出版社, 201[illegible]
[illegible] [M]. [illegible] 人民出版社, 201[illegible]
[10] [illegible] [M]. [illegible] 出版社, 2015.
[11] [illegible] [M]. [illegible] 出版社, 201[illegible]
[illegible]
[illegible] [M]. [illegible] 出版社, 201[illegible]
[illegible] [M]. [illegible] 大学出版社, 20[illegible]
[illegible]
[illegible]
[illegible]
[illegible] 出版社, 201[illegible]
[illegible]